W0269444

Teubner Studienbücher

Mathematik

Böhmer: **Spline-Funktionen**
Theorie und Anwendungen. 340 Seiten. DM 24,80

Clegg: **Variationsrechnung**
138 Seiten. DM 16,80

Collatz: **Differentialgleichungen**
Eine Einführung unter besonderer Berücksichtigung der Anwendungen.
5. Aufl. 226 Seiten. DM 21,80 (LAMM)

Collatz/Krabs: **Approximationstheorie**
Tschebyscheffsche Approximation mit Anwendungen. 208 Seiten. DM 26,80

Constantinescu: **Distributionen und ihre Anwendung in der Physik**
144 Seiten. DM 17,80

Fischer/Sacher: **Einführung in die Algebra**
238 Seiten. DM 15,80

Grigorieff: **Numerik gewöhnlicher Differentialgleichungen**
Band 1: Einschrittverfahren. 202 Seiten. 14,80 DM
Band 2: Mehrschrittverfahren

Hainzl: **Mathematik für Naturwissenschaftler**
311 Seiten. DM 29,– (LAMM)

Hilbert: **Grundlagen der Geometrie**
11. Aufl. VII, 271 Seiten. DM 19,80

Jaeger/Wenke: **Lineare Wirtschaftsalgebra**
Eine Einführung
Band 1: XVI, 174 Seiten. DM 18,80 (LAMM)
Band 2: IV, 160 Seiten. DM 18,80 (LAMM)

Kochendörffer: **Determinanten und Matrizen**
IV, 148 Seiten. DM 16,80

Krabs: **Optimierung und Approximation**
208 Seiten. DM 24,80

Stiefel: **Einführung in die numerische Mathematik**
Eine Darstellung unter Betonung des algorithmischen Standpunktes
4. Aufl. 257 Seiten. DM 21,80 (LAMM)

Stummel/Hainer: **Praktische Mathematik**
299 Seiten. DM 26,80

Optimierung und Approximation

Von Dr. rer. nat. Werner Krabs
Professor an der Techn. Hochschule Darmstadt

1975. Mit 14 Abbildungen, 43 Aufgaben
und zahlreichen Beispielen

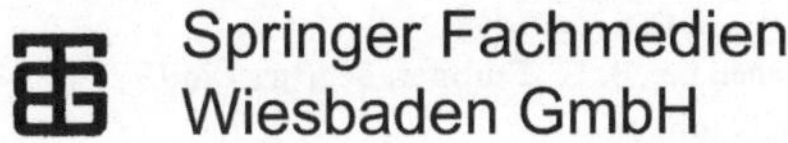

Springer Fachmedien
Wiesbaden GmbH

Prof. Dr. rer. nat. Werner Krabs

Geboren 1934 in Hamburg-Altona. 1954 bis 1959 Studium
an der Universität Hamburg, Abschluß als Diplom-Mathe-
matiker. 1963 Promotion an der Universität Hamburg.
1967/68 Visiting Assistant Professor an der University of
Washington in Seattle. 1968 Habilitation. Seit 1970 Wissen-
schaftlicher Rat und Professor an der Technischen Hochschule Aachen. 1971 Visiting Associate Professor an der
Michigan State University in East Lansing. Seit 1972 Professor an der TH Darmstadt.

CIP-Kurztitelaufnahme der Deutschen Bibliothek

Krabs , Werner
Optimierung und Approximation.
  (Teubner-Studienbücher)
  ISBN 978-3-519-02055-4   ISBN 978-3-322-94887-8 (eBook)
  DOI 10.1007/978-3-322-94887-8

Umschlaggestaltung: W. Koch, Sindelfingen

Vorwort

Dieses Buch ist dem Zusammenhang zwischen Optimierung und Approximation gewidmet. Es ist aus Vorlesungen hervorgegangen, die ich in den Jahren 1971 bis 1973 in Aachen und Darmstadt gehalten habe.

Die Approximationstheorie hat sich zunächst als selbständige Disziplin entwickelt, und auch der Optimierungstheorie lagen zu Beginn andere Zielsetzungen als die Anwendung auf Approximationsprobleme zugrunde. Eine solche Anwendung liegt aber sehr nahe, da man jedes Approximationsproblem auch als eine Optimierungsaufgabe auffassen kann. Bei der Subsumption der Approximation unter das allgemeinere Konzept der Optimierung gehen zweifellos speziellere Eigenschaften des Approximationsproblems verloren, so daß man nicht hoffen kann, alle approximationstheoretischen Fragen auf dem Wege über die Optimierung zu beantworten.

Bei der Frage nach der Charakterisierung bester Approximierender und nach der Berechnung oder Abschätzung der Minimalabweichung hat sich jedoch der Einsatz der Optimierungstheorie als sehr fruchtbar erwiesen. Auch bei der Frage nach der Existenz bester Approximierender liefert sie wertvolle Anhaltspunkte, weniger jedoch bei der Eindeutigkeit, die in der Optimierung eine untergeordnete Rolle spielt. Nicht zuletzt lassen sich auch die mannigfachen Methoden zur Lösung von Optimierungsproblemen mit Gewinn auf Approximationsaufgaben anwenden, worauf allerdings in diesem Buch nicht eingegangen wird.

Seine Zielsetzung besteht vielmehr darin zu zeigen, wie sich zahlreiche verschiedenartige Approximationsprobleme, die sich zum Teil aus direkten physikalisch-technischen Anwendungen und zum Teil aus anderen Fragestellungen der angewandten Mathematik ergeben, im Rahmen der Optimierungstheorie einheitlich behandeln lassen.

Es besteht aus drei Kapiteln über lineare, konvexe und allgemein nichtlineare Probleme und einem Anhangskapitel, in dem funktionalanalytische Hilfsmittel bereitgestellt werden. Jedes der ersten drei Kapitel beginnt mit einer Reihe von Beispielen, auf die nach Entwicklung der entsprechenden theoretischen Grundlagen größtenteils wieder eingegangen wird, um auf diese Weise auch einen Eindruck von der Reichweite der Theorie zu vermitteln.

Die hier gewählte induktive Darstellung hat zwar den Nachteil einer gewissen Redundanz, hat aber andererseits den Vorteil, daß jedes der drei Kapitel über Optimierungsprobleme in sich geschlossen ist und unabhängig von den anderen beiden gelesen werden kann und daß die für die jeweilige Problemklasse spezifische Struktur gleich zu Beginn deutlich hervortritt und nicht erst aus der nächst allgemeineren Klasse hergeleitet werden muß. Im übrigen wurden nichtlineare Probleme nicht in der allgemeinen Form vorgestellt, aus der man die zuvor behandelten konvexen Probleme herleiten kann, sondern von vornherein in einer Gestalt, die auf die Anwendung auf Approximationsprobleme zugeschnitten ist.

Zur Vertiefung des Stoffes wurden immer wieder Aufgaben eingestreut, und kleinere Beweislücken wurden dem Leser oft als Übung überlassen.

Aus der Fülle der inzwischen auch bei infiniten Optimierungsproblemen vorhandenen Literatur konnte nur eine Auswahl angesprochen werden, die im Literaturverzeichnis zusammengestellt ist und auf die im Text durch die Verfassernamen mit den letzten beiden Ziffern des Erscheinungsjahres in eckigen Klammern verwiesen wird. Zitate, die einen unmittelbaren Bezug zum dargestellten Stoff haben, wurden meistens direkt in den Text eingefügt und solche von ergänzendem Charakter in gesonderten Abschnitten mit bibliographischen Bemerkungen zusammengestellt.

Es gibt zur Zeit bereits mehrere Bücher über infinite Optimierung, die teilweise auch Anwendungen auf die Approximationstheorie enthalten, z.B. das von P s c h e n i - t s c h n y [72] und L u e n b e r g e r [69]. Die beiden Bücher von H o l m e s [72] und L a u r e n t [72] sind sogar ausdrücklich dem Zusammenhang der beiden Gebiete gewidmet. Im deutschsprachigen Bereich gibt es aber zur Zeit kein Buch mit ähnlicher Intention. Das vorliegende Buch versucht, diese Lücke zu schließen und dabei besonders die mannigfachen Anwendungen zu betonen. Da es sich primär mit infiniten Optimierungsproblemen befaßt, ist der Einsatz von Hilfsmitteln aus der Funktionalanalysis unvermeidlich. Im Zentrum stehen dabei die Trennungssätze für konvexe Mengen. Diese Hilfsmittel werden zwar in einem Anhangskapitel zusammengestellt, zum Teil aber ohne Beweise. Eine gewisse Vertrautheit mit den Grundlagen der Funktionalanalysis normierter Vektorräume ist daher für die Lektüre der theoretischen Teile dieses Buches notwendig.

Die Herren Dr. K. Glashoff und E. Sachs haben das Manuskript kritisch durchgesehen, mir zahlreiche Verbesserungsvorschläge gemacht und mich auch zusammen mit den Herren D. Arndt, Prof. Dr. F. Lempio und Prof. Dr. E. Bohl beim Lesen der Korrekturen unterstützt. Ihnen allen gebührt mein herzlicher Dank ebenso wie Frau G. Oelschlägel, die das Manuskript geschrieben und mir bei allen redaktionellen Arbeiten tatkräftig geholfen hat. Dem Teubner-Verlag danke ich für seine Bereitschaft, dieses Buch in seine Serie der Studienbücher aufzunehmen, und für die sehr gute Ausstattung.

Darmstadt, im Frühjahr 1975   W. Krabs

Inhalt

III Nichtlineare Probleme

IV Anhang: Hilfsmittel

I Lineare Probleme

1 Einleitung

1.1 Über den Zusammenhang zwischen Approximation und Optimierung

Die Entwicklung der Optimierungstheorie wurde zunächst vorwiegend aus der Sicht ökonomischer Problemstellungen und im Zusammenhang mit der Spieltheorie vorangetrieben, durch die ebenfalls wirtschaftliches und strategisch vernünftiges Verhalten mathematisch beschrieben werden sollte.

Gleichzeitig wurde aber auch die schon recht weit entwickelte Approximationstheorie durch das Aufkommen der elektronischen Rechenanlagen neu belebt, indem Algorithmen zur Lösung von Approximationsaufgaben entwickelt werden konnten, die zuvor wegen des zu großen Rechenaufwandes nicht praktikabel gewesen wären.

Der Zusammenhang zwischen den beiden Disziplinen wurde zunächst bei den sog. d i s k r e t e n   l i n e a r e n   A p p r o x i m a t i o n s p r o b l e m e n   erkannt, bei denen es sich darum handelt, eine vorgegebene reellwertige Funktion f für endlich viele Argumente $t_1, \ldots, t_m$ aus einer Menge M (etwa den reellen Zahlen) durch Funktionen v einfacherer Bauart (z.B. durch Polynome oder trigonometrische Summen) anzunähern. Oft sind die vorgegebenen Funktionswerte $f_i = f(t_i)$, $i = 1, \ldots, m$, irgendwelche Meßwerte, so daß f als Funktion auf M gar nicht explizit als algebraischer oder analytischer Ausdruck bekannt ist. Für die Funktionen v gibt man sich im Fall linearer Approximationsprobleme einen endlich-dimensionalen Funktionenraum V vor, bestehend aus allen Linearkombinationen

$$v(t) = \sum_{j=1}^{n} x_j v_j(t), \qquad t \in M \tag{1.1}$$

mit reellen Koeffizienten $x_1, \ldots, x_n$ und Funktionen $v_1, \ldots, v_n$, deren Werte sich leicht berechnen lassen. Um die Abweichung der Funktionen v aus V von f in den Punkten $t_1, \ldots, t_m \in M$ zu messen, wird man jede Funktion mit dem m-Vektor ihrer Werte in den Punkten t_i (die man fest durchnumeriert) identifizieren und im Vektorraum $\mathbf{R}^m$ aller reellen m-Tupel eine geeignete Norm $\| \cdot \|$ zugrundelegen. Dann stellt sich das Problem, ein $v \in V$ derart zu wählen, daß die Abweichung $\|v - f\|$ möglichst klein ausfällt.

Im Falle der euklidischen Norm im $\mathbf{R}^m$ handelt es sich dabei um die klassische Aufgabe der A u s g l e i c h s r e c h n u n g, die sich durch Auflösung eines einzigen linearen Gleichungssystems (der sog. Normalgleichungen) in geschlossener Form lösen läßt.

Legt man in $\mathbf{R}^m$ die Maximum-Norm zugrunde, so liegt ein Problem der sog. d i s k r e - t e n   l i n e a r e n   T s c h e b y s c h e f f - A p p r o x i m a t i o n vor, das sich in ein Problem der g e w ö h n l i c h e n   l i n e a r e n   O p t i m i e r u n g überführen läßt (vgl. dazu Abschn. 2.1.3).

Das ist auch im Falle der L_1-Norm möglich. Zu dem Zweck definiert man eine
m x n-Matrix B durch

$$B = \begin{pmatrix} v_1(t_1) \ldots v_n(t_1) \\ \ldots\ldots\ldots\ldots \\ v_1(t_m) \ldots v_n(t_m) \end{pmatrix}.$$

Jede Funktion $v \in V$, d.h. von der Form (1.1), kann dann auf der Menge $\{t_1, \ldots, t_m\}$
mit einem Vektor der Gestalt $Bx \in \mathbf{R}^m$ identifiziert werden, wobei x ein Vektor aus
dem Raum $\mathbf{R}^n$ aller reellen n-Tupel ist. Die Minimierung von

$$\|v - f\| = \sum_{i=1}^{m} |v(t_i) - f(t_i)|, \qquad v \in V$$

ist nun gleichbedeutend mit der Aufgabe, das lineare Funktional $e^T z$,
$e = (1, \ldots, 1)^T \in \mathbf{R}^m$ (T bedeutet T r a n s p o n i e r e n) unter den Nebenbedingungen

$$Bx + z \geqslant f, \quad -Bx + z \geqslant -f, \qquad x \in \mathbf{R}^n, \; z \in \mathbf{R}^m,$$

mit $f = (f(t_1), \ldots, f(t_m))^T$, „$\geqslant$" = komponentenweise Ordnung in $\mathbf{R}^m$ zum Minimum
zu machen (Beweis-Übung).

Bei dieser Aufgabe handelt es sich ebenfalls um ein Problem der g e w ö h n l i c h e n
l i n e a r e n O p t i m i e r u n g.

Man kann in allen drei Fällen auch sagen, daß es darum geht, das konvexe Funktional
(vgl. II Abschn. 2.1) $\varphi(v) = \|v - f\|$, $v \in V$, zum Minimum zu machen. Das ist ein einfaches Problem der k o n v e x e n O p t i m i e r u n g ohne Nebenbedingungen.

Da der Zusammenhang zwischen diskreten linearen Approximationsproblemen und der
gewöhnlichen linearen Optimierung bereits in Lehrbüchern dargestellt worden ist (vgl.
z.B. C o l l a t z / W e t t e r l i n g [71], S u c h o w i t z k i / A w d e j e w a [69],
S t i e f e l [65]) soll in diesem Buch nicht ausführlicher darauf eingegangen werden.

Wir wollen uns primär mit sog. k o n t i n u i e r l i c h e n A p p r o x i m a t i o n s -
p r o b l e m e n befassen, die zu Problemen der sog. i n f i n i t e n O p t i m i e r u n g
führen, bei denen unendlich viele Nebenbedingungen und auch unendlich viele zu variierende Parameter auftreten können. Man stößt direkt auf eine solche infinite Optimierungsaufgabe, wenn man eine stetige reellwertige Funktion f auf einer kompakten
Menge M (z.B. auf einem reellen Intervall) durch Linearkombinationen (1.1) ebenfalls
stetiger Funktionen $v_1, \ldots, v_n$ auf M im Sinne der Maximum-Norm möglichst gut
approximieren möchte (vgl. dazu Abschn. 2.1).

Solche Probleme treten zum einen bei der vereinfachten D a r s t e l l u n g v o n
F u n k t i o n e n zum Zwecke der Auswertung in einem Computer auf (vgl. z.B.
B. H a s t i n g s [55], H a r t et al. [68]) zum anderen aber auch bei der näherungsweisen Lösung von R a n d w e r t - und A n f a n g s r a n d w e r t a u f g a b e n
bei gewöhnlichen und partiellen Differentialgleichungen (vgl. Abschn. 2.2, 2.3 und 2.4).
Sie lassen sich in der Regel in sog. s e m i - i n f i n i t e O p t i m i e r u n g s a u f -
g a b e n (vgl. Abschn. 3.2, 3.3 und 5.1) überführen. Diese kommen aber auch in ande-

ren Zusammenhängen vor, wofür wir in Abschn. 1.3 noch ein Anwendungsbeispiel aus
der Kontrolle der Luftverschmutzung angeben wollen.

Legt man in dem Approximationsproblem für V einen unendlich-dimensionalen
Funktionenraum zugrunde, so läßt sich dieser nicht mehr durch endlich viele Parameter
beschreiben, und das korrespondierende Optimierungsproblem wird v o l l   i n f i n i t,
d.h. es treten unendlich viele Nebenbedingungen und unendlich viele Variablen auf.
Typisch für solche Aufgabenstellungen sind allerdings weniger reine Aufgaben der Approximation von vorgegebenen Funktionen als vielmehr Approximationsprobleme im Zusammenhang mit sog. K o n t r o l l - oder S t e u e r u n g s p r o b l e m e n (vgl.
Abschn. 2.5). Als Repräsentanten für solche Problemstellungen betrachten wir hier

1.2 Ein Kontroll-Approximationsproblem bei der Aufheizung von Metallen

In dem Buch [69] von A. G. B u t k o v s k i y wird das folgende Problem behandelt:
Vorgegeben sei eine Metallplatte von einheitlicher Dicke, die in einem Ofen mit örtlich
konstanter, nur zeitabhängiger Temperatur von beiden Seiten aufgeheizt werden soll.
Nimmt man die Platte als homogen an, dann ist die Temperaturverteilung in ihrem
Innern eine Funktion der Zeit und der Koordinate, entlang der die Dicke gemessen
wird. Die Temperatur des umgebenden Ofens soll so gesteuert werden, daß die Platte
von einer gegebenen örtlich konstanten Ausgangstemperatur zu einem Zeitanfang
innerhalb einer vorgegebenen Zeit einer erwünschten Endtemperatur möglichst nahe-
kommt.

Führt man dimensionslose Größen ein und berücksichtigt die in dem Problem vorhan-
dene Symmetrie, so gilt für die Temperaturverteilung $y = y(t, x)$ ($t =$ Zeit, $x =$ Quer-
schnittkoordinate) in der Platte die Wärmeleitungsgleichung in der Form

$$y_t(t, x) = y_{xx}(t, x) \qquad \text{für } 0 < t \leqslant T, \; -1 < x < +1, \tag{1.2}$$

wobei $T > 0$ die vorgegebene Dauer des Aufheizungsprozesses ist. Weiter wird die Wärmeleitung durch die Oberfläche der Platte beschrieben durch das N e w t o n s c h e
G e s e t z

$$y_x(t, +1) = b[u(t) - y(t, +1)],$$
$$\hspace{5cm} \text{für } t \in (0, T]. \tag{1.3}$$
$$-y_x(t, -1) = b[u(t) - y(t, -1)],$$

Dabei ist b eine geeignete positive Konstante und $u = u(t)$ die Temperatur des umgebenden Ofens. Diese wird aus technischen Gründen nach oben und unten als beschränkt
angenommen, was im dimensionslosen Fall auf die Forderung

$$-1 \leqslant u(t) \leqslant +1 \qquad \text{für } 0 \leqslant t \leqslant T \tag{1.4}$$

führt, wenn man den Temperatur-Nullpunkt geeignet wählt. Als Ausgangstemperatur
der Platte sei $y_0 \in [-1, +1]$ vorgegeben, was die Anfangsbedingung

$$y(0, x) = y_0 \qquad \text{für } -1 \leqslant x \leqslant +1 \tag{1.5}$$

liefert. Die Ausgangstemperatur soll einer Endtemperatur $y_T \in C[-1, +1]$ zur Zeit T möglichst nahegebracht werden, was in der Form

$$\sup_{-1 \leqslant x \leqslant +1} |y(T, x) - y_T(x)| \stackrel{!}{=} \text{Min} \tag{1.6}$$

realisiert werde.

Auf Grund eines allgemeinen Existenzsatzes in dem Buch [64] von A. F r i e d m a n hat die A n f a n g s r a n d w e r t a u f g a b e (1.2), (1.3), (1.5) für jede stetige Funktion $u = u(t)$, $t \in [0, T]$ genau eine Lösung $y = y(t, x, u)$ auf $[0, T] \times [-1, +1]$ mit y_t, $y_{xx} \in C((0, T] \times (-1, +1))$ und

$$y_x(t, +1, u) = \lim_{x \to 1-0} y_x(t, x, u),$$

$$y_x(t, -1, u) = \lim_{x \to -1+0} y_x(t, x, u) \tag{1.7}$$

für alle $t \in (0, T]$.

Diese Lösung läßt sich sogar explizit darstellen in der Form

$$y(t, x, u) = y_0 \sum_{k=1}^{\infty} B_k \cos \mu_k x \exp(-\mu_k^2 t) + \sum_{k=1}^{\infty} \mu_k^2 B_k \cos \mu_k x \int_0^t \exp(-\mu_k^2(t-\tau)) u(\tau) \, d\tau,$$

wobei die μ_k die positiven Lösungen der transzendenten Gleichung

$$\sin \mu = \frac{b}{\mu} \cos \mu$$

sind und

$$B_k = \frac{2 \sin \mu_k}{\mu_k + \sin \mu_k \cos \mu_k}, \qquad k = 1, 2, \ldots$$

(vgl. dazu B u t k o v s k i y [69] und K r a b s / W e c k [74]).

Aufgabe 1.1 Man zeige durch Nachweis der gleichmäßigen Konvergenz der Reihen, daß $y(T, \cdot, u)$ auf $[-1, +1]$ eine stetige Funktion ist. Dabei benutze man die Tatsache

$$(k-1)\pi < \mu_k < k\pi \qquad \text{für alle } k = 1, 2, \ldots$$

Mathematisch stellt sich jetzt das Problem, eine stetige Kontrollfunktion u auf $[0, T]$ mit (1.4) derart anzugeben, daß

$$\|y(T, \cdot, u) - y_T\| = \max_{-1 \leqslant x \leqslant +1} |y(T, x, u) - y_T(x)|$$

minimal ausfällt, wobei $y(t, x, u)$ für jedes $u \in C[0, T]$ die eindeutige Lösung der Anfangsrandwertaufgabe (1.2), (1.3), (1.5) im obigen Sinne ist.

Definiert man eine Abbildung $B : C[0, T] \to C[-1, +1]$ durch

$$B(u)(x) = y(T, x, u) - y(T, x, 0) = \sum_{k=1}^{\infty} \mu_k^2 B_k \cos \mu_k x \int_0^T \exp(-\mu_k^2(T-t)) u(t) \, dt \tag{1.8}$$

für $u \in C[0, T]$, $x \in [-1, +1]$, so ist B linear (vgl. IV Abschn. 1.3). Setzt man weiter

$$\hat{y}(x) = y_T(x) - y(T, x, 0) = y_T(x) - y_0 \sum_{k=1}^{\infty} B_k \cos \mu_k x \, \exp(-\mu_k^2 T), \quad x \in [-1, +1],$$

$$(1.9)$$

so besteht das obige Approximationsproblem auch darin, eine Funktion $u \in C[0, T]$ mit (1.4) derart anzugeben, daß

$$\|B(u) - \hat{y}\| = \max_{-1 \leq x \leq +1} |B(u)(x) - \hat{y}(x)|$$

minimal ausfällt.

Das ist ein l i n e a r e s A p p r o x i m a t i o n s p r o b l e m mit u n e n d l i c h v i e l e n l i n e a r e n N e b e n b e d i n g u n g e n (1.4), bei dem der lineare Teilraum

$$V = \{B(u) : u \in C[0, T]\}$$

von $C[-1, +1]$ der approximierenden Funktionen unendlich-dimensional ist.

Führt man noch die weiteren Nebenbedingungen

$$-\gamma \leq B(u)(x) - \hat{y}(x) \leq \gamma \qquad \text{für alle } x \in [-1, +1] \tag{1.10}$$

ein, so besteht das Approximationsproblem auch darin, ein Paar $(\gamma, u) \in \mathbf{R} \times C[0, T]$ anzugeben, für das γ unter den Nebenbedingungen (1.4), (1.10) minimal ausfällt. Das ist ein typisches Problem der infiniten linearen Optimierung, auf das wir in Abschn. 5.5 und II Abschn. 5.4 noch genauer eingehen werden.

1.3 Semi-infinite Optimierung bei der Kontrolle der Luftverschmutzung

Wie schon in Abschn. 1.1 erwähnt, treten semi-infinite Optimierungsprobleme (mit endlich vielen Variablen und unendlich vielen Nebenbedingungen) nicht nur im Zusammenhang mit linearen Approximationsproblemen auf, sondern haben auch andere Anwendungsbereiche. So wurde in neuerer Zeit das Problem der Luftverschmutzung von S.-Å. G u s t a f s o n [72] und G u s t a f s o n / K o r t a n e k [73a], [73b] mathematisch behandelt und dabei das folgende Modell zugrundegelegt: In einem vorgegebenen (zweidimensionalen) Kontrollbereich S soll eine gewisse Luftqualität garantiert werden. Dabei soll etwa die jährliche Durchschnittskonzentration eines Verunreinigers (z.B. Schwefeldioxid oder Kohlenmonoxid) unter einem vorgeschriebenen Standard bleiben, der beschrieben wird durch eine reellwertige Funktion φ auf S. Die in S beobachtete Konzentration entstamme zwei Sorten von Quellen:
a) Quellen, die kontrolliert und reguliert werden können,
b) Quellen, die nicht kontrollierbar sind.
Sind etwa n kontrollierbare Quellen vorhanden, so wird angenommen, daß diese einen Jahresdurchschnitt $u_1, \ldots, u_n$ zur Luftverschmutzung beitragen und u_0 der Beitrag der unkontrollierbaren Quellen ist. $u_0, u_1, \ldots, u_n$ sind dabei wiederum reellwertige Funktionen auf S, deren tatsächliche Ermittlung in der Regel natürlich eine sehr

schwierige Aufgabe darstellt. Aus der Forderung, daß die Standardkonzentration φ nicht überschritten werden darf, ergeben sich zunächst einmal die Nebenbedingungen

$$\sum_{j=1}^{n} u_j(s) + u_0(s) \leqslant \varphi(s) \qquad \text{für alle } s \in S.$$

Sind irgendwelche dieser Bedingungen verletzt, so müssen die Beiträge der regulierbaren Quellen reduziert werden, und zwar die j-te Quelle jeweils um einen Faktor x_j mit $0 \leqslant x_j \leqslant 1$ für $j = 1, \ldots, n$, so daß die Nebenbedingungen

$$\sum_{j=1}^{n} (1 - x_j)\, u_j(s) + u_0(s) \leqslant \varphi(s) \qquad \text{für alle } s \in S \tag{1.11}$$

erfüllt sind. Diese sind offenbar erfüllbar, wenn für alle $s \in S$ die Bedingung $u_0(s) \leqslant \varphi(s)$ erfüllt ist.

Muß $x_j \neq 0$ gewählt werden, so entstehen natürlich im allgemeinen Kosten (z.B. durch Änderung von Produktionsplänen. Einführung von Luftreinigungsvorrichtungen usw.), von denen im einfachsten Fall angenommen werden soll, daß sie zu x_j proportional sind, etwa mit dem Faktor c_j, so daß sich bei der Wahl von Reduktionsfaktoren $x_1, \ldots, x_n \in [0, 1]$ die Gesamtkosten

$$c(x_1, \ldots, x_n) = \sum_{j=1}^{n} c_j x_j \tag{1.12}$$

ergeben. Man wird nun versuchen, unter Einhaltung der Nebenbedingungen (1.11) die Faktoren $x_1, \ldots, x_n$ so zu wählen, daß der Kostenwert $c(x_1, \ldots, x_n)$ so klein wie möglich ausfällt. Insgesamt erhält man also das Problem, unter den Nebenbedingungen

$$\sum_{j=1}^{n} u_j(s)\, x_j \geqslant \sum_{j=0}^{n} u_j(s) - \varphi(s) \qquad \text{für alle } s \in S \tag{1.11'}$$

$$0 \leqslant x_j \leqslant 1 \qquad \text{für } j = 1, \ldots, n \tag{1.13}$$

das durch (1.12) definierte lineare Funktional $c(x_1, \ldots, x_n)$ zum Minimum zu machen. Das ist ein typisches Problem der s e m i - i n f i n i t e n O p t i m i e r u n g, auf das in II, Abschn. 6.3.2 noch näher eingegangen wird.

1.4 Ausblick auf konvexe und allgemein nichtlineare Probleme

Die in diesem Kapitel behandelte Theorie der linearen Optimierung erfaßt zwar zahlreiche Anwendungen, sehr oft treten aber auch Probleme auf, die sich mit ihr nicht mehr oder nur sehr mühsam darstellen lassen. Das trifft z.B. für das in II, Abschn. 5.1 und 5.4 behandelte a l l g e m e i n e k o n v e x e A p p r o x i m a t i o n s p r o - b l e m in einem normierten Vektorraum zu, das sich nicht mehr in den Rahmen der allgemeinen linearen Optimierung einordnen läßt. Bei Spezialfällen linearer Approximationsprobleme ist es oft allerdings auch eine Frage der Zweckmäßigkeit, ob man sie als lineare oder konvexe Optimierungsprobleme auffaßt. So läßt sich z.B. das in Abschn. 1.2 beschriebene Kontrollproblem sowohl linear (vgl. Abschn. 5.5) als auch konvex (vgl. II, Abschn. 5.4) behandeln, wobei jedoch die Formel (5.52) für die Minimalabweichung (5.51) sich in einer konvexen Theorie mit weniger Aufwand herleiten läßt. Auf ein typisches Problem der konvexen Optimierung stößt man bei dem in II, Abschn. 5.3 untersuchten A p p r o x i m a t i o n s p r o b l e m   m i t   e i n e r   g e m i s c h - t e n   N o r m , das im Zusammenhang mit o p t i m a l e n   F e h l e r a b s c h ä t - z u n g e n   bei   l i n e a r e n   O p e r a t o r g l e i c h u n g e n   auftritt (vgl. II, Abschn. 1.2.2). Zahlreiche Approximationsprobleme, wie z.B. das der   r a t i o n a l e n A p p r o x i m a t i o n   (III, Abschn. 1.1.3) oder solche, die in Zusammenhang mit n i c h t - l i n e a r e n   R a n d w e r t a u f g a b e n   auftreten (III, Abschn. 1.2, 1.3), lassen sich nur noch als   n i c h t l i n e a r e   O p t i m i e r u n g s p r o b l e m e   beschreiben, denen das Kapitel III gewidmet ist. Hier existiert wegen der Kompliziertheit der Aufgabenstellung naturgemäß keine so weit ausgebaute und abgerundete Theorie wie im linearen und konvexen Fall. Im nichtlinearen Fall ist z.B. keine allgemeine Dualitätstheorie mehr möglich, wenn man einmal von gewissen schwachen Dualitätsaussagen absieht, die sehr allgemein gelten. Am weitesten entwickelt sind notwendige und hinreichende Bedingungen für Minimalpunkte, womit sich Kapitel III auch hauptsächlich beschäftigt.

2 Einige Beispiele linearer Approximations- und Optimierungsprobleme

2.1 Gleichmäßige Approximation von Funktionen

2.1.1 Der allgemeine Fall Sei M eine kompakte Teilmenge eines normierten Raumes und C(M) der Vektorraum der stetigen reellwertigen Funktionen auf M, versehen mit der   M a x i m u m - N o r m

$$\| g \|_\infty = \max_{t \in M} |g(t)|, \qquad g \in C(M). \tag{2.1}$$

Vorgegeben seien eine feste Funktion $f \in C(M)$ und n linear unabhängige Funktionen $v_1, \ldots, v_n \in C(M)$. Sei V der von $v_1, \ldots, v_n$ aufgespannte n-dimensionale lineare Teilraum, bestehend aus allen Linearkombinationen

$$v = \sum_{j=1}^{n} v_j x_j, \qquad x_j \in \mathbf{R}, \ j = 1, \ldots, n.$$

Gesucht ist ein Element $\hat{v} \in V$ mit

$$\| \hat{v} - f \|_\infty \leqslant \| v - f \|_\infty, \qquad v \in V, \tag{2.2}$$

d.h. ein Element $\hat{v}$ aus V, das f unter allen Elementen aus V gleichmäßig, d.h. im Sinne der Maximum-Norm (2.1), am besten approximiert. Jedes solche $\hat{v}$ heißt   b e s t e A p p r o x i m i e r e n d e   von f in V. Die Größe

$$\rho_\infty(f, V) = \inf_{v \in V} \| v - f \|_\infty \tag{2.3}$$

heißt   M i n i m a l a b w e i c h u n g   (oder auch Abstand) der Funktion f von V. Wir werden später zeigen, daß dieses Approximationsproblem lösbar ist (vgl. II, Satz 5.2).

Ein wichtiger Spezialfall ist das Problem der P o l y n o m - A p p r o x i m a t i o n mit $M = [a, b]$, $a < b$, $v_j(t) = t^{j-1}$, $j = 1, \ldots, n$ (warum sind die v_j linear unabhängig?). Um das A p p r o x i m a t i o n s p r o b l e m (2.2) in ein O p t i m i e r u n g s - p r o b l e m überzuführen, definieren wir für jedes $t \in M$ zwei (lineare) Funktionale $\varphi_t^1, \varphi_t^2 : \mathbf{R}^{n+1} \to \mathbf{R}$ durch

$$\varphi_t^1(x, \gamma) = \sum_{j=1}^{n} v_j(t)\, x_j + \gamma,$$
$$\varphi_t^2(x, \gamma) = \sum_{j=1}^{n} - v_j(t)\, x_j + \gamma, \qquad x \in \mathbf{R}^n, \ \gamma \in \mathbf{R}. \tag{2.4}$$

Setzt man $v = \sum_{j=1}^{n} v_j x_j$, so gilt offenbar

und
$$\begin{aligned} \varphi_t^1(x, \gamma) &\geq f(t) \\ \varphi_t^2(x, \gamma) &\geq - f(t) \end{aligned} \qquad \text{für alle } t \in M \iff \|v - f\|_\infty \leq \gamma.$$

Definiert man weiter ein (lineares) Funktional $\varphi : \mathbf{R}^{n+1} \to \mathbf{R}$ durch $\varphi(x, \gamma) = \gamma$, so ist das Approximationsproblem (2.2) gleichbedeutend mit dem Problem, das Funktional $\varphi = \varphi(x, \gamma)$ unter den Nebenbedingungen

$$\varphi_t^1(x, \gamma) \geq f(t) \quad \text{und} \quad \varphi_t^2(x, \gamma) \geq - f(t) \qquad \text{für alle } t \in M \tag{2.5}$$

zum Minimum zu machen (Beweis = Übung).

Hierbei handelt es sich um ein Problem der linearen Optimierung (mit im allgemeinen unendlich vielen Nebenbedingungen).

2.1.2 Approximation mit Interpolationsnebenbedingungen Wir denken uns $r < n$ verschiedene Punkte $t_1, \ldots, t_r \in M$ vorgegeben und versuchen, $\|v - f\|_\infty$, $v \in V$, zum Minimum zu machen unter den zusätzlichen Nebenbedingungen

$$v(t_i) - f(t_i) = 0, \qquad i = 1, \ldots, r.$$

Nimmt man an, daß

$$V_0 = \{v \in V : v(t_i) = f(t_i), \qquad i = 1, \ldots, r\} \tag{2.6}$$

nichtleer ist, so ist ein $\hat{v} \in V_0$ gesucht mit

$$\|\hat{v} - f\|_\infty = \rho_\infty(f, V_0) = \inf_{v \in V_0} \|v - f\|_\infty. \tag{2.7}$$

Bei dem zugehörigen linearen Optimierungsproblem hat man über (2.5) hinaus noch

$$\sum_{j=1}^{n} v_j(t_i)\, x_j = f(t_i) \qquad \text{für } i = 1, \ldots, r$$

zu fordern.

Aufgabe 2.1 Man zeige für den Fall der Polynomapproximation, daß V_0 nichtleer ist.

2.1.3 Der diskrete Fall Sei M eine endliche Punktmenge, etwa $M = \{t_1, \ldots, t_m\}$. Der Vektorraum $C(M)$ kann dann mit $\mathbf{R}^m$ identifiziert werden. Da wir $V \subseteq C(M)$ mit $\dim V = n$ annehmen, muß $m \geqslant n$ sein. Wir nehmen darüber hinaus an, daß $m \geqslant n + 1$

ist, da sonst jedes $f \in C(M)$ eindeutig darstellbar wäre als $f = \sum\limits_{j=1}^{n} v_j x_j$, mithin wäre

$\rho_\infty(f, V) = 0$, und das Approximationsproblem wäre ein Darstellungsproblem. Definiert man eine $2m \times (n + 1)$-Matrix A, einen $2m$-Vektor b und einen $(n + 1)$-Vektor c durch

$$A = \begin{pmatrix} v_j(t_i) & e_i \\ -v_j(t_i) & e_i \end{pmatrix}, \quad b = \begin{pmatrix} f(t_i) \\ -f(t_i) \end{pmatrix}, \quad c = \begin{pmatrix} \Theta_n \\ 1 \end{pmatrix} \tag{2.8}$$

mit $e_i = 1$ für alle i, $\Theta_n = $ Nullvektor des $\mathbf{R}^n$, so gehen (mit der Definition $z^1 \geqslant z^2 \iff z_i^1 \geqslant z_i^2$ für alle i) die Nebenbedingungen (2.5) über in

$$Ay \geqslant b, \quad y \in \mathbf{R}^{n+1}, \tag{2.5'}$$

und das d i s k r e t e A p p r o x i m a t i o n s p r o b l e m , $f \in C(M) = \mathbf{R}^m$ durch ein Element $\hat{v} \in V$ im Sinne der Maximum-Norm (2.1) möglichst gut zu approximieren, ist auf Grund der obigen Überlegungen gleichbedeutend mit dem Problem, das lineare Funktional $\varphi(y) = c^T y$ (das hochgestellte T bedeutet Transponieren) unter den Nebenbedingungen (2.5') zum Minimum zu machen.

Das ist ein Problem der g e w ö h n l i c h e n l i n e a r e n O p t i m i e r u n g. Wir wollen in diesem Buch auf diskrete Approximationsprobleme und deren Zusammenhang mit Optimierung nicht näher eingehen und verweisen dazu auf C o l l a t z / W e t t e r - l i n g [71] und S u c h o w i t z k i / A w d e j e w a [69].

2.2 Gleichmäßige Approximation bei der Anfangs-Randwert-Aufgabe (ARWA) der Wärmeleitung

Sei B das Rechteck aller Punkte $(x, t) \in \mathbf{R}^2$ mit $0 < x < 1, 0 < t < T$ und $\overline{B}$ der Abschluß von B. Ferner seien $\Phi \in C[0, 1]$ und $f_0, f_1 \in C[0, T]$ derart vorgegeben, daß gilt

$$\Phi(0) = f_0(0) \quad \text{und} \quad \Phi(1) = f_1(0). \tag{2.9}$$

Gesucht ist eine Funktion $u \in C(\overline{B})$ mit

$$u_{xx}, u_t \in C((0, 1) \times (0, T))$$

derart, daß gilt

$$u_t(x, t) = u_{xx}(x, t) \quad \text{für alle } (x, t) \in (0,1) \times (0, T) \tag{2.10}$$

$$u(x, 0) = \Phi(x) \quad \text{für alle } x \in [0, 1] \tag{2.11}$$

$$\begin{aligned} u(0, t) &= f_0(t), \\ u(1, t) &= f_1(t) \end{aligned} \quad \text{für alle } t \in [0, T]. \tag{2.12}$$

Physikalisch kann $u = u(x, t)$ gedeutet werden als Temperaturverteilung in einem Stab der Länge 1, wobei zur Zeit $t = 0$ eine Anfangstemperatur $\Phi = \Phi(x)$ vorgegeben wird ((2.11) ist eine Anfangsbedingung) und an den Stabenden $x = 0$ und $x = 1$ die Temperaturen $f_0 = f_0(t)$ und $f_1 = f_1(t)$ für einen Zeitraum $[0, T]$ ebenfalls vorgegeben sind ((2.12) sind Randbedingungen). (2.10) ist der einfachste Fall einer sog. W ä r m e - l e i t u n g s g l e i c h u n g.

Wir definieren

$$L = \{v \in C(\overline{B}) : v_t, v_{xx} \in C((0, 1) \times (0, T])\}$$

und $\Gamma = \{(x, 0) : 0 \leqslant x \leqslant 1\} \cup \{(0, t) : 0 \leqslant t \leqslant T\} \cup \{(1, t) : 0 \leqslant t \leqslant T\}.$

Damit gilt das sogenannte

M a x i m u m - M i n i m u m - P r i n z i p: Für jedes $u \in L$ mit (2.10) gilt

$$\left.\begin{matrix}\max \\ \min\end{matrix}\right\} u(x, t) = \left.\begin{matrix}\max \\ \min\end{matrix}\right\} u(x, t), \qquad (2.13)$$
$$(x, t) \in \overline{B} \qquad (x, t) \in \Gamma$$

was auch

$$\max_{(x,t)\in \overline{B}} |u(x, t)| = \max_{(x,t)\in \Gamma} |u(x, t)| \qquad (2.14)$$

impliziert (zum Beweis vgl. P r o t t e r - W e i n b e r g e r [67], S. 160).

Aufgabe 2.2 Man beweise die Implikation (2.13) $\Rightarrow$ (2.14) und zeige, daß die ARWA (2.10) bis (2.12) höchstens eine Lösung besitzt.

Wir betrachten jetzt den Spezialfall $f_0 \equiv 0$ und $f_1 \equiv 0$. Dann gibt es zu jedem $\Phi \in C[0, 1]$ mit $\Phi(0) = \Phi(1) = 0$ eine Lösung $u \in L$ der ARWA (2.10) bis (2.12) (zum Beweis vgl. z.B. P e t r o w s k i [54]) und damit (nach Aufgabe 2.2) genau eine Lösung.

Um eine Näherung für u zu gewinnen, definieren wir Funktionen v_j durch

$$v_j(x, t) = \exp(-(j\pi)^2 t) \sin(j\pi x), \qquad j = 1, \ldots, n. \qquad (2.15)$$

Dann gehört jede Linearkombination

$$v(x, t) = \sum_{j=1}^{n} a_j v_j(x, t) \qquad (2.16)$$

zu L und genügt den Bedingungen (2.10), (2.12) mit $f_0 \equiv f_1 \equiv 0$. Dasselbe gilt für $v - u$, und aus (2.14) ergibt sich

$$\max_{(x,t)\in \overline{B}} |v(x, t) - u(x, t)| = \max_{x\in[0,1]} |v(x, 0) - \Phi(x)|. \qquad (2.17)$$

Bei dem Ansatz (2.16) erhält man also eine beste Approximation von u auf B, wenn die Koeffizienten a_j so bestimmt werden, daß

$$\max_{x\in[0,1]} |\sum_{j=1}^{n} a_j \sin(j\pi x) - \Phi(x)|$$

minimal ausfällt. Das ist wiederum ein Problem der g l e i c h m ä ß i g e n   A p p r o -
x i m a t i o n   im Sinne von Abschn. 2.1.

Aufgabe 2.3 Man behandle den Fall $f_0 \equiv 0$, $f_1(t) = h(t)$, $\Phi(x) = h(0) \cdot x$ mit einem
geeigneten Ansatz (2.16) analog und führe den Fall $f_0 \equiv 0$, $f_1(t) = h(t)$, $\Phi \in C[0, 1]$
mit $\Phi(0) = 0$, $\Phi(1) = h(0)$ durch Überlagerung auf die beiden Fälle

$$f_0 \equiv 0, \quad f_1(t) = h(t), \quad \Phi(x) = h(0) \cdot x$$

und $\quad f_0 \equiv 0, \quad f_1 \equiv 0, \quad \Phi \in C[0, 1] \quad$ mit $\Phi(0) = \Phi(1) = 0$

zurück (vgl. C o l l a t z / K r a b s [73]).

2.3 Ein lineares Optimierungsproblem bei der Lösung einer Randwertaufgabe für die Potentialgleichung

Sei B ein einfach zusammenhängender beschränkter Bereich der (t, s)-Ebene mit stück-
weise glatter Randkurve Γ. Vorgelegt sei die

R a n d w e r t a u f g a b e (RWA). Gesucht ist ein $u \in C(\overline{B}) \cap C^2(B)$ ($\overline{B}$ = abgeschlossene Hülle von B, $C(\overline{B})$ = Vektorraum der stetigen reellwertigen Funktionen auf $\overline{B}$,
$C^2(B)$ = Vektorraum der auf B zweimal stetig differenzierbaren Funktionen) mit

$$\Delta u = \frac{\partial^2 u}{\partial t^2} + \frac{\partial^2 u}{\partial s^2} = 0 \text{ in B}, \tag{2.18}$$

$$u = f \text{ auf } \Gamma, \tag{2.19}$$

wobei $f \in C(\Gamma)$ fest vorgegeben ist.
Diese RWA ist eindeutig lösbar (vgl. z.B. P e t r o w s k i [54]). Sei $\hat{u}$ die Lösung. Es
gilt das sog.
R a n d m a x i m u m - P r i n z i p (vgl. P r o t t e r / W e i n b e r g e r [67], S. 53).
Ist eine Funktion $\varphi \in C(\overline{B}) \cap C^2(B)$ derart vorgegeben, daß gilt

$$\Delta\varphi = 0 \text{ in B} \quad \text{und} \quad \varphi \geqslant f \text{ bzw.} \quad \varphi \leqslant f \text{ auf } \Gamma$$

$$(\varphi \geqslant f \text{ auf } \Gamma \Longleftrightarrow \varphi(t, s) \geqslant f(t, s) \quad \text{für alle } (t, s) \in \Gamma), \tag{2.20}$$

so folgt $\varphi \geqslant \hat{u}$ bzw. $\varphi \leqslant \hat{u}$ auf $\overline{B} = B \cup \Gamma$.

Um diesen Sachverhalt numerisch auszunutzen, denken wir uns Funktionen
$\varphi_0, \ldots, \varphi_n \in C(\overline{B}) \cap C^2(B)$ vorgegeben derart, daß gilt

$$\Delta\varphi_j = 0 \quad \text{für } j = 0, \ldots, n,$$

z.B. $\varphi_j = \mathrm{Re}(z^j)$ oder $\varphi_j = \mathrm{Im}(z^j)$, wobei $z = t + is$, $i = \sqrt{-1}$. Dann folgt für jede
Linearkombination

$$\varphi(x) = \sum_{j=0}^{n} \varphi_j x_j, \quad x \in \mathbf{R}^{n+1},$$

daß $\quad \Delta\varphi(x) = 0$

ist. Gesucht ist jetzt ein $\hat{x} \in \mathbf{R}^{n+1}$ derart, daß gilt

$$\varphi(\hat{x}) \geqslant f \qquad \text{bzw.} \qquad \varphi(\hat{x}) \leqslant f \text{ auf } \Gamma$$

und daß in einem fest vorgegebenen Punkt $(\hat{t}, \hat{s}) \in \overline{B}$ der Wert $\varphi(\hat{x})\,(\hat{t}, \hat{s})$ möglichst klein bzw. möglichst groß ausfällt. Für ein solches $\hat{x} \in \mathbf{R}^{n+1}$ wird dann die (unbekannte) Lösung $\hat{u}$ der RWA (2.18), (2.19) nach dem Randmaximum-Prinzip in $(\hat{t}, \hat{s})$ optimal von oben bzw. von unten approximiert.

Wir erhalten das l i n e a r e   O p t i m i e r u n g s p r o b l e m , unter den Nebenbedingungen

$$\sum_{j=0}^{n} \varphi_j(t, s)\, x_j \geqslant f(t, s) \qquad (2.21\text{a})$$

bzw. $\qquad\qquad$ für alle $(t, s) \in \Gamma$

$$\sum_{j=0}^{n} \varphi_j(t, s)\, x_j \leqslant f(t, s) \qquad (2.21\text{b})$$

das lineare Funktional

$$\psi(x) = \sum_{j=0}^{n} \varphi_j(\hat{t}, \hat{s})\, x_j$$

zum Minimum bzw. zum Maximum zu machen.

B e m e r k u n g . Auf Grund des Randmaximum-Prinzips (2.20) wäre es auch sinnvoll, unter den Nebenbedingungen (2.21a) bzw. (2.21b)

$$\left\| \sum_{j=0}^{n} \varphi_j x_j - f \right\|_\infty = \max_{(t,s)\in\Gamma} \left| \sum_{j=0}^{n} \varphi_j(t, s)\, x_j - f(t, s) \right|$$

zum Minimum zu machen.

Hierbei handelt es sich jeweils um ein Problem der e i n s e i t i g e n   g l e i c h m ä ß i g e n   A p p r o x i m a t i o n , das äquivalent ist zu der Aufgabe, unter den Nebenbedingungen (2.21a) bzw. (2.21b) und

$$\sum_{j=0}^{n} \varphi_j(t, s)\, x_j - f(t, s) \leqslant \gamma \qquad \text{bzw.} \qquad \geqslant -\gamma$$

die Zahl γ zum Minimum zu machen (Beweis = Übung).

Ist dann $\hat{\varphi} = \sum_{j=0}^{n} \varphi_j \hat{x}_j$ eine Lösung dieses Problems und wiederum $\hat{u}$ die Lösung der RWA

(2.18), (2.19), so ergibt sich

$$\hat{\varphi} \geqslant \hat{u} \qquad \text{bzw.} \qquad \hat{\varphi} \leqslant \hat{u} \text{ auf } \overline{B}$$

(Beweis = Übung), und $\hat{\varphi}$ ist offenbar optimal in dem Sinne, daß es $\hat{u}$ von einer Seite gleichmäßig auf $\overline{B}$ am besten approximiert.

2.4 Lineare Randwertaufgaben und gleichmäßige Approximation

2.4.1 Der allgemeine Fall Vorgelegt sei eine lineare Differentialgleichung der Gestalt

$$L[y]\,(t) = y^{(n)}(t) + a_1(t)\,y^{(n-1)}(t) + \ldots + a_n(t)y(t) = r(t) \tag{2.22}$$

für alle $t \in [a, b]$ mit n linearen Randbedingungen der Form

$$U_\mu[y] = \sum_{k=0}^{n-1} [\alpha_{\mu k} y^{(k)}(a) + \beta_{\mu k} y^{(k)}(b)] = \gamma_\mu \tag{2.23}$$

für $\mu = 1, \ldots, n;\ n \geqslant 2$.

Dabei sind $a_1, \ldots, a_n, r \in C[a, b]$ vorgegebene Funktionen und $\alpha_{\mu k}, \beta_{\mu k}, \gamma_\mu \in \mathbf{R}$ vorgegebene Konstanten. Gesucht ist eine Funktion $y \in C^n[a, b]$, die (2.22) und (2.23) erfüllt. Wir nehmen an, die vollhomogene RWA

$$L[y] = 0 \text{ auf } [a, b] \quad \text{und} \quad U_\mu[y] = 0 \qquad \text{für alle } \mu = 1, \ldots, n$$

habe nur die triviale Lösung in $C^n[a, b]$.

Dann hat die RWA (2.22), (2.23) genau eine Lösung $\hat{y} \in C^n[a, b]$, die darstellbar ist in der Form $\hat{y} = y_1 + y_2$ mit $y_1, y_2 \in C^n[a, b]$ derart, daß gilt

$$L[y_1] = 0 \text{ auf } [a, b], \quad U_\mu[y_1] = \gamma_\mu \quad \text{für alle } \mu \tag{2.24}$$

und $\quad L[y_2] = r$ auf $[a, b]$, $\quad U_\mu[y_2] = 0 \quad$ für alle μ. $\tag{2.25}$

Darüber hinaus gibt es eine sog. Greensche Funktion $G \in C([a, b] \times [a, b])$ mit

$$y_2(t) = \int_a^b G(t, s)\, r(s)\, ds \tag{2.26}$$

(vgl. z.B. C o d d i n g t o n / L e v i n s o n [55]).

G und y_2 lassen sich explizit konstruieren, wenn ein sog. Fundamentalsystem von linear unabhängigen Lösungen $z_1, \ldots, z_n \in C^n[a, b]$ der homogenen Gleichung $L[y] = 0$ bekannt ist. Das ist aber in der Regel nicht der Fall, obwohl die Existenz von Fundamentalsystemen sichergestellt ist.

Um zu einer Näherungslösung für die (unbekannte) Lösung $\hat{y}$ der RWA (2.22), (2.23) zu gelangen, wählen wir $s + 1$ Funktionen $v_0, \ldots, v_s \in C^n[a, b]$ derart, daß gilt

$$U_\mu[v_0] = \gamma_\mu, \quad U_\mu[v_k] = 0 \quad \text{für alle } k = 1, \ldots, s, \mu = 1, \ldots, n. \tag{2.27}$$

Für jede Funktion

$$v(t) = v_0(t) + \sum_{j=1}^s v_j(t)\, a_j, \qquad a_j \in \mathbf{R}, \tag{2.28}$$

gilt dann $U_\mu[v] = \gamma_\mu$ für $\mu = 1, \ldots, n$, und $\hat{y} - v$ ist eine Lösung der halbhomogenen Aufgabe

$$L[y] = r - L[v], \quad U_\mu[y] = 0 \qquad \text{für alle } \mu = 1, \ldots, n.$$

Nach (2.26) ergibt sich daher

$$\hat{y}(t) - v(t) = \int_a^b G(t, s) \{r(s) - L[v](s)\}\, ds$$

und somit die **F e h l e r a b s c h ä t z u n g**

$$\|\hat{y} - v\|_\infty \leq \max_{t \in [a,b]} \int_a^b |G(t, s)|\, ds\, \| r - L[v]\|_\infty. \tag{2.29}$$

Um zu einer möglichst guten Fehlerabschätzung (2.29) zu gelangen, wird man daher in (2.28) die Koeffizienten a_j so wählen, daß $\| r - L[v]\|_\infty$ möglichst klein ausfällt. Mit

$$f = r - L[v_0] \quad \text{und} \quad w = \sum_{j=1}^s L[v_j]\, a_j \tag{2.30}$$

ergibt sich also das Problem, die Funktion $f \in C[a, b]$ durch Funktionen w gleichmäßig, d.h. im Sinne der Maximum-Norm (2.1) mit $M = [a, b]$, möglichst gut zu approximieren. Ist eine obere Schranke von

$$\max_{t \in [a,b]} \int_a^b |G(t, s)|\, ds$$

bekannt, so kann man (2.29) sogar dazu verwenden, den Fehler $\|\hat{y} - v\|_\infty$ abzuschätzen.

2.4.2 Aufgaben von monotoner Art und einseitige Approximation Die lineare RWA (2.22), (2.23) heißt **v o n   m o n o t o n e r   A r t**, wenn die folgende Implikation gilt

$$\begin{aligned} L[\varphi]\,(t) &\geq 0 \quad \text{für alle } t \in [a, b] \\ U_\mu[\varphi] &= 0 \quad \text{für alle } \mu = 1, \ldots, n \end{aligned} \Rightarrow \varphi(t) \geq 0 \quad \text{für alle } t \in [a, b]. \tag{2.31}$$

Hinreichende Bedingungen für Aufgaben von monotoner Art finden sich bei C o l - l a t z [68] und P r o t t e r / W e i n b e r g e r [67]. Liegt monotone Art vor, so hat die zugehörige vollhomogene Aufgabe nur die triviale Lösung, und die RWA (2.22), (2.23) ist, wie oben bemerkt, eindeutig lösbar. Sei $\hat{y} \in C^n[a, b]$ die Lösung. Um zu einer Näherungslösung zu gelangen, wählen wir wieder Funktionen $v_0, \ldots, v_r \in C^n[a, b]$ mit (2.27) und bestimmen die a_j in (2.28) so, daß gilt

$$L[v]\,(t) - r(t) \geq 0 \quad \text{bzw.} \quad \leq 0 \quad \text{für alle } t \in [a, b].$$

Aus (2.31) folgt dann

$$v(t) \geq \hat{y}(t) \quad \text{bzw.} \quad v(t) \leq \hat{y}(t) \quad \text{für alle } t \in [a, b],$$

und die Fehlerabschätzung (2.29) legt wieder nahe, die a_j in (2.28) so zu wählen, daß

$$\|L[v] - r\|_\infty = \max_{t \in [a,b]} \{L[v]\,(t) - r(t)\} \quad \text{bzw.} \quad \max_{t \in [a,b]} \{r(t) - L[v]\,(t)\}$$

minimal ausfällt. Mit f und w nach (2.30) ergibt sich also das **e i n s e i t i g e   g l e i c h - m ä ß i g e   A p p r o x i m a t i o n s p r o b l e m**, unter den Nebenbedingungen

$$w(t) - f(t) \geqslant 0 \quad \text{bzw.} \quad f(t) - w(t) \geqslant 0 \qquad \text{für alle } t \in [a, b]$$

$$\|w - f\|_\infty = \max_{t \in [a,b]} |w(t) - f(t)|$$

zum Minimum zu machen.

2.5 Ein lineares Kontroll-Approximationsproblem

Sei $C[0, 1]^n$ bzw. $C[0, 1]^r$ der Vektorraum der n-Vektorfunktionen $x(t)$ bzw. r-Vektor-funktionen $u(t)$, die auf $[0, 1]$ definiert und stetig sind. Weiterhin sei U ein (z.B. endlich-dimensionaler) Teilraum von $C[0, 1]^r$, $A(t)$ bzw. $B(t)$ sei eine stetige n x n bzw. n x r-Matrixfunktion auf $[0, 1]$, $\gamma > 0$ eine vorgegebene Konstante, $x_0 \in \mathbf{R}^n$ und $\hat{x} \in C[0, 1]^n$. $\| \cdot \|_\infty$ bezeichne die Maximum-Norm in $\mathbf{R}^n$ bzw. $\mathbf{R}^r$.

Gesucht ist ein $x \in C[0, 1]^n$ derart, daß unter den Bedingungen

$$\dot{x}(t) = \frac{dx}{dt}(t) = A(t)\, x(t) + B(t)\, u(t), \qquad t \in [0, 1], \tag{2.32}$$

$$x(0) = x_0, \tag{2.33}$$

$$u \in U \quad \text{und} \quad \|u(t)\|_\infty \leqslant \gamma \qquad \text{für alle } t \in [0, 1] \tag{2.34}$$

die Größe $\max\limits_{t \in [0,1]} \|x(t) - \hat{x}(t)\|_\infty$ minimal ausfällt.

Physikalisch geht es darum, eine durch (2.32), (2.33) beschriebene Bewegung mit festem Ausgangspunkt $x_0 \in \mathbf{R}^n$ mit Hilfe einer S t e u e r u n g s f u n k t i o n u mit (2.34) so zu steuern, daß die maximale Abweichung von einer vorgegebenen Bahnkurve $\hat{x} \in C[0, 1]^n$ so klein wie möglich ausfällt. Bekanntlich gibt es zu jedem $u \in C[0, 1]^r$ genau eine Lösung $x = x_u \in C[0, 1]^n$ von (2.32), (2.33), die gegeben ist durch

$$x_u(t) = Y(t)\left\{x_0 + \int_0^t Y(s)^{-1}\, B(s)\, u(s)\, ds\right\}. \tag{2.35}$$

Dabei ist $Y(t)$ eine n x n-Matrixfunktion, die für jedes $t \in [a, b]$ nichtsingulär ist, mit

$$\dot{Y}(t) = A(t)\, Y(t), \qquad t \in [0, 1], \tag{2.36}$$

$$Y(0) = I = \text{n x n-Einheitsmatrix} \tag{2.37}$$

($Y(t)$ ist durch (2.36), (2.37) eindeutig bestimmt); vgl. z.B. C o d d i n g t o n / L e v i n s o n [55].

Das Problem (2.32) bis (2.34) ist daher gleichbedeutend mit dem A p p r o x i m a - t i o n s p r o b l e m, unter den Nebenbedingungen

$$u \in U, \quad \|u(t)\|_\infty \leqslant \gamma \qquad \text{für alle } t \in [0, 1],$$

die Abweichung

$$\|x_u - \hat{x}\|_\infty = \max_{t \in [0,1]} \|x_u(t) - \hat{x}(t)\|_\infty$$

zum Minimum zu machen, wobei x_u durch (2.35) gegeben ist. Definiert man $u = (u^1, \ldots, u^r)^T$ und $x = (x^1, \ldots, x^n)^T$, so erweist sich dieses Problem als äquivalent zu dem l i n e a r e n O p t i m i e r u n g s p r o b l e m , unter den (unendlich vielen) Nebenbedingungen

$$u \in U, \quad -\gamma \leqslant u^k(t) \leqslant +\gamma \qquad \text{für alle } t \in [0, 1], \quad k = 1, \ldots, r,$$
$$-\delta \leqslant x_u^i(t) - \hat{x}^i(t) \leqslant +\delta \qquad \text{für alle } t \in [0, 1], \quad i = 1, \ldots, n,$$

das lineare Funktional $\psi(u, \delta) = \delta$ zum Minimum zu machen. Im allgemeinen ist $Y(t)$ mit (2.36), (2.37) und damit auch x_u nicht explizit bekannt, so daß man sich x_u nur implizit über (2.32), (2.33) gegeben denken kann.

3 Das allgemeine lineare Optimierungsproblem

3.1 Problemstellung, ein schwacher Dualitätssatz und einfache Folgerungen

Seien E und F zwei h a l b g e o r d n e t e normierte V e k t o r r ä u m e , deren O r d n u n g s r e l a t i o n e n wir in gleicher Weise mit „$\geqslant$" oder „$\leqslant$" bezeichnen. Die zugehörigen O r d n u n g s k e g e l seien K_E und K_F (vgl. IV Abschn. 1.1). Vorgegeben seien eine s t e t i g e l i n e a r e A b b i l d u n g $A : E \to F$, eine s t e t i g e L i n e a r f o r m $c : E \to \mathbf{R}$ (vgl. IV Abschn. 1.2) und ein festes Element $b \in F$.

P r o b l e m (P). Unter den Nebenbedingungen

$$A(x) \geqslant b, \quad x \geqslant \Theta_E$$
$$(\Longleftrightarrow A(x) - b \in K_F, x \in K_E) \tag{3.1}$$

ist $c(x)$ zum Minimum zu machen.

Diesem Problem läßt sich ein sog. d u a l e s P r o b l e m zuordnen. Dazu betrachten wir die zu A a d j u n g i e r t e A b b i l d u n g $A^* : F^* \to E^*$ (vgl. IV Abschn. 1.3) und definieren das

P r o b l e m (D). Unter den Nebenbedingungen

$$A^*(y^*) \leqslant c, \quad y^* \geqslant \Theta_{F^*} \tag{3.2}$$
$$(\Longleftrightarrow A^*(y^*)(x) = y^*(A(x)) \leqslant c(x) \quad \forall x \in K_E \quad \text{und} \quad y^*(y) \geqslant 0 \quad \forall y \in K_F)$$

ist $\Phi_b(y^*) = y^*(b)$ zum Maximum zu machen.

Wir setzen

$$M = \{x \in E : A(x) \geqslant b, \ x \geqslant \Theta_E\}, \tag{3.3}$$
$$N = \{y^* \in F^* : A^*(y^*) \leqslant c, y^* \geqslant \Theta_{F^*}\} \tag{3.4}$$

und definieren

$$\alpha = \begin{cases} \inf_{x\in M} c(x), & \text{falls M nichtleer ist}^{1)}, \\[2mm] +\infty, & \text{falls M leer ist,} \end{cases} \qquad (3.5)$$

und $\qquad \beta = \begin{cases} \sup_{y^*\in N} y^*(b), & \text{falls N nichtleer ist}^{1)}, \\[2mm] -\infty, & \text{falls N leer ist.} \end{cases} \qquad (3.6)$

Satz 3.1 Es gilt $\beta \leqslant \alpha$. $\qquad\qquad\qquad\qquad\qquad\qquad\qquad\qquad\qquad\qquad$ (3.7)

B e w e i s. Ist M oder N leer, so folgt die Ungleichung (3.7) unmittelbar aus den Definitionen (3.5) und (3.6). Sind M und N nichtleer, so folgt für jedes $x \in M$ und $y^* \in N$

$$y^*(b) \leqslant y^*(A(x)) = A^*(y^*)(x) \leqslant c(x).$$

Hält man $y^* \in N$ fest und variiert x in M, so folgt hieraus

$$y^*(b) \leqslant \alpha = \inf_{x\in M} c(x),$$

und aus dieser Ungleichung, die für alle $y^* \in N$ gilt, ergibt sich schließlich (3.7). ∎

Wir nennen jedes $x \in M$ z u l ä s s i g und jedes $y^* \in N$ d u a l z u l ä s s i g. Gilt überdies $c(x) = \alpha$ bzw. $y^*(b) = \beta$, so heißen $x \in M$ bzw. $y^* \in N$ o p t i m a l. Aus Satz 3.1 folgt direkt

Satz 3.2 Sind x bzw. y^* zulässig bzw. dual zulässig und gilt $c(x) = y^*(b)$, so sind x und y^* optimal, und es gilt $\beta = \alpha$.

Den Inhalt dieser beiden Sätze bezeichnet man gewöhnlich als einen s c h w a c h e n D u a l i t ä t s s a t z. Darüber hinaus gilt als sog. G l e i c h g e w i c h t s s a t z

Satz 3.3 Seien $\hat{x} \in M$ und $\hat{y}^* \in N$ vorgegeben. Dann sind die beiden folgenden Aussagen äquivalent:

a) $\hat{x}$ und $\hat{y}^*$ sind optimal, und es gilt $\beta = \alpha$.

b) Es ist

$$\hat{y}^*(A(\hat{x}) - b) = 0 \qquad \text{und} \qquad (A^*(\hat{y}^*) - c)(\hat{x}) = 0. \qquad (3.8)$$

B e w e i s. Sei a) erfüllt. Dann ist

$$c(\hat{x}) = \hat{y}^*(b) \leqslant \hat{y}^*(A(\hat{x})) = A^*(\hat{y}^*)(\hat{x}) \leqslant c(\hat{x}),$$

woraus (3.8) folgt. Sei b) erfüllt. Dann ist

$$c(\hat{x}) = A^*(\hat{y}^*)(\hat{x}) = \hat{y}^*(A(\hat{x})) = \hat{y}^*(b),$$

und nach Satz 3.2 folgt a). ∎

------

1) Die Werte $\alpha = -\infty$ und $\beta = +\infty$ sind zugelassen.

3.2 Der semi-infinite Fall

In zahlreichen Anwendungen ist $E = \mathbf{R}^n$, versehen mit irgendeiner Norm und halbgeordnet mit Hilfe des Ordnungskegels

$$K_E = K_r^n = \{x = (x_1, \ldots, x_n)^T : x_i \geqslant 0 \text{ für } i = 1, \ldots, r\},$$

wobei $0 \leqslant r \leqslant n$ ist und $K_0^n = \mathbf{R}^n$.

Ist $\{e_1, \ldots, e_n\}$ irgendeine Basis von $\mathbf{R}^n$ (z.B. $e_i^i = \delta_{ij} =$ Kronecker-Symbol für $i, j = 1, \ldots, n$), so ist jede (stetige) lineare Abbildung $A : \mathbf{R}^n \to F$ darstellbar in der Form

$$A(x) = \sum_{j=1}^{n} f_j x_j, \qquad x = (x_1, \ldots, x_n)^T$$

mit $f_j = A(e_j) \in F, j = 1, \ldots, n$. Nach IV Abschn. 1.2 ist jedes $c \in E^*$ darstellbar in der Form

$$c(x) = \sum_{j=1}^{n} c_j x_j, \qquad x = (x_1, \ldots, x_n)^T$$

mit $c_j = c(e_j) \in \mathbf{R}, j = 1, \ldots, n$. Damit lautet das Problem (P): Unter den Nebenbedingungen

$$A(x) = \sum_{j=1}^{n} f_j x_j \geqslant b, \qquad x \in K_r^n, \tag{3.9}$$

ist $c(x) = \sum_{j=1}^{n} c_j x_j$ zum Minimum zu machen.

Optimierungsprobleme dieser Art nennt man s e m i - i n f i n i t. Die zu A adjungierte Abbildung $A^* : F^* \to E^* (= \mathbf{R}^n)$ ist definiert durch

$$A^*(y^*)\,(x) = y^*(A(x)) = \sum_{j=1}^{n} y^*(f_j) x_j \qquad \forall\, y^* \in F^* \text{ und } x \in E.$$

Die Aussage $A^*(y^*) \leqslant c$ ist daher gleichbedeutend mit

$$\sum_{j=1}^{n} \{y^*(f_j) - c_j\}\, x_j \leqslant 0 \qquad \text{für alle } x \in K_r^n, \tag{3.10}$$

d.h. für alle $x \in \mathbf{R}^n$ mit $x_i \geqslant 0$ für $i = 1, \ldots, r(\leqslant n)$.

Die Aussage (3.10) ist aber äquivalent zu

$$y^*(f_j) \leqslant c_j \qquad \text{für } j = 1, \ldots, r,$$
$$y^*(f_j) = c_j \qquad \text{für } j = r + 1, \ldots, n \text{ (Beweis} = \text{Übung).}$$

Mithin ist das duale Problem (D) gleichbedeutend mit der Aufgabe, unter den Nebenbedingungen

$$\left.\begin{aligned}
& y^*(f_j) \leqslant c_j && \text{für } j = 1, \ldots, r, \\
& y^*(f_j) = c_j && \text{für } j = r + 1, \ldots, n, \\
& y^* \geqslant \Theta_{F^*} && (\Longleftrightarrow y^*(y) \geqslant 0 \qquad \text{für alle } y \in K_F)
\end{aligned}\right\} \tag{3.11}$$

$\Phi_b(y^*) = y^*(b)$ zum Maximum zu machen.

3.3 Semi-infinite Probleme in Funktionenräumen

Sei wie Abschn. 3.2 $E = \mathbf{R}^n$, versehen mit irgendeiner Norm und halbgeordnet mit Hilfe des Ordnungskegels K_r^n, $0 \leqslant r \leqslant n$. Ferner sei M ein kompakter metrischer Raum und $F = C(M)$ der Vektorraum der stetigen reellwertigen Funktionen auf M, versehen mit der Maximum-Norm (1.1) und der Ordnungsrelation

$$y \geqslant z \Longleftrightarrow y(t) \geqslant z(t) \qquad \text{für alle } t \in M. \tag{3.12}$$

Der Ordnungskegel von F ist also gegeben durch

$$K_F = \{y \in C(M) : y(t) \geqslant 0 \text{ für alle } t \in M\}, \tag{3.13}$$

und das zugehörige semi-infinite Problem (P) lautet:
Unter den Nebenbedingungen

$$\sum_{j=1}^{n} f_j(t)\, x_j \geqslant b(t) \qquad \text{für alle } t \in M,$$
$$x_j \geqslant 0 \quad \text{für } j = 1, \ldots, r, \tag{3.9'}$$

ist $\displaystyle\sum_{j=1}^{n} c_j x_j$ zum Minimum zu machen.

Wählt man in M endlich viele Punkte $t_1, \ldots, t_m \in M$ aus und definiert für jedes $y \in F = C(M)$

$$y^*(y) = \sum_{i=1}^{m} y_i^*\, y(t_i), \tag{3.14}$$

wobei $y_1^*, \ldots, y_m^* \in \mathbf{R}$ ebenfalls fest gewählte nicht-negative Zahlen sind, so ist y^* eine Linearform auf F und wegen

$$|y^*(y)| \leqslant \sum_{i=1}^{n} |y_i^*|\, \|y\|_\infty \qquad \text{für alle } y \in F$$

nach IV Satz 1.2 stetig, mithin $y^* \in F^*$. Ferner gilt offenbar

$$y^*(y) \geqslant 0 \qquad \text{für alle } y \in K_F, \qquad \text{d.h. } y^* \geqslant \Theta_{F^*}.$$

Für jedes $y^* \in F^*$ der Gestalt (3.14) lauten die Nebenbedingungen (3.11)

$$\left.\begin{aligned}
\sum_{i=1}^{m} y_i^*\, f_j(t_i) &\leqslant c_j \qquad \text{für } j = 1, \ldots, r, \\
\sum_{i=1}^{m} y_i^*\, f_j(t_i) &= c_j \qquad \text{für } j = r+1, \ldots, n, \\
y_i^* \geqslant 0, \quad t_i \in M & \quad \text{für } i = 1, \ldots, m.
\end{aligned}\right\} \tag{3.11'}$$

Sind die Bedingungen (3.11') erfüllt, so folgt aus Satz 3.1

$$\sum_{i=1}^{m} y_i^*\, b(t_i) \leqslant \alpha = \inf_{x \in M} c(x).$$

Gibt es darüber hinaus ein $x \in \mathbf{R}^n$ mit (3.9') und

$$\sum_{i=1}^{m} y_i^* \, b(t_i) = \sum_{j=1}^{n} c_j x_j,$$

so sind x und das durch (3.14) definierte y* nach Satz 3.2 optimal.

Aus dem Gleichgewichtssatz (Satz 3.3) ergibt sich noch die folgende

A u s s a g e . Seien $x \in \mathbf{R}^n$ mit (3.9') und $y^* \in F^*$ nach (3.14) mit (3.11') vorgegeben; dann sind die beiden folgenden Aussagen äquivalent:

a) x und y* sind optimal, und es ist $\beta = \alpha$.

b) Es gilt

$$y_i^* > 0 \;\Rightarrow\; \sum_{j=1}^{n} f_j(t_i) x_j = b(t_i), \qquad (i = 1, \ldots, m), \tag{3.8'a}$$

$$x_j > 0 \;\Rightarrow\; \sum_{i=1}^{m} y_i^* f_j(t_i) = c_j, \qquad (j = 1, \ldots, r). \tag{3.8'b}$$

Der Beweis ergibt sich aus Satz 3.3 und der Tatsache, daß die Bedingungen (3.8) in diesem Spezialfall folgendermaßen lauten:

$$\sum_{i=1}^{m} y_i^* \left\{ \sum_{j=1}^{n} f_j(t_i) \, x_j - b(t_i) \right\} = 0$$

und $\qquad \displaystyle\sum_{j=1}^{r} \left\{ \sum_{i=1}^{m} y_i^* f_j(t_i) - c_j \right\} x_j = 0,$

was aber mit (3.8'a) und (3.8'b) gleichbedeutend ist.

Wir wollen den bisherigen Sachverhalt noch an zwei Beispielen erläutern.

3.3.1 Anwendung auf eine Randwertaufgabe für die Potentialgleichung Wir betrachten wie in Abschn. 2.3 die R a n d w e r t a u f g a b e .

$$\Delta u = 0 \text{ in B}, \qquad u = f \text{ auf } \Gamma$$

mit $\qquad B = \{(t, s) : |t| < 1, \, |s| < 1\}$

und $\qquad \Gamma = \{(t, s) : |t| = 1, \, |s| < 1 \text{ oder } |s| = 1, \, |t| \leq 1\}$

$$f(t, \pm 1) = \cos\left(\frac{\pi}{2}\, t\right), \qquad |t| \leq 1,$$

$$f(\pm 1, s) = \cos\left(\frac{\pi}{2}\, s\right), \qquad |s| \leq 1.$$

Zur Anwendung des in Abschn. 2.3 beschriebenen Randmaximum-Prinzips machen wir den Ansatz

$$\varphi(x, t, s) = x_1 + (t^4 - 6t^2 s^2 + s^4)x_2, \qquad x = (x_1, x_2), \tag{3.15}$$

der der Symmetrie der Aufgabe gerecht wird und für den bei beliebiger Wahl von $x \in \mathbf{R}^2$ gilt

$$\Delta\varphi(x, t, s) = 0 \qquad \text{für alle } (t, s) \in B.$$

Um etwa $\varphi(x) \geqslant f$ auf Γ zu erreichen, genügt es auf Grund der Symmetrie des Problems und des Ansatzes (3.15) offenbar

$$\varphi(x, t, 1) = x_1 + (t^4 - 6\,t^2 + 1)x_2 \geqslant \cos\left(\frac{\pi}{2}\,t\right) \quad \text{für alle } t \in M = [0, 1] \qquad (3.9'')$$

zu erfüllen.

Um im Punkte $(\hat{t}, \hat{s}) = (0, 0)$ für die unbekannte Lösung $\hat{u} \in C(\overline{B}) \cap C^2(B)$ der Randwertaufgabe nach dem Randmaximum-Prinzip eine optimale obere Schranke zu finden, haben wir nach Abschn. 2.3 das folgende Problem zu lösen: Unter den Nebenbedingungen (3.9") ist $\varphi(x, 0, 0) = x_1$ zum Minimum zu machen. Wir haben also ein Problem der Form (3.9') mit $r = 0$ und $c_1 = 1$, $c_2 = 0$, $n = 2$ vor uns.

Für $x_1 = 0.8$, $x_2 = 0.2$ sind die Nebenbedingungen (3.9") erfüllt, was $\alpha \leqslant 0.8$ impliziert. Wählt man andererseits $t_1 = 0$, $t_2 = 1$, $y_1^* = 0.8$, $y_2^* = 0.2$, so ist für $f_1(t) \equiv 1$, $f_2(t) = t^4 - 6t^2 + 1$, $t \in [0, 1]$,

$$\left.\begin{aligned}
y_1^* f_1(t_1) + y_2^* f_1(t_2) &= 1 = c_1, \\
y_1^* f_2(t_1) + y_2^* f_2(t_2) &= 0 = c_2, \\
y_1^* \geqslant 0, \; y_2^* \geqslant 0, \; t_1, t_2 &\in M,
\end{aligned}\right\} \qquad (3.11'')$$

d.h. $y^*(y) = y_1^* y(0) + y_2^* y(1)$, $y \in C(M)$, ist dual zulässig, was

$$y_1^* \cos\left(\frac{\pi}{2}\,t_1\right) + y_2^* \cos\left(\frac{\pi}{2}\,t_2\right) = 0.8 + 0.2 \cdot 0 = 0.8 \leqslant \alpha$$

impliziert. Damit ist $\alpha = 0.8$ eine optimale obere Schranke von $\hat{u}(0, 0)$ bei dem Ansatz (3.15) und $x = (0.8, 0.2)$ optimal.

Aufgabe 3.1 Man zeige: Ist t_1 die Nullstelle des Polynoms $t^4 - 6\,t^2 + 1$ in $[0, 1]$, so erhält man bei dem Ansatz (3.15) durch $\cos\left(\frac{\pi}{2} \cdot t_1\right) \approx 0.7957$ eine optimale untere Schranke für $\hat{u}(0, 0)$, insgesamt also die Einschließung

$$0.7957 \leqslant \hat{u}(0, 0) \leqslant 0.8,$$

und $x = (x_1, x_2)$ mit

$$x_1 = \cos\left(\frac{\pi}{2}\,t_1\right), \qquad x_2 = \frac{1}{8}\,\pi\,t_1^{-1}\,(3 - t_1^2)^{-1}\,\sin\left(\frac{\pi}{2}\,t_1\right)$$

ist optimal.

3.3.2 Anwendung auf eine lineare Randwertaufgabe von monotoner Art Als nächstes betrachten wir die lineare Randwertaufgabe (vgl. Abschn. 2.4.2):

$$L[y](s) = -y''(s) + (1 + s^2)\,y(s) = s^2, \qquad s \in [-1, +1], \tag{3.16}$$

$$y(-1) = y(+1) = 0. \tag{3.17}$$

Diese Aufgabe ist von monotoner Art (vgl. dazu C o l l a t z [68], S. 300) und damit eindeutig lösbar. Für die Funktionen

$$v_j(s) = 1 - s^{2j}, \qquad j = 1, \ldots, p,$$

sind die Randbedingungen (3.17) erfüllt und daher auch für jede Linearkombination

$$v(s) = \sum_{j=1}^{p} v_j(s)\,x_j, \qquad s \in [-1, +1].$$

Aus Symmetriegründen setzen wir $t = s^2$ und definieren

$$w_j(t) = L[v_j]\,(s), \qquad j = 1, \ldots, p,$$

für $t \in [0, 1]$. Wählt man die x_j so, daß gilt

$$\sum_{j=1}^{p} w_j(t)\,x_j \geqslant t \qquad \text{für alle } t \in [0, 1], \tag{3.18}$$

so folgt nach Abschn. 2.4.2: $v(s) \geqslant \hat{y}(s)$ für alle $s \in [-1, +1]$, wobei $\hat{y} \in C^2\,[-1, +1]$ die Lösung der RWA (3.16), (3.17) ist. Auf Grund der Fehlerabschätzung (2.29) ist es daher sinnvoll, die x_j so zu wählen, daß (3.18) erfüllt ist und

$$\max_{t \in [0,1]} \left\{ \sum_{j=1}^{p} w_j(t)\,x_j - t \right\}$$

minimal ausfällt.

Diese Aufgabe ist gleichbedeutend mit dem Problem, unter den Nebenbedingungen

$$\left. \begin{aligned} \sum_{j=1}^{p} w_j(t)\,x_j &\geqslant t, \\[2em] -\sum_{j=1}^{p} w_j(t)\,x_j + x_{p+1} &\geqslant -t \end{aligned} \right\} \qquad \text{für alle } t \in [0, 1] \tag{3.9'''}$$

das Funktional $c(x_1, \ldots, x_{p+1}) = x_{p+1}$ zum Minimum zu machen. Mit

$$n = p + 1, \quad E = \mathbf{R}^n, \quad K_E = K_0^n = \mathbf{R}^n, \quad F = C[0, 1] \times C[0, 1],$$

$$K_F = \{(y_1, y_2)^T \in F : y_1(t) \geqslant 0 \text{ und } y_2(t) \geqslant 0 \ \forall t \in [0, 1]\},$$

$$f_j(t) = (w_j(t), -w_j(t))^T, \qquad j = 1, \ldots, p, \quad f_n(t) = (0, 1)^T,$$

$$b(t) = (t, -t)^T \qquad \text{für alle } t \in [0, 1],$$

$$c_1 = \ldots = c_p = 0, \quad c_n = 1$$

liegt also ein Problem der Form (3.9) vor mit $r = 0$. Wählt man nun in $[0, 1]$ verschiedene Punkte $t_1^1, \ldots, t_{m_1}^1, t_1^2, \ldots, t_{m_2}^2$ aus und dazu Zahlen $y_1^1 \geqslant 0, \ldots, y_{m_1}^1 \geqslant 0$,

$y_1^2 \geqslant 0, \ldots, y_{m_2}^2 \geqslant 0$ und definiert für jedes $y = (y_1, y_2)^T \in F$

$$y^*(y) = \sum_{i=1}^{m_1} y_i^1 \, y_1(t_i^1) + \sum_{i=1}^{m_2} y_i^2 \, y_2(t_i^2),$$

so ist $y^* \in F^*$, wenn man etwa F durch $\|(y_1, y_2)^T\| = \|y_1\|_\infty + \|y_2\|_\infty$, $\|\cdot\|_\infty = $ Maximum-Norm in $C[0, 1]$, normiert, und weiterhin auch $y^* \geqslant \Theta_{F^*}$.

Wählt man darüber hinaus die $t_i^1, t_i^2, y_i^1, y_i^2$ so, daß gilt

$$\sum_{i=1}^{m_1} w_j(t_i^1) y_i^1 - \sum_{i=1}^{m_2} w_j(t_i^2) y_i^2 = 0, \qquad j = 1, \ldots, p, \qquad \sum_{i=1}^{m_2} y_i^2 = 1, \qquad (3.11''')$$

dann sind die Nebenbedingungen (3.11) erfüllt, und es folgt aus Satz 3.1

$$\sum_{i=1}^{m_1} t_i^1 \, y_i^1 - \sum_{i=1}^{m_2} t_i^2 \, y_i^2 \leqslant \alpha = \rho_\infty(f, W) \qquad\qquad (3.19)$$

mit $\qquad W = \{w = \sum_{j=1}^{p} x_j w_j : w(t) \geqslant t \text{ für alle } t \in [0, 1]\}$, $\quad f \equiv t$

und $\qquad \rho_\infty(f, W) = \inf_{w \in W} \|w - f\|_\infty$.

N u m e r i s c h e s   B e i s p i e l. Sei $p = 2$, dann erhält man

$$w_1(t) = - t^2 + 3,$$
$$w_2(t) = - t^3 - t^2 + 13\, t + 1.$$

Wählt man $x_1 = - 1/34$ und $x_2 = 3/34$ so ergibt sich

$$\hat{w}(t) - t = - \frac{1}{34} \, w_1(t) + \frac{3}{34} \, w_2(t) - t$$
$$= t\left\{ \frac{5}{34} - \frac{1}{17}\, t - \frac{3}{34}\, t^2 \right\} \geqslant 0 \qquad \text{für alle } t \in [0, 1],$$

d.h., es ist $\hat{w} \in W$. Ferner ist $\hat{w}(t) - t = 0$ für $t = 0$ und $t = 1$ sowie (mit $f(t) = t$)

$$\hat{w}(t) - t = \|\hat{w} - f\|_\infty = \frac{200}{4131} \geqslant \rho_\infty(f, W) = \alpha \qquad \text{für } t = 5/9.$$

Um die Aussage (3.19) anwenden zu können, wählen wir $t_1^1 = 0$, $t_2^1 = 1$ ($m_1 = 2$) und $t_1^2 = \dfrac{5}{9}$ ($m_2 = 1$). Die Bedingungen (3.11''') lauten dann

$$3y_1^1 + 2y_2^1 - \frac{218}{81}\, y_1^2 = 0,$$

$$y_1^1 + 12y_2^1 - \frac{5644}{729}\, y_1^2 = 0,$$

$$y_1^2 = 1$$

und sind für $y_1^1 = \dfrac{1}{3} \cdot \dfrac{6128}{4131}$ und $y_2^1 = \dfrac{2495}{4131}$ erfüllt. Aus (3.19) folgt somit

$$0 \cdot y_1^1 + 1 \cdot y_2^1 - \frac{5}{9} y_1^2 = \frac{2495}{4131} - \frac{5}{9} = \frac{200}{4131} \leqslant \alpha = \rho_\infty(f, W).$$

Daher ist

$$\rho_\infty(f, W) = \frac{200}{4131} \approx 0.0485,$$

und $$\hat{w}(t) = -\frac{3}{34} t^3 - \frac{1}{17} t^2 + \frac{39}{34} t$$

ist eine Minimallösung. Wählt man also $x_1 = -1/34$ und $x_2 = 3/34$, so sind die Bedingungen (3.18) für $p = 2$ gleichmäßig optimal erfüllt und führen bei den gewählten Ansatzfunktionen v_j zu einer o p t i m a l e n F e h l e r a b s c h ä t z u n g (2.29). Definiert man

$$\hat{v}(s) = -\frac{1}{34} (1 - s^2) + \frac{3}{34} (1 - s^4)$$

und $\hat{r}(s) = L[\hat{v}] (s) = -\hat{v}''(s) + (1 + s^2) \hat{v}(s)$ für $s \in [-1, +1]$,

so ist $\hat{v}(-1) = \hat{v}(+1) = 0$

und $$\max_{s \in [-1, +1]} |\hat{r}(s) - s^2| = \frac{200}{4131} \approx 0.0485.$$

Ist $\hat{y} \in C^2[-1, +1]$ die (unbekannte) Lösung der RWA (3.16), (3.17), so folgt nach Abschn. 2.4.1

$$\hat{y}(t) = \int_{-1}^{+1} G(t, s) \{s^2 - (1 + s^2) \hat{y}(s)\} \, ds$$

und $$\hat{v}(t) = \int_{-1}^{+1} G(t, s) \{\hat{r}(s) - (1 + s^2) \hat{v}(s)\} ds, \qquad t \in [-1, +1],$$

wobei $G = G(t, s)$ die Greensche Funktion zur RWA

$$-y''(s) = r(s), \qquad s \in [-1, +1], \qquad y(-1) = y(+1) = 0$$

($r \in C[-1, +1]$) ist. G ist in diesem Fall gegeben durch

$$G(t, s) = \begin{cases} \dfrac{1}{2} (s + 1) (1 - t) & \text{für } -1 \leqslant s \leqslant t \leqslant +1, \\[2em] \dfrac{1}{2} (t + 1) (1 - s) & \text{für } -1 \leqslant t \leqslant s \leqslant +1. \end{cases}$$

Damit ist

$$\hat{y}(t) - \hat{v}(t) = \int_{-1}^{+1} G(t, s) \{s^2 - \hat{r}(s)\} \, ds - \int_{-1}^{+1} G(t, s) (1 + s^2) \{\hat{y}(s) - \hat{v}(s)\} ds,$$

was
$$\|\hat{y} - \hat{v}\|_\infty \leqslant \max_{t\in[-1,+1]} \int_{-1}^{+1} G(t,s)\,ds \cdot \max_{t\in[-1,+1]} |t^2 - \hat{f}(t)| +$$

$$+ \max_{t\in[-1,+1]} \int_{-1}^{+1} G(t,s)\,(1+s^2)\,ds\,\|\hat{y} - \hat{v}\|_\infty$$

impliziert. Nun ist

$$\max_{t\in[-1,+1]} \int_{-1}^{+1} G(t,s)\,ds = \frac{1}{2} \quad \text{und} \quad \max_{t\in[-1,+1]} \int_{-1}^{+1} G(t,s)\,(1+s^2)\,ds = \frac{7}{12}$$

und somit

$$\|\hat{y} - \hat{v}\|_\infty \leqslant \frac{12}{5} \cdot \frac{1}{2} \cdot \frac{200}{4131} = \frac{6}{5} \cdot \frac{200}{4131} \leqslant 0.0581.$$

Aufgabe 3.2 a) Man betrachte das (einseitige) Approximationsproblem (nach Abschn. 2.4.2) bezüglich $f(t) = t^3$ und

$$V = \{v(t) = x_1 t^2 + x_2 t + x_3 : v(t) \geqslant f(t)\ \forall t \in [0, 1]\}$$

und zeige unter Verwendung der Aussage (3.19), daß $\hat{v}(t) = \dfrac{3}{2} t^2 - \dfrac{9}{16} t + \dfrac{1}{16}$ eine Minimallösung ist und

$$\rho_\infty(f, V) = \inf_{v\in V} \|v - f\|_\infty = \frac{1}{16}.$$

H i n w e i s. Man wähle $t_1^1 = \dfrac{1}{4}$, $t_2^1 = 1$ $(m_1 = 2)$, $t_1^2 = 0$, $t_2^2 = \dfrac{3}{4}$ $(m_2 = 2)$.

b) Man betrachte das Approximationsproblem (nach Abschn. 2.1.1) bezüglich $f(t) = t^3$ und

$$V = \{v(t) = x_1 t^2 + x_2 t + x_3 : x_1, x_2, x_3 \in \mathbf{R},\ t \in [0, 1]\}$$

und zeige analog, daß $\hat{v}(t) = \dfrac{3}{2} t^2 - \dfrac{9}{16} t + \dfrac{1}{32}$ eine Minimallösung ist und

$$\rho_\infty(f, V) = \frac{1}{32}.$$

c) Man betrachte das gleichmäßige Approximationsproblem bezüglich $f \in C(M) =$ Vektorraum der stetigen reellwertigen Funktionen auf einem kompakten metrischen Raum M und $V = $ n-dimensionaler linearer Teilraum von $C(M)$, der aufgespannt wird von $v_1, \ldots, v_n \in C(M)$.

Man beweise in Analogie zur Herleitung der Aussage (3.19) die folgende Aussage: Sind $t_1, \ldots, t_m \in M$ vorgegebene verschiedene Punkte und $y_1, \ldots, y_m \in \mathbf{R}$ ebenfalls vorgegebene Zahlen derart, daß gilt

$$\sum_{i=1}^{m} v_j(t_i)\,y_i = 0 \quad \text{für}\quad j = 1, \ldots, n,$$

$$\sum_{i=1}^{m} |y_i| \leqslant 1.$$

Dann folgt

$$\left| \sum_{i=1}^{m} y_i \, f(t_i) \right| \leqslant \rho_\infty \, (f, V). \tag{3.20}$$

B e m e r k u n g. Diese Aussage kann man auch direkt beweisen.

d) Man wende (3.20) auf das Problem b) an.

3.4 Gegenbeispiele gegen die Gültigkeit allgemeiner Existenz- und Dualitätsaussagen

Um die Lösbarkeit der Probleme (P) und (D) mit den Nebenbedingungen (3.1) und (3.2) sicherzustellen, reicht es im allgemeinen nicht aus, anzunehmen, daß die durch (3.3) bzw. (3.4) definierten Mengen M bzw. N der zulässigen bzw. dual zulässigen Elemente nichtleer sind, wie das folgende Beispiel eines semi-infiniten Problems zeigt.

3.4.1 Unlösbarkeit eines semi-infiniten Problems Sei $E = \mathbf{R}^2$, versehen mit irgendeiner Norm und der trivialen Halbordnung mit dem Ordnungskegel $K_0^2 = \mathbf{R}^2$. Ferner sei $B = [0, 1]$, $F = C(B)$, versehen mit der Maximum-Norm (2.1) mit B anstelle von M und der Halbordnung (3.12). Schließlich sei $b(t) = t$ für $t \in [0, 1]$, und $A : E \to F$ sei definiert durch $A(x)\,(t) = t^2 x_1 + x_2$, $t \in [0, 1]$, $x = (x_1, x_2)^T$.

Als Problem (P) betrachten wir die Aufgabe, unter den Nebenbedingungen

$$x_1, x_2 \in \mathbf{R}, \quad t^2 x_1 + x_2 \geqslant t \qquad \text{für alle } t \in [0, 1]$$

die stetige Linearform $c(x) = 0 \cdot x_1 + x_2$ zum Minimum zu machen.

Man macht sich leicht klar, daß die Menge M der zulässigen Punkte nicht-leer ist und daß gilt $\alpha = 0$ (mit α nach (3.5)). (Beweis = Übung).

Es gibt aber kein $\hat{x} \in M$ mit $c(\hat{x}) = 0$, d.h., das Problem ist nicht lösbar (vgl. Fig. I 3.1).

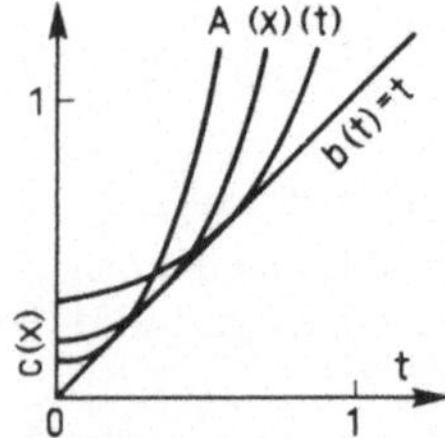

Fig. I 3.1 Unlösbarkeit eines semi-infiniten Problems

Nach Abschn. 3.2 ist das duale Problem gleichbedeutend mit der Aufgabe, unter den Nebenbedingungen

$$\begin{aligned} y^*(f_1) &= 0, \\ y^*(f_2) &= 1, \end{aligned} \qquad y^* \geqslant \Theta_{F^*}$$

die Linearform $y^*(b)$ zum Maximum zu machen. Dabei ist $f_1(t) = t^2$ und $f_2(t) = 1$ für alle $t \in [0, 1]$.

Definiert man

$$y^*(y) = y(0) \qquad \text{für alle } y \in F = C[0, 1],$$

so ist $y^* \in F^*$, $y^* \geq \Theta_{F^*}$, $y^*(f_1) = 0$ und $y^*(f_2) = 1$, mithin y^* dual zulässig. Ferner ist $y^*(b) = 0 = \alpha$, woraus nach Satz 3.1 folgt, daß $y^*(b) = \beta = \alpha = 0$ ist.

Das duale Problem ist also lösbar, und die Extremalwerte der beiden Probleme stimmen überein.

3.4.2 Auftreten einer Dualitätslücke Es ist aber auch der Fall möglich, daß beide Probleme lösbar sind und die Extrema nicht übereinstimmen. In diesem Fall spricht man von einer D u a l i t ä t s l ü c k e, wofür wir jetzt ein Beispiel angeben wollen. Sei E die Menge aller unendlichen reellen Folgen $x = \{x_n\}_{n=0,1,2,\ldots}$, bei denen nur endlich viele Elemente $x_n \neq 0$ sind. Definiert man Addition und skalare Multiplikation in E „komponentenweise", so wird E zu einem linearen Vektorraum über **R**. Weiterhin sei E versehen mit der Norm $\|x\| = |x_0| + \sum_{n=1}^{\infty} n|x_n|$, $x \in E$, und halbgeordnet durch

$x \geq \hat{x} \Longleftrightarrow x_n \geq \hat{x}_n$ für alle n. Der Ordnungskegel von E lautet also

$$K_E = \{x = \{x_n\}_{n=0,1,2,\ldots} \in E : x_n \geq 0 \; \forall n\}.$$

Sei $F = \mathbf{R}^2$, versehen mit irgendeiner Norm und halbgeordnet mit Hilfe des Ordnungskegels $K_F = \{\Theta_2\}$. Daraus folgt $K_{F^*} = F^*$, und zu jedem $y^* \geq \Theta_{F^*}$ (d.h. $y^* \in K_{F^*}$) gibt es nach IV Abschn. 1.2, Beispiel 3 genau ein $\hat{y} \in F$ mit

$$y^*(y) = \langle \hat{y}, y \rangle = \hat{y}_1 y_1 + \hat{y}_2 y_2 \qquad \text{für alle } y \in F.$$

$A : E \to F$ sei definiert durch

$$A(x) = \begin{pmatrix} x_0 + \sum_{n=1}^{\infty} n\, x_n \\[2em] \sum_{n=1}^{\infty} x_n \end{pmatrix}, \qquad x = \{x_n\}_{n=0,1,2,\ldots} \in E.$$

A ist linear und stetig (Beweis = Übung).

Ferner sei $b = (1, 0)^T$ und $c(x) = x_0$, $x \in E$. Das Problem (P) lautet dann: Unter den Nebenbedingungen

$$x_0 + \sum_{n=1}^{\infty} n\, x_n = 1,$$

$$x = \{x_n\}_{n=0,1,2,\ldots} \in E, \quad x_n \geq 0 \text{ für alle n,}$$

$$\sum_{n=1}^{\infty} x_n = 0,$$

ist $c(x) = x_0$ zum Minimum zu machen.

Offenbar ist $x \in E$ genau dann zulässig, wenn gilt

$$x_0 = 1 \quad \text{und} \quad x_n = 0 \text{ für alle } n \geq 1.$$

Damit ist $\alpha = 1$ und $c(x) = \alpha$ für dieses eine zulässige $x \in E$, d.h., das Problem (P) ist lösbar.

Die zu A adjungierte Abbildung $A^* : F^* \to E^*$ ist gegeben durch

$$A^*(y^*)(x) = y^*(A(x)) = \hat{y}_1 \left\{ x_0 + \sum_{n=1}^{\infty} n\, x_n \right\} + \hat{y}_2 \left\{ \sum_{n=1}^{\infty} x_n \right\}$$

$$= \hat{y}_1 x_0 + \sum_{n=1}^{\infty} (\hat{y}_1 n + \hat{y}_2)\, x_n.$$

Die Aussage

$$A^*(y^*) \leqslant c, \qquad y^* \geqslant \Theta_{F^*}$$

ist daher gleichbedeutend mit

$$A^*(y^*)(x) = \hat{y}_1 \cdot x_0 + \sum_{n=1}^{\infty} (\hat{y}_1 n + \hat{y}_2)\, x_n \leqslant c(x) = x_0$$

$$\text{für alle } \{x_n\}_{n=0,1,2,\ldots} \in E \quad \text{mit} \quad x_n \geqslant 0 \text{ für alle n.}$$

Diese Aussage wiederum ist gleichbedeutend mit

$$\hat{y}_1 \leqslant 1 \quad \text{und} \quad \hat{y}_1 n + \hat{y}_2 \leqslant 0 \text{ für alle } n \geqslant 1,$$

was äquivalent ist mit

$$\hat{y}_1 \leqslant 0 \quad \text{und} \quad \hat{y}_1 + \hat{y}_2 \leqslant 0.$$

Das duale Problem (D) ist daher gleichbedeutend mit der Aufgabe, unter den Nebenbedingungen

$$\hat{y}_1 \leqslant 0 \quad \text{und} \quad \hat{y}_1 + \hat{y}_2 \leqslant 0$$

die Linearform $y^*(b) = \langle \hat{y}, b \rangle = \hat{y}_1$ zum Maximum zu machen. Offenbar ist $\beta = 0$, und $\hat{y}_1 = \hat{y}_2 = 0$ ist eine Lösung des Problems (D).

Damit sind beide Probleme lösbar, aber

$$\beta = 0 < 1 = \alpha.$$

Als weiteres Beispiel für diesen Sachverhalt betrachten wir noch das folgende Problem: Sei $E = L_2[0, 1] \times \mathbf{R}$. Dabei ist $L_2[0, 1]$ der Hilbertraum der Äquivalenzklassen meßbarer und quadratisch-Lebesgue-integrabler Funktionen auf [0, 1] mit der euklidischen Norm

$$\|f\|_2 = \left(\int_0^1 |f(t)|^2 \, dt \right)^{1/2}$$

und der Halbordnung

$$f \geqslant g \Longleftrightarrow f(t) \geqslant g(t) \qquad \text{für fast alle } t \in [0, 1].$$

E sei normiert durch

$$\|(f, r)\| = \|f\|_2 + |r|$$

und halbgeordnet durch

$$(f, r) \geqslant (g, s) \Longleftrightarrow f \geqslant g \quad \text{und} \quad r \geqslant s.$$

Ferner sei $F = L_2[0, 1]$, versehen mit der euklidischen Norm und der obigen Halbordnung. Zu jedem $y^* \in F^*$ gibt es dann nach IV Satz 1.3 genau ein $y \in F$ mit

$$y^*(f) = \int_0^1 y(t)\, f(t)\, dt \qquad \text{für alle } f \in F.$$

$A : E \to F$ sei definiert durch

$$A(f, r)(t) = \int_t^1 f(s)\, ds + r, \qquad t \in [0, 1].$$

A ist linear und stetig. Schließlich sei $b \equiv 1$ und

$$c(f, r) = \int_0^1 t\, f(t)\, dt + 2\, r.$$

c ist eine stetige Linearform, und als Problem (P) erhalten wir die Aufgabe, unter den Nebenbedingungen

$$\int_t^1 f(s)\, ds + r \geqslant 1 \qquad \text{für fast alle } t \in [0, 1],$$

$$f(t) \geqslant 0 \text{ für fast alle } t \in [0, 1] \quad \text{und } r \geqslant 0$$

$\int_0^1 t\, f(t)\, dt + 2\, r$ zum Minimum zu machen.

Aufgabe 3.3 a) Es ist $\alpha = 2$, und $(0, 1)$ ist optimal.

b) Das duale Problem (D) ist gleichbedeutend mit der Aufgabe: Unter den Nebenbedingungen

$$\int_0^t g(s)\, ds \leqslant t,$$

$$g(t) \geqslant 0 \qquad \text{für fast alle } t \in [0, 1]$$

und $\qquad \int_0^1 g(t)\, dt \leqslant$

ist die Linearform $\int_0^1 g(t)\, dt$ zum Maximum zu machen.

c) Es ist $\beta = 1$, und $g(t) = 1$ für alle $t \in [0, 1]$ ist optimal. Es sind also wieder beide Probleme lösbar, aber

$$\beta = 1 < 2 = \alpha.$$

3.5 Bibliographische Bemerkungen

Das zuletzt genannte Beispiel in Abschn. 3.4.2 für das Auftreten einer Dualitätslücke ist wohl das erste, das in der Literatur über infinite lineare Optimierungsprobleme auftritt. Es entstammt einer Arbeit von K r e t s c h m e r [61] und wird in dem Buch von G ö p f e r t [73] über mathematische Optimierung in allgemeinen Vektorräumen ausführlich dargestellt.

Das erste Beispiel in Abschn. 3.4.2 für den gleichen Sachverhalt wurde einer Arbeit von v a n   S l y k e und W e t s [68] entnommen. Es stammt von G a l e und ist eine vereinfachte Variante zweier Beispiele für Dualitätslücken bei D u f f i n und K a r l o v i t z [65]. In einem dieser beiden Beispiele ist das Problem (P) lösbar, das duale Problem (D) hingegen nicht einmal zulässig, so daß sein Extremalwert definitionsgemäß gleich $-\infty$ ist.

Bezeichnend für die bisher genannten Beispiele für Dualitätslücken ist, daß mindestens einer der beiden Vektorräume E oder F unendlich-dimensional ist. Das gleiche Phänomen kann aber auch auftreten, wenn beide Räume endlich-dimensional sind, z.B. $E = \mathbf{R}^n$ und $F = \mathbf{R}^m$. In einem solchen Fall muß man aber mindestens einen der beiden Ordnungskegel in E oder F unendlich erzeugt annehmen, da für endlich erzeugte Ordnungskegel nach dem Hauptsatz der gewöhnlichen linearen Optimierung keine Dualitätslücke auftreten kann. K y   F a n   hat in [69] und [70] für $E = F = \mathbf{R}^3$ ein lösbares Problem (P) derart angegeben, daß das duale Problem (D) ebenfalls lösbar ist, die Extremalwerte aber nicht übereinstimmen. Auch dieses Beispiel wird im Anhang des oben genannten Buches [73] von G ö p f e r t beschrieben.

Das in Abschn. 3.4.1 angegebene zulässige, aber unlösbare semi-infinite Optimierungsproblem, bei dem das duale Problem lösbar ist und die Extremalwerte übereinstimmen, findet sich bei K r a b s [68] und stammt von W. W e t t e r l i n g.

4 Existenz- und Dualitätssätze

4.1 Doppelte Dualisierung eines Optimierungsproblems

Seien wie in Abschn. 3.1 E und F zwei halbgeordnete lineare Vektorräume, $A : E \to F$ eine stetige lineare Abbildung und $c : E \to \mathbf{R}$ eine stetige Linearform sowie $b \in F$. Das allgemeine lineare Optimierungsproblem (P) besteht dann darin, unter den Nebenbedingungen

$$A(x) \geqslant b, \qquad x \geqslant \Theta_E \tag{4.1}$$

die Linearform $c(x)$ zum Minimum zu machen.

Das zugehörige duale Problem (D) lautet: Unter den Nebenbedingungen

$$A^*(y^*) \leqslant c, \qquad y^* \geqslant \Theta_{F^*} \tag{4.2}$$

ist die Linearform $\Phi_b(y^*) = y^*(b)$ zum Maximum zu machen.

Dabei ist $A^* : F^* \to E^*$ die zu A adjungierte Abbildung des topologischen Dualraumes F^* von F in den topologischen Dualraum E^* von E. Nach IV Abschn. 1.3 ist A^* linear und stetig, wenn man E^* und F^* auf natürliche Weise normiert. Die Symbole „$\leqslant$" bzw. „$\geqslant$" in (4.2) bezeichnen die in E^* bzw. F^* induzierten Halbordnungen (vgl. IV (1.14)). Offenbar ist das duale Problem äquivalent mit der Aufgabe, unter den Nebenbedingungen

$$-A^*(y^*) \geqslant -c, \qquad y^* \geqslant \Theta_{F^*}$$

die Linearform $-\Phi_b(y^*) = -y^*(b)$ zum Minimum zu machen.

Dieses Problem hat wieder die Gestalt des Ausgangsproblems und kann daher in analoger Weise dualisiert werden. Das dabei entstehende Problem ist offenbar äquivalent zu dem Problem (P*), unter den Nebenbedingungen

$$A^{**}(x^{**}) \geqslant \Phi_b, \qquad x^{**} \geqslant \Theta_{E^{**}} \tag{4.3}$$

die Linearform $c^{**}(x^{**})$ zum Minimum zu machen.

Dabei ist $A^{**} : E^{**} \to F^{**}$ die zu $A^* : F^* \to E^*$ adjungierte Abbildung, $c^{**} : E^{**} \to \mathbf{R}$ ist definiert durch

$$c^{**}(x^{**}) = x^{**}(c) \qquad \text{für alle } x^{**} \in E^{**},$$

und das Symbol „$\geqslant$" bezeichnet die in F^{**} bzw. E^{**} induzierte Ordnung (vgl. IV Abschn. 2.2).

Sind für ein $x \in E$ die Nebenbedingungen (4.1) erfüllt, so definieren wir $x^{**} \in E^{**}$ durch $x^{**} = \Phi_x$, d.h.

$$x^{**}(x^*) = x^*(x) \qquad \text{für alle } x^* \in E^*.$$

Dann folgt wegen $x \geqslant \Theta_E$

$$x^{**}(x^*) \geqslant 0 \text{ für alle } x^* \geqslant \Theta_{E^*} \qquad \Rightarrow \qquad x^{**} \geqslant \Theta_{E^{**}}.$$

Weiterhin ist

$$A^{**}(x^{**})\,(y^*) = x^{**}(A^*(y^*)) = \Phi_x(A^*(y^*))$$
$$= A^*(y^*)\,(x) = y^*(A(x)) \qquad \text{für alle } y^* \in F^*$$

und somit wegen $A(x) \geqslant b$

$$A^{**}(x^{**})\,(y^*) \geqslant y^*(b) = \Phi_b(y^*) \qquad \text{für alle } y^* \geqslant \Theta_{F^*},$$

mithin $A^{**}(x^{**}) \geqslant \Phi_b$.

Schließlich ist $c^{**}(x^{**}) = x^{**}(c) = c(x)$.

E r g e b n i s. Genügt $x \in E$ den Nebenbedingungen (4.1), so genügt $x^{**} = \Phi_x \in E^{**}$ den Nebenbedingungen (4.3), und es ist $c^{**}(x^{**}) = c(x)$.

Es erhebt sich die Frage, ob zu vorgegebenem $x^{**} \in E^{**}$ mit (4.3) auch ein $x \in E$ existiert mit (4.1) und $c^{**}(x^{**}) = c(x)$. Eine Antwort auf diese Frage gibt

Satz 4.1 E sei reflexiv, und die Ordnungskegel

$$K_E = \{x \in E : x \geqslant \Theta_E\} \ \text{bzw.} \ K_F = \{y \in F : y \geqslant \Theta_F\}$$

seien in E bzw. F abgeschlossen.

Sind dann für ein $x^{**} \in E^{**}$ die Nebenbedingungen (4.3) erfüllt, so gibt es ein $x \in E$ mit (4.1), und es ist $c^{**}(x^{**}) = c(x)$. Mit anderen Worten: Die Probleme (P) und (P*) sind äquivalent und haben dieselben Extrema, d.h. durch doppelte Dualisierung von Problem (P) gelangt man zum Problem (P) zurück.

B e w e i s. Sei $x^{**} \in E^{**}$ mit (4.3) vorgegeben. Da E reflexiv ist, gibt es ein $x \in E$ mit $x^{**} = \Phi_x$ (vgl. IV Abschn. 1.2). Daraus folgt nach (4.3)

$$x^{**}(x^*) = x^*(x) \geqslant 0 \qquad \text{für alle } x^* \geqslant \Theta_{E^*}.$$

Da K_E abgeschlossen ist, folgt $x \in K_E$, d.h. $x \geqslant \Theta_E$, nach IV Satz 2.3.
Nach (4.3) gilt weiterhin

$$(A^{**}(x^{**}) - \Phi_b)\,(y^*) = y^*(A(x) - b) \geqslant 0 \qquad \text{für alle } y^* \geqslant \Theta_{F^*}.$$

Da K_F abgeschlossen ist, folgt $A(x) - b \geqslant \Theta_F$, d.h. $A(x) \geqslant b$, nach IV Satz 2.3.
Insgesamt erfüllt $x \in E$ also die Nebenbedingungen (4.1), und $c^{**}(x^{**}) = c(x)$ wurde oben bereits gezeigt. ∎

4.2 Subzulässigkeit und Normalität eines Optimierungsproblems

Wir denken uns das cartesische Produkt $\mathbf{R} \times F$ durch $\|(\lambda, y)\| = |\lambda| + \|y\|$, $\lambda \in \mathbf{R}$, $y \in F$, normiert und definieren in $\mathbf{R} \times F$ einen konvexen Kegel (mit $(0, \Theta_F)$ als Scheitel) durch

$$K(A, c) = \{(c(x) + r, A(x) - y) : r \geqslant 0, x \in K_E, y \in K_F\}. \tag{4.4}$$

Weiterhin definieren wir

$$L_b = \{(\alpha, b) : \alpha \in \mathbf{R}\} = \mathbf{R} \times \{b\}. \tag{4.5}$$

Offenbar ist die Menge

$$M = \{x \in E : A(x) \geqslant b, x \geqslant \Theta_E\}$$

der zulässigen Elemente von Problem (P) genau dann nichtleer, wenn $L_b \cap K(A, c)$ nichtleer ist, und das Problem (P) ist gleichbedeutend mit der Aufgabe, ein Element $(\hat{\alpha}, \hat{z}) \in L_b \cap K(A, c)$ derart zu finden, daß gilt

$$\hat{\alpha} \leqslant \alpha \qquad \text{für alle } (\alpha, z) \in L_b \cap K(A, c).$$

Geometrisch gesprochen, suchen wir also den am weitesten links gelegenen Punkt der Menge $L_b \cap K(A, c)$ in $\mathbf{R} \times F$ (vgl. Fig. I 4.1). Den Extremalwert von Problem (P) können wir daher auch definieren als

$$v(A, c, b) = \begin{cases} \displaystyle\inf_{(\alpha,\, b) \in K(A,c)} \alpha, & \text{falls } L_b \cap K(A, c) \neq \emptyset, \\[2ex] +\infty, & \text{falls } L_b \cap K(A, c) = \emptyset. \end{cases} \tag{4.6}$$

Definition Das Problem (P) heißt **s u b z u l ä s s i g**, wenn der Durchschnitt $L_b \cap \overline{K(A, c)}$ nichtleer ist. Dabei bezeichnet $\overline{K(A, c)}$ die abgeschlossene Hülle von $K(A, c)$ in $\mathbf{R} \times F$.

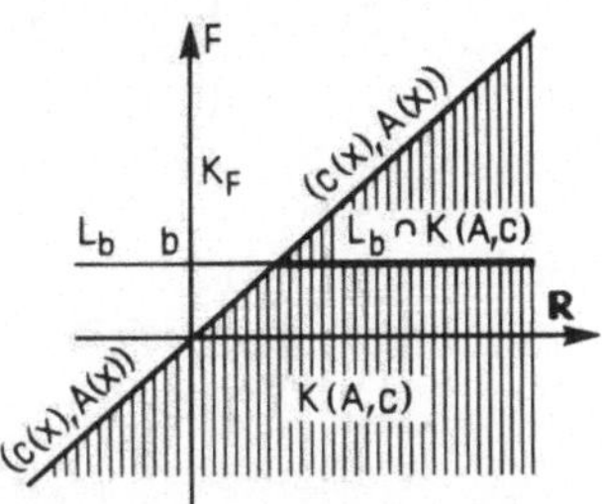

Fig. I 4.1 Die Menge $L_b \cap K(A, c)$

Den **S u b w e r t** des Problems (P) definieren wir durch

$$
v_s(A, c, b) = \begin{cases} \underset{(\alpha,b) \in \overline{K(A,c)}}{\inf} \alpha, & \text{falls } L_b \cap \overline{K(A, c)} \neq \emptyset, \\[2ex] + \infty, & \text{falls } L_b \cap \overline{K(A, c)} = \emptyset. \end{cases}
\tag{4.7}
$$

Eine unmittelbare Folgerung aus diesen Definitionen ist

Lemma 4.2 Ist das Problem (P) zulässig, d.h. $L_b \cap K(A, c) \neq \emptyset$, so ist (P) auch subzulässig, und es gilt:

$$
v_s(A, c, b) \leqslant v(A, c, b) < + \infty.
\tag{4.8}
$$

Definition Das Problem (P) heißt **n o r m a l**, wenn gilt

$$
\overline{L_b \cap K(A, c)} = L_b \cap \overline{K(A, c)}.
\tag{4.9}
$$

Aufgabe 4.1 Man zeige: Ist $K(A, c)$ in $\mathbf{R} \times F$ abgeschlossen, so ist das Problem (P) normal.

Lemma 4.3 Sei das Problem (P) normal. Dann gelten die beiden folgenden Aussagen:

a) (P) ist genau dann zulässig, wenn (P) subzulässig ist.
b) Es ist $v(A, c, b) = v_s(A, c, b)$.

B e w e i s. Der Beweis von a) folgt direkt aus (4.9). Der Beweis von b) folgt aus

$$
v(A, c, b) = \underset{(\alpha,z) \in \overline{L_b \cap K(A,c)}}{\inf} \alpha = \underset{(\alpha,b) \in \overline{K(A,c)}}{\inf} \alpha,
$$

falls $L_b \cap K(A, c) \neq \emptyset$ ist, und ist andernfalls eine direkte Folge der Definitionen (4.6) und (4.7). ∎

Ist das Problem (P) nicht normal, so ist im allgemeinen $v_s(A, c, b) < v(A, c, b)$, wie das erste Beispiel in Abschn. 3.4.2 zeigt: Hier ist

$$K(A, c) = \left\{ \begin{pmatrix} x_0 + r \\ x_0 + \sum_{n=1}^{\infty} n\,x_n \\ \sum_{n=1}^{\infty} x_n \end{pmatrix} : \quad \begin{array}{l} x_n \geqslant 0,\ n = 0, 1, 2, \ldots, \\ x_n = 0 \text{ für fast alle } n \\ \text{und } r \geqslant 0 \end{array} \right\},$$

$$L_b = \left\{ \begin{pmatrix} \alpha \\ 1 \\ 0 \end{pmatrix} : \alpha \in \mathbf{R} \right\}$$

und $\quad L_b \cap K(A, c) = \left\{ \begin{pmatrix} 1 + r \\ 1 \\ 0 \end{pmatrix} : r \geqslant 0 \right\} = \overline{L_b \cap K(A, c)}.$

Man macht sich aber leicht klar, daß

$$L_b \cap \overline{K(A, c)} = \left\{ \begin{pmatrix} r \\ 1 \\ 0 \end{pmatrix} : r \geqslant 0 \right\}$$

ist (Beweis = Übung), d.h.

$$\overline{L_b \cap K(A, c)} \neq L_b \cap \overline{K(A, c)}.$$

Ferner ist (vgl. Fig. I 4.2)

$$v_s(A, c, b) = 0 < v(A, c, b) = 1.$$

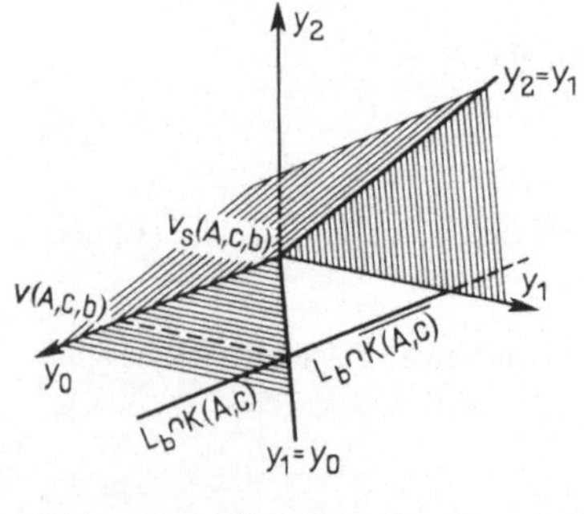

Fig. I 4.2 Beispiel für ein nicht normales Problem

$K(A, c) = \{(y_0, y_1, y_2): y_0 \geqslant 0,\ y_1 \geqslant y_2 > 0\}$
$\qquad \cup \{(x_0 + r, x_0, 0): x_0, r \geqslant 0\}$
$\overline{K(A, c)} = \{(y_0, y_1, y_2): y_0 \geqslant 0,\ y_1 \geqslant y_2 \geqslant 0\}$

Wir nennen das d u a l e P r o b l e m z u l ä s s i g, wenn

$$N = \{y^* \in F^* : A^*(y^*) \leqslant c,\ y^* \geqslant \Theta_{F^*}\}$$

nichtleer ist, und bezeichnen den zugehörigen E x t r e m a l w e r t mit $v^*(A^*, b, c)$.

Lemma 4.4 Ist das Problem (P) subzulässig und das duale Problem (D) zulässig, so gilt

$$-\infty < v^*(A^*, b, c) \leqslant v_s(A, c, b) < +\infty. \tag{4.10}$$

B e w e i s. Sei $(\alpha, b) \in \overline{K(A, c)}$ und $y^* \in N$. Dann gibt es Folgen $\{r_n\}$, $r_n \geqslant 0$, $\{x_n\}$, $x_n \in K_E$ und $\{y_n\}$, $y_n \in K_F$ mit

$$\alpha = \lim_{n \to \infty} \{c(x_n) + r_n\}, \qquad b = \lim_{n \to \infty} \{A(x_n) - y_n\}.$$

Weiterhin ist für alle n

$$c(x_n) + r_n \geqslant c(x_n) \geqslant y^*(A(x_n)) \geqslant y^*(A(x_n) - y_n),$$

woraus wegen der Stetigkeit von y^* folgt, daß $\alpha \geqslant y^*(b)$ ist, was (4.10) impliziert. ∎

Wir werden dieses Ergebnis noch wesentlich verschärfen (vgl. Satz 4.7).

Durch Kombination von Lemma 4.2 und 4.4 ergibt sich

Lemma 4.5 Sind die Probleme (P) und (D) beide zulässig, so ist (P) auch subzulässig, und es gilt

$$-\infty < v^*(A^*, b, c) \leqslant v_s(A, c, b) \leqslant v(A, c, b) < +\infty.$$

4.3 Allgemeine Existenz- und Dualitätssätze

Zunächst beweisen wir

Satz 4.6 Sei N nichtleer, d.h. das duale Problem (D) sei zulässig. Dann gilt für $(\alpha, b) \in \mathbf{R} \times F$ die Aussage

$$(\alpha, b) \in \overline{K(A, c)} \Longleftrightarrow \alpha \geqslant v^*(A^*, b, c) \tag{4.11}$$

$$\text{mit } v^*(A^*, b, c) = \sup_{y^* \in N} y^*(b).$$

B e w e i s. 1. Sei $(\alpha, b) \in \overline{K(A, c)}$.
Für jedes $y^* \in N$ folgt dann wie im Beweis von Lemma 4.4, daß $\alpha \geqslant y^*(b)$ ist, woraus $\alpha \geqslant v^*(A^*, b, c)$ folgt.
B e m e r k u n g. Die Implikation „$\Rightarrow$" ist für leeres N in trivialer Weise wahr, da dann $v^*(A^*, b, c) = -\infty$ ist.
2. Sei $(\alpha, b) \notin \overline{K(A, c)}$.
Da $\overline{K(A, c)}$ ein konvexer abgeschlossener Kegel ist (Beweis = Übung), folgt aus IV Satz 2.3 und der Darstellungsformel IV (1.18) (für $E = \mathbf{R}$) die Existenz von $(\lambda, y^*) \in \mathbf{R} \times F^*$ mit

$$\lambda \alpha + y^*(b) < 0 \leqslant \lambda \beta + y^*(z) \qquad \forall (\beta, z) \in \overline{K(A, c)}. \tag{4.12}$$

Insbesondere ist also

$$\lambda \{c(x) + r\} + y^*(A(x) - y) \geqslant 0 \qquad \forall x \geqslant \Theta_E, r \geqslant 0, y \geqslant \Theta_F.$$

Wählt man z.B. $x = \Theta_E$ und $r = 0$, so folgt $(-y^*)(y) \geqslant 0$ für alle $y \geqslant \Theta_F \Rightarrow -y^* \geqslant \Theta_{F^*}$.
Wählt man $x = \Theta_E$ und $y = \Theta_F$, so folgt $\lambda \cdot r \geqslant 0$ für alle $r \geqslant 0 \Rightarrow \lambda \geqslant 0$.
Fallunterscheidung: α) $\lambda = 0$.

Dann ist (für $y = \Theta_F$) $y^*(A(x)) \geq 0$ für alle $x \geq \Theta_E$, mithin $A^*(-y^*) \leq \Theta_{E^*}$. Da N nichtleer ist, gibt es ein $\hat{y}^* \geq \Theta_{F^*}$ mit $A^*(\hat{y}^*) \leq c$.

Definiert man für jedes $\rho \geq 0$

$$y_\rho^* = \hat{y}^* - \rho y^*,$$

so ist $y_\rho^* \geq \Theta_{F^*}$, $A^*(y_\rho^*) \leq c \Rightarrow y_\rho^* \in N$ und $y_\rho^*(b) = \hat{y}^*(b) - \rho y^*(b)$ mit $y^*(b) < 0$ (nach (4.12)). Damit ist $v^*(A^*, b, c) \geq y_\rho^*(b)$ für alle $\rho \geq 0$ und wegen $\lim\limits_{\rho \to \infty} y_\rho^*(b)$

$= +\infty$ notwendig $v^*(A^*, b, c) = +\infty$, was $\alpha < v^*(A^*, b, c)$ impliziert.

$\beta)$ $\lambda > 0$. Setzt man $\hat{y}^* = -1/\lambda \, y^*$, so ist $\hat{y}^* \geq \Theta_{F^*}$ und $c(x) - \hat{y}^*(A(x)) \geq 0$ für alle $x \geq \Theta_E$, dann folgt $A^*(\hat{y}^*) \leq c$, d.h. $\hat{y}^* \in N$, und aus (4.12) folgt $\alpha < \hat{y}^*(b) \leq v^*(A^*, b, c)$. ∎

Der entscheidende Satz der Theorie ist jetzt

Satz 4.7 a) Das Problem (P) ist subzulässig und sein Subwert $v_s(A, c, b)$ (vgl. (4.7)) ist endlich genau dann, wenn das duale Problem (D) zulässig und der duale Extremwert $v^*(A^*, b, c)$ endlich ist. In beiden Fällen gilt

$$-\infty < v_s(A, c, b) = v^*(A^*, b, c) < +\infty.$$

b) Ist das Problem (P) nicht subzulässig und das duale Problem (D) zulässig, so folgt

$$v_s(A, c, b) = v^*(A^*, b, c) = +\infty.$$

c) Ist das Problem (P) subzulässig und das duale Problem (D) nicht zulässig, so folgt

$$v_s(A, c, b) = v^*(A^*, b, c) = -\infty.$$

B e w e i s. Die Aussagen b) und c) sind eine unmittelbare Folge der Aussage a).

Beweis von a). $\alpha)$ Sei das Problem (D) zulässig und $v^*(A^*, b, c) < +\infty$. Dann ist nach Satz 4.6 $(v^*(A^*, b, c), b) \in \overline{K(A, c)}$, d.h., das Problem (P) ist subzulässig, und es gilt somit $v_s(A, c, b) \leq v^*(A^*, b, c)$. Die Gleichheit der beiden Werte folgt aus Lemma 4.4.

$\beta)$ Sei das Problem (P) subzulässig und $v_s(A, c, b) > -\infty$. Wählt man $\beta < v_s(A, ç, b)$ beliebig, so ist $(\beta, b) \notin \overline{K(A, c)}$. Nach IV Satz 2.3 und (1.18) folgt daher die Existenz von $(\lambda, y^*) \in \mathbf{R} \times F^*$ mit

$$\lambda\beta + y^*(b) < 0 \leq \lambda\alpha + y^*(z) \qquad \text{für alle } (\alpha, z) \in \overline{K(A, c)}. \tag{4.13}$$

Wegen $(v_s(A, c, b), b) \in \overline{K(A, c)}$ folgt hieraus

$$\lambda\{v_s(A, c, b) - \beta\} > 0 \Rightarrow \lambda > 0.$$

Weiterhin gilt

$$\lambda\{c(x) + r\} + y^*(A(x) - y) \geq 0 \qquad \text{für alle } x \geq \Theta_E, r \geq 0, y \geq \Theta_F.$$

Hieraus ergibt sich wie im Beweis (Punkt 2) von Satz 4.6, Fall β): daß $\hat{y}^* = -1/\lambda \, y^* \in N$ ist, d.h., das Problem (D) ist zulässig. Aus (4.13) folgt weiter

$$\beta < \hat{y}^*(b) \leq v^*(A^*, b, c).$$

Da $\beta < v_s(A, c, b)$ beliebig gewählt war, ist notwendig

$$v_s(A, c, b) \leqslant v^*(A^*, b, c).$$

Die Gleichheit folgt wieder aus Lemma 4.4. ∎

F o l g e r u n g. Ist das Problem (P) normal, so kann man nach Lemma 4.3 in Satz 4.7 in allen Aussagen „subzulässig" durch „zulässig" und den Subwert von Problem (P) durch den Wert von Problem (P) ersetzen.

Existenzsatz Sei der konvexe Kegel $K(A, c)$ in (4.4) abgeschlossen. Dann gelten für jedes $b \in F$ die folgenden Aussagen:

a) Das Problem (P) ist zulässig und sein Wert endlich dann und nur dann, wenn das duale Problem (D) zulässig und sein Wert endlich ist. In beiden Fällen ist das Problem (P) lösbar, d.h., das Infimum wird angenommen, und es gilt

$$-\infty < v(A, c, b) = v^*(A^*, b, c) < +\infty.$$

b) Ist das Problem (P) nicht zulässig und das duale Problem (D) zulässig, so gilt

$$v(A, c, b) = v^*(A^*, b, c) = +\infty.$$

c) Ist das Problem (P) zulässig und das duale Problem (D) nicht zulässig, so gilt

$$v(A, c, b) = v^*(A^*, b, c) = -\infty.$$

B e w e i s. Da $K(A, c)$ abgeschlossen ist, ist das Problem (P) normal und alle Behauptungen, bis auf die Lösbarkeit von (P) in a), ergeben sich aus der Folgerung zu Satz 4.7. Wegen der Abgeschlossenheit von $K(A, c)$ ist aber

$$v(A, c, b) = \min_{(\alpha, b) \,\in\, K(A, c)} \alpha = \min_{x \in M} c(x),$$

falls das Problem (P) zulässig ist und $v(A, c, b) > -\infty$. ∎

Die Abgeschlossenheit von $K(A, c)$ ist für variables $b \in F$ auch charakteristisch für die Lösbarkeit des Problems, unter der Annahme, daß das duale Problem (D) zulässig ist und sein Wert endlich. Es gilt nämlich

Satz 4.8 Sei N nichtleer. Dann gilt die Aussage: Der durch (4.4) definierte konvexe Kegel $K(A, c)$ ist genau dann abgeschlossen, wenn für jedes $b \in F$ derart, daß $v^*(A^*, b, c) < +\infty$ ist, ein $x_b \in M$ existiert mit $c(x_b) = v^*(A^*, b, c) = v(A, c, b)$.

B e w e i s. 1. Ist $K(A, c)$ abgeschlossen, so folgt für jedes $b \in F$ derart, daß $v^*(A^*, b, c) < +\infty$ ist, aus dem Existenzsatz die Lösbarkeit des Problems (P) und die Gleichheit der Extremalwerte $v^*(A^*, b, c)$ und $v(A, c, b)$.

2. Zum Beweis der Umkehrung wählen wir $(\alpha, b) \in \overline{K(A, c)}$. Nach Satz 4.6 ist dann $v^*(A^*, b, c) \leqslant \alpha < +\infty$. Daher gibt es ein $x_b \in M$ mit $c(x_b) = v(A, c, b) = v^*(A^*, b, c)$. Mithin ist $\alpha = c(x_b) + r$ mit $x_b \geqslant \Theta_E$, $r \geqslant 0$ und $b = A(x_b) - y$ mit $y \geqslant \Theta_F$, d.h. $(\alpha, b) \in K(A, c)$. ∎

Wir wollen diesen Satz noch an dem Beispiel in Abschn. 3.4.1 erläutern: Hier ist
$F = C[0, 1]$ und

$$K(A, c) = \begin{cases} (x_2 + r, f_1 x_1 + f_2 x_2 - y) : (x_1, x_2)^T \in \mathbf{R}^2, r \geqslant 0, \\ y \geqslant \Theta_F \; (\Longleftrightarrow y(t) \geqslant 0 \qquad \text{für alle } t \in [0, 1]) \end{cases}$$

mit $f_1(t) = t^2$ und $f_2(t) = 1$ für alle $t \in [0, 1]$. Da das zugehörige Problem (P) für
$b(t) = t$ für alle $t \in [0, 1]$ keine Lösung besitzt, kann $K(A, c)$ nach Satz 4.7 nicht abgeschlossen sein. In der Tat ist $(0, b) \notin K(A, c)$. Definiert man jedoch für jedes natürliche n

$$x_1^n = \frac{(n-1)^2}{4n}, \quad x_2^n = \frac{1}{n} \text{ und } \; r_n = 0$$

sowie $\quad y^n(t) = t^2 x_1^n + x_2^n - \left(1 - \frac{1}{n}\right)t \qquad$ für alle $t \in [0, 1]$,

so ist $\quad y^n(t) = \frac{1}{n}\left[\frac{1}{2}(n-1)t - 1\right]^2 \geqslant 0 \qquad$ für alle $t \in [0, 1]$ und alle n,

d.h. $\qquad (x_2^n, f_1 x_1^n + f_2 x_2^n - y^n) \in K(A, c) \qquad$ für alle n.

Weiterhin folgt aus $x_2^n = 1/n$ und

$$f_1(t)x_1^n + f_2(t) \; x_2^n - y^n(t) = \left(1 - \frac{1}{n}\right)t :$$

$$\lim_{n \to \infty} x_2^n = 0, \quad \lim_{n \to \infty} f_1 x_1^n + f_2 x_2^n - y^n = b \Rightarrow (0, b) \in \overline{K(A, c)}.$$

Man macht sich leicht klar, daß

$$\overline{L_b \cap K(A, c)} = L_b \cap \overline{K(A, c)} = \{(r, b) : r \geqslant 0\}$$

ist, d.h., das Problem (P) ist in diesem Fall normal, woraus sich auf Grund der Folgerung
zu Satz 4.7 ebenfalls $v(A, c, b) = v^*(A^*, b, c) = 0$ ergibt.

Satz 4.9 Sei N nichtleer. Dann gilt die folgende Aussage: Das Problem (P) ist genau
dann normal, wenn die folgende Implikation wahr ist:

$$v^*(A^*, b, c) < +\infty \Rightarrow M \neq \emptyset \;\; \text{und} \;\; v(A, c, b) = v^*(A^*, b, c).$$

Aufgabe 4.2 Man beweise Satz 4.9.

4.4 Existenzaussagen für das duale Problem

4.4.1 Dualisierung des Existenzsatzes in Abschn. 4.3 Unter Verwendung von Satz 4.1
und des obigen Existenzsatzes gelangt man leicht auch zu Existenzaussagen für das duale
Problem. Zu dem Zweck formulieren wir dieses als ein Minimum-Problem der Gestalt,
unter den Nebenbedingungen

$$-A^*(y^*) \geqslant -c, \qquad y^* \geqslant \Theta_{F^*}$$

die Linearform $-\varnothing_b(y^*) = -y^*(b)$ zum Minimum zu machen. Weiterhin definieren wir in Analogie zu $K(A, c)$ in (4.4) den konvexen Kegel

$$K(A^*, b) = \{(-y^*(b) + s, -A^*(y^*) - x^*) : y^* \geqslant \Theta_{F^*}, s \geqslant 0, x^* \geqslant \Theta_{E^*}\} \qquad (4.14)$$

in $\mathbf{R} \times E^*$, versehen mit der Norm

$$\|(\alpha, x^*)\| = |\alpha| + \|x^*\| \text{ mit } \|x^*\| = \sup_{\|x\| \leqslant 1} |x^*(x)| .$$

Aus Satz 4.1 und dem obigen Existenzsatz erhält man den

Satz 4.10 Sei E reflexiv, die Ordnungskegel

$$K_E = \{x \in E : x \geqslant \Theta_E\} \text{ bzw. } K_F = \{y \in F : y \geqslant \Theta_F\}$$

von E bzw. F seien abgeschlossen, und der durch (4.14) definierte konvexe Kegel $K(A^*, b)$ sei ebenfalls abgeschlossen in $\mathbf{R} \times E^*$ (versehen mit der obigen Norm). Dann gelten die folgenden Aussagen:

a) Das duale Problem (D) ist zulässig und sein Wert endlich dann und nur dann, wenn das Problem (P) zulässig und sein Wert endlich ist. In beiden Fällen ist das duale Problem (D) lösbar, und es gilt

$$-\infty < v^*(A^*, b, c) = v(A, c, b) < +\infty .$$

b) und c) sind die gleichen Aussagen wie in dem obigen Existenzsatz (Beweis = Übung).

4.4.2 Anwendung auf das semi-infinite Problem Vorgelegt sei das semi-infinite Problem (P), unter den Nebenbedingungen

$$A(x) = \sum_{j=1}^{n} f_j x_j \geqslant b, \qquad x \in K_r^n \qquad (3.9) = (4.15)$$

die Linearform $c(x) = \sum_{j=1}^{n} c_j x_j$ zum Minimum zu machen. Hier ist $E = \mathbf{R}^n$ reflexiv und $K_E = K_r^n$ (vgl. IV (1.7')) abgeschlossen. Das duale Problem ist nach Abschn. 3.2 äquivalent zu der Aufgabe, unter den Nebenbedingungen

$$\left.\begin{aligned}
-y^*(f_j) &\geqslant -c_j, & j &= 1, \ldots, r, \\
-y^*(f_j) &= -c_j, & j &= r+1, \ldots, n, \\
y^* &\geqslant \Theta_{F^*},
\end{aligned}\right\} \qquad (3.11)$$

die Linearform $-y^*(b)$ zum Minimum zu machen. $K(A^*, b) \subseteq \mathbf{R}^{n+1}$ ist gegeben durch

$$\begin{aligned}
K(A^*, b) = \{(-y^*(b) + s_0, &-y^*(f_1) - s_1, \ldots, -y^*(f_r) - s_r, \\
&-y^*(f_{r+1}), \ldots, -y^*(f_n)) : s_0 \geqslant 0, s_1 \geqslant 0, \ldots, s_r \geqslant 0, y^* \geqslant \Theta_{F^*}\}.
\end{aligned}$$

Definiert man $f_0 = b$, so kann man $K(A^*, b)$ auch darstellen in der Form

$$K(A^*, b) = K^* - K \qquad (4.16)$$

mit $\qquad K^* = \{(-y^*(f_0), \ldots, -y^*(f_n)) : y^* \geqslant \Theta_{F^*}\} \qquad (4.17)$

und $\quad K = \{x \in \mathbf{R}^{n+1} : x_0 \leqslant 0, x_1 \geqslant 0, \ldots, x_r \geqslant 0, x_{r+1} = \ldots = x_n = 0\}$. (4.18)

K ist offenbar ein abgeschlossener konvexer Kegel in $\mathbf{R}^{n+1}$.

Lemma 4.11 Das Innere $\overset{\circ}{K}_F$ des Ordnungskegels K_F von F sei nichtleer, und es gebe ein $\hat{x} \in K_r^n$ mit

$$\hat{f} = \sum_{j=1}^{n} f_j \hat{x}_j - b \in \overset{\circ}{K}_F. \tag{4.19}$$

Dann folgt für K* nach (4.17) und K nach (4.18):

$$K^* \cap K = \{\Theta_{n+1}\}.$$

B e w e i s. Sei $k \in K^* \cap K$; dann hat k die Gestalt

$$k = (-y^*(f_0), \ldots, -y^*(f_n)) \qquad \text{für ein } y^* \geqslant \Theta_{F^*},$$

und es ist

$$-y^*(f_0) = s_0 \leqslant 0,$$
$$-y^*(f_j) = s_j \geqslant 0 \qquad \text{für } j = 1, \ldots, r$$

und $\quad -y^*(f_j) = 0 \qquad \text{für } j = r+1, \ldots, n.$

Daraus folgt

$$y^*(\hat{f}) = s_0 - \sum_{j=1}^{r} \hat{x}_j s_j \leqslant 0$$

mit $\hat{f}$ nach (4.19). Aus IV. Satz 1.5 ergibt sich daher $y^* = \Theta_{F^*}$, was $k = \Theta_{n+1}$ impliziert. ∎

Lemma 4.12 Das Innere $\overset{\circ}{K}_F$ des Ordnungskegels K_F von F sei nichtleer, und es gebe ein $\hat{x} \in K_r^n$ mit (4.19). Ferner sei der durch (4.17) gegebene Kegel K* in $\mathbf{R}^{n+1}$ abgeschlossen. Dann ist der durch (4.16) definierte Kegel K(A*, b) ein abgeschlossener Kegel in $\mathbf{R}^{n+1}$.

B e w e i s. Die Behauptung ergibt sich unmittelbar aus Lemma 4.11 und IV Satz 2.2. ∎

Aus Satz 4.10 und Lemma 4.12 ergibt sich ein Existenzsatz für das duale Problem des semi-infiniten Problems mit den Nebenbedingungen (3.9) = (4.15), nämlich

Satz 4.13 Es mögen die Voraussetzungen von Lemma 4.12 erfüllt sein, und weiterhin sei der Ordnungskegel K_F von F abgeschlossen. Ist dann der Wert des Problems (P) (mit den Nebenbedingungen (4.15)) endlich, so ist das duale Problem (mit den Nebenbedingungen (3.11)) lösbar, und die Werte der beiden Probleme stimmen überein.

4.4.3 Ein direkter Existenzsatz für das duale Problem Satz 4.13 ist ein Spezialfall des folgenden allgemeinen Existenzsatzes für das duale Problem mit den Nebenbedingungen (4.2).

Satz 4.14 Der Ordnungskegel K_F von F besitze ein nichtleeres Inneres $\overset{\circ}{K}_F$, und es gebe ein $\hat{x} \in K_E$ mit $A(\hat{x}) - b \in \overset{\circ}{K}_F$. Ist dann der Wert des Problems (P) (mit den Nebenbedingungen (4.1)) endlich, so ist das duale Problem (D) (mit den Nebenbedingungen (4.2)) lösbar, und die Werte der beiden Probleme stimmen überein.

B e w e i s. Wir betrachten den Kegel $K(A, c)$ nach (4.4), den man auch folgendermaßen darstellen kann:

$$K(A, c) = \bigcup_{x \in K_E} \{(c(x) + r, A(x) - y) : r \geqslant 0, y \in K_F\}.$$

Dieser enthält den offenen konvexen Kegel

$$K_0 = \bigcup_{x \in K_E} \{(c(x) + r, A(x) - y) : r > 0, y \in \overset{\circ}{K}_F\},$$

und es ist $K(A, c) \subseteq \overline{K}_0$.

Ist nämlich ein $(c(x) + r, A(x) - y) \in K(A, c)$ vorgegeben, so wählen wir $r_0 > 0$ und $y_0 \in \overset{\circ}{K}_F$ beliebig. Dann ist für alle $\lambda \in [0,1)$

$$r_\lambda = \lambda r + (1 - \lambda)r_0 > 0 \qquad \text{und} \qquad y_\lambda = \lambda y + (1 - \lambda)y_0 \in \overset{\circ}{K}_F$$

(nach IV. Satz 3.3) und somit

$$(c(x) + r_\lambda, A(x) - y_\lambda) \in K_0$$

sowie $(c(x) + r, A(x) - y) = \lim_{\lambda \to 1} (c(x) + r_\lambda, A(x) - y_\lambda)$.

Offenbar ist $(v(P), b) \notin K_0$, wobei $v(P) = v(A, c, b)$; sonst gäbe es nämlich ein $x \in K_E$ mit $A(x) - b \in \overset{\circ}{K}_F$ und $c(x) < v(P)$, ein Widerspruch zur Definition von $v(P)$. Durch Anwendung des Trennungssatzes 1 in IV. Abschn. 3.2 (für $A = \{(v(P), b)\}$ und $B = \overset{\circ}{B} = K_0$) und der Darstellungsformel IV (1.18) ergibt sich daher die Existenz von $(\lambda, y^*) \in \mathbf{R} \times F^*$ und $\rho \in \mathbf{R}$ mit

$$\lambda v(P) + y^*(b) \leqslant \rho < \lambda \alpha + y^*(z) \qquad \text{für alle } (\alpha, z) \in K_0,$$

was wegen $K(A, c) \subseteq \overline{K}_0$

$$\lambda v(P) + y^*(b) \leqslant \rho \leqslant \lambda \{c(x) + r\} + y^*(A(x) - y) \tag{4.20}$$

$$\text{für alle } x \in K_E, r \geqslant 0 \text{ und } y \in K_F$$

und weiter $\lambda \geqslant 0$ sowie $-y^* = \hat{y}^* \in K_{F*}$ impliziert. Wäre $\lambda = 0$, so wäre für $x = \hat{x}$ und $y = \Theta_F$ in (4.20) $\hat{y}^*(A(\hat{x}) - b) \leqslant 0$ und somit $\hat{y}^* = \Theta_{F*}$ nach IV. Satz 1.5, woraus $y^* = \Theta_{F*}$ folgt, was aber zusammen mit $\lambda = 0$ nicht möglich ist. Wir können daher o.B.d.A. $\lambda = 1$ annehmen. Wählt man in (4.20) $r = 0$ und $y = \Theta_F$, so folgt

$$\rho \leqslant c(x) - \hat{y}^*(A(x)) = (c - A^*(\hat{y}^*))(x) \qquad \text{für alle } x \in K_E,$$

was $A^*(\hat{y}^*) \leqslant c$ nach sich zieht.

Damit ist $\hat{y}^*$ dual zulässig, was nach Satz 3.1 $\hat{y}^*(b) \leqslant v(P)$ impliziert. Wählt man in

(4.20) $x = \Theta_E$, $y = \Theta_F$ und $r = 0$, so folgt

$$v(P) + y^*(b) \leqslant 0 \Rightarrow v(P) \leqslant - y^*(b) = \hat{y}^*(b)$$

und somit $\hat{y}^*(b) = v(D)$, d.h. $\hat{y}^*$ ist eine Lösung von Problem (D). ∎

4.5 Bibliographische Bemerkungen

Die ersten Beiträge zur Theorie der infiniten linearen Optimierung stammen von B r a t t - o n [55], D u f f i n [56], H u r w i c z [58] und K r e t s c h m e r [61]. Die Arbeit von B r a t t o n liegt nur in Form eines Cowles Commission Discussion Paper vor und ist daher nicht allgemein zugänglich. D u f f i n und K r e t s c h m e r (von dem auch das zweite Beispiel in Abschn. 3.4.2 für eine Dualitätslücke stammt) legen von vornherein eine symmetrische Formulierung für das Ausgangsproblem zugrunde, indem sie von zwei d u a l e n P a a r e n (U, U*) und (V, V*) lokalkonvexer topologischer Vektorräume U und V und der zugehörigen Dualräume U* und V* ausgehen und eine lineare Abbildung A von U* in V betrachten. U und V werden wiederum durch konvexe Kegel halbgeordnet, wodurch auch in U* und V* Halbordnungen induziert werden. Zu vorgegebenem $b \in V$ und $a \in U$ wird dann die Aufgabe betrachtet, unter den Nebenbedingungen $x \geqslant \Theta_{U*}$, $Ax \geqslant b$ die Linearform $(a, x) = x(a)$ zum Minimum zu machen. Der Abbildung A wird eine adjungierte Abbildung $A^* : V^* \to U$ zugeordnet vermöge der Identität

$$v^*(Au^*) = (Au^*, v^*) = (A^*v^*, u^*) = u^*(A^*v^*)$$

für alle $u^* \in U^*$ und $v^* \in V^*$, und mit $a^* = - b$, $b^* = - a$ wird als duales Problem die Aufgabe betrachtet, unter den Nebenbedingungen $y \geqslant \Theta_{V*}$, $A^*y \geqslant b^*$ die Linearform $(a^*, y) = y(a^*)$ zum Minimum zu machen.

Diese Formulierung hat den Vorteil der völligen S y m m e t r i e , so daß das Ausgangsproblem auch als duales Problem zum dualen Problem betrachtet werden kann. Für die Anwendungen ist diese Formulierung jedoch nicht immer vorteilhaft, weil man den Definitionsbereich E für die lineare Abbildung A sogleich als Dualraum U* eines topologischen Vektorraumes U wählen muß.

D u f f i n führt in [56] auch den Begriff der S u b z u l ä s s i g k e i t ein und beweist als erstes Hauptergebnis seiner Arbeit das Analogon zu Satz 4.7 in seiner Terminologie. Die Existenz eines Punktes $x \geqslant \Theta_{U*}$ mit $Ax - b \in$ Inneres des Ordnungskegels von V bezeichnet D u f f i n als S u p e r k o n s i s t e n z des Problems (P) und beweist das folgende Analogon zu Satz 4.14: Ist das duale Problem superkonsistent und hat es einen endlichen Extremalwert, so ist das Problem lösbar und die Summe der Extremalwerte gleich Null (was der Gleichheit der Extremalwerte in unserer Formulierung entspricht; vgl. Satz 4.14).

Für den Fall, daß U und V Hilberträume sind, geht auch G ö p f e r t in seinem Buch [73] auf die Duffinsche Theorie ein. Er bezeichnet dabei die Subzulässigkeit als asymptotische Zulässigkeit.

H u r w i c z beschäftigt sich in seiner großen Arbeit [58] unter anderem mit der Verallgemeinerung eines Lemmas von F a r k a s [02], das grundlegend für die Theorie der gewöhnlichen linearen Optimierung ist. Er geht dabei von einem topologischen Vektorraum X, einem halbgeordneten lokalkonvexen topologischen Vektorraum Y und einer stetigen linearen Abbildung $T : X \to Y$ aus. Ist $T^* : Y^* \to X^*$ die adjungierte Abbildung des Dualraumes Y^* von Y, versehen mit der induzierten Halbordnung, in den Dualraum X^* von X, so gilt für die beiden Mengen

$$Z_T = \{x^* \in X^* : x^* = T^*(y^*), y^* \geqslant \Theta_{Y^*}\}$$

und $$V_T = \{x^* \in X^* : T(x) \geqslant \Theta_Y, x \in X \Rightarrow x^*(x) \geqslant 0\}$$

im allgemeinen die Beziehung $Z_T \subseteq V_T$. Hurwicz gibt eine notwendige und hinreichende Bedingung für die Gleichheit $Z_T = V_T$ an, die im Falle $X = \mathbf{R}^n$, $Y = \mathbf{R}^m$, versehen mit der komponentenweisen Ordnung, gerade die Aussage des klassischen F a r k a s - L e m m a s ist. Ähnlich wie das Farkas-Lemma kann man auch seine Verallgemeinerung $Z_T = V_T$ benutzen, um allgemeine Existenz- und Dualitätssätze zu beweisen.

Eine etwas andere Verallgemeinerung wird von B e n - I s r a e l und C h a r n e s [68] angegeben, die eine Folgerung daraus zusammen mit K o r t a n e k in [68] zur Grundlage einer allgemeinen linearen Optimierungstheorie machen. Diese Folgerung lautet im endlich-dimensionalen Fall folgendermaßen: Sei C ein abgeschlossener konvexer Kegel in $\mathbf{R}^n$, A eine m x n-Matrix und $b \in \mathbf{R}^m$. Dann sind die beiden folgenden Aussagen äquivalent:

a) Es gibt eine Folge $\{x_k\}$, $x_k \in C$, mit $\lim_{k \to \infty} Ax_k = b$.

b) Es gilt die Implikation $A^T y \in C^*$, $y \in \mathbf{R}^m \Rightarrow b^T y \geqslant 0$, wobei $C^* = \{y \in \mathbf{R}^n : x \in C \Rightarrow y^T x \geqslant 0\}$ der zu C adjungierte Kegel ist. Für $C = \mathbf{R}^n_+$ ist die Äquivalenz von a) und b) wieder die Aussage des Farkas-Lemmas. Unter Benutzung dieser Äquivalenzaussage geben B e n - I s r a e l , C h a r n e s und K o r t a n e k in [68] eine komplette K l a s s i f i k a t i o n aller Beziehungen an, die unter Verwendung der Begriffe Beschränktheit, Unbeschränktheit, asymptotische Beschränktheit, asymptotische Unbeschränktheit, uneigentliche asymptotische Konsistenz und strenge asymptotische Inkonsistenz zwischen einem linearen Optimierungsproblem und seinem dualen bestehen können. Dabei treten alle Phänomene der infiniten Optimierung auch schon in endlich-dimensionalen Räumen auf, wenn man als Ordnungskegel beliebige konvexe Kegel verwendet.

Die genannte Klassifikation wurde dann von K a l l i n a und W i l l i a m s in einem großen Übersichtsartikel [71] noch einmal aufgegriffen und weiter ausgebaut. Sie nennen ein Optimierungsproblem n o r m a l , wenn sein (Extremal-)Wert endlich ist und mit seinem Subwert übereinstimmt (vgl. dazu Lemma 4.3). Diesen Begriff der Normalität, der mit dem Nicht-Auftreten von Dualitätslücken gleichbedeutend ist, setzen sie dann in Beziehung zu dem von R o c k a f e l l a r in [67] eingeführten Begriff der S t a b i l i t ä t konvexer Optimierungsprobleme.

Das von B e n - I s r a e l , C h a r n e s und K o r t a n e k angegebene Klassifikationsschema wurde auch von G u s t a f s o n , K o r t a n e k und R o m [70] noch einmal am Beispiel gewisser Momentenprobleme demonstriert, bei denen es sich um

semi-infinite lineare Optimierungsprobleme in Funktionenräumen handelt. Parallel zu
den bisher genannten Entwicklungen verlief die Untersuchung semi-infiniter Optimierungsaufgaben, die, zurückgreifend auf eine Arbeit von H a a r [24], von C h a r n e s,
C o o p e r und K o r t a n e k in [63] begonnen wurde. Ihre Ergebnisse, die bereits
eine Korrektur der ursprünglichen Arbeit von H a a r enthalten, wurden dann noch einmal in dem Artikel [65] von D u f f i n und K a r l o v i t z ergänzt und korrigiert
und dann wiederum von ihnen selber in [65] weiter ausgebaut. Im Zentrum all dieser
Untersuchungen steht ebenfalls eine Verallgemeinerung des klassischen Farkas-Lemmas
auf u n e n d l i c h e S y s t e m e l i n e a r e r U n g l e i c h u n g e n, die zunächst
von H a a r in [24] nicht ganz korrekt und in korrekter Form von D u f f i n und
K a r l o v i t z (loc. cit.) angegeben wurde. Eine speziellere Fassung, die in Anwendungen oft vorkommt, findet sich bei K r a b s [68]. Dort finden sich auch Existenz- und
Dualitätsaussagen, die sich auf die Abgeschlossenheit gewisser Teilkegel der Kegel
$K(A, c)$ (4.4) und $K(A^*, b)$ (4.14) stützen (vgl. den Existenzsatz in Abschn. 4.3 und
Satz 4.10). Die Abgeschlossenheit dieser Kegel wurde später von K r a b s [71] cha-
rakterisiert, wobei sich etwas kompliziertere Aussagen als Satz 4.8 ergaben. Die genannten Existenz- und Dualitätsaussagen bezüglich $K(A, c)$ und $K(A^*, b)$ selber finden sich
ebenfalls bei D i e t e r [66] . Dort wird auch gezeigt, daß für das Kretschmersche
Beispiel in Abschn. 3.4.2 (vgl. auch Abschn. 3.5) für eine Dualitätslücke die Abgeschlossenheit dieser Kegel nicht vorliegt. Gestützt auf diese Untersuchungen zeigt G ö p -
f e r t in [73] , daß bei diesem Beispiel die Dualitätslücke nicht mehr auftritt, wenn
man anstelle des (Extremal-)Wertes den Subwert betrachtet. Eine Darstellung der
Dieterschen Ergebnisse findet sich auch bei S a n d e r [73].
Die bisher genannten Untersuchungen infiniter linearer Optimierungsprobleme voll-
ziehen sich alle in l o k a l k o n v e x e n t o p o l o g i s c h e n V e k t o r r ä u -
m e n und verwenden die in diesen Räumen gültigen T r e n n u n g s s ä t z e für
konvexe Mengen. Nun lassen sich aber auch derartige Trennungssätze beweisen, wenn
man auf die Topologie verzichtet und statt dessen geeignete algebraische Begriffsbil-
dungen verwendet. Solche Trennungssätze wurden von K l e e in [69] angegeben und
später von L e m p i o [71a] zum Aufbau einer allgemeinen nichtlinearen Optimierungstheorie benutzt. Speziell für lineare Probleme wurden sie von L e m p i o in
[71b] ebenfalls herangezogen, um ein allgemeines M a x i m u m - P r i n z i p und
D u a l i t ä t s a u s s a g e n für lineare Optimierungsprobleme in unendlich-dimensionalen Vektorräumen zu gewinnen. Abschließend sei noch eine interessante Klasse
von linearen Optimierungsproblemen erwähnt, die bei sog. E n g p a ß p r o z e s s e n
auftreten und bei G ö p f e r t [73] ausführlich dargestellt werden. Wir verweisen auch
auf die dort angegebene Spezialliteratur, die sich mit den Namen T y n d a l l, L e -
v i n s o n und G r i n o l d verknüpft. Kürzlich wurden diese Untersuchungen von
S c h e c h t e r [72] wieder aufgegriffen und im Rahmen einer Dualitätstheorie [73]
behandelt, bei der nicht mehr explizit mit linearen Abbildungen, sondern nur noch
mit konvexen Kegeln und ihren Adjungierten operiert wird.

5 Anwendungen

5.1 Semi-infinite Probleme in Funktionenräumen

Wir betrachten wie in Abschnitt 3.3 das

P r o b l e m (P). Unter den Nebenbedingungen

$$\sum_{j=1}^{n} f_j(t)\,x_j \geqslant b(t) \qquad \text{für alle } t \in M, \tag{5.1}$$

$$x_j \geqslant 0 \qquad \text{für } j = 1, \ldots, r\,(0 \leqslant r \leqslant n) \tag{5.2}$$

ist $\sum_{j=1}^{n} c_j x_j$ zum Minimum zu machen.

Dabei sind $f_1, \ldots, f_n, b \in C(M)$ vorgegebene Funktionen, und M ist ein kompakter metrischer Raum. $C(M)$ ist mit der Maximum-Norm versehen und auf natürliche Weise halbgeordnet.

An dem Problem (P) ändert sich nichts, wenn wir anstelle von $C(M)$ den endlich-dimensionalen Teilraum V von $C(M)$ betrachten, der von den Funktionen $f_1, \ldots, f_n, b$ aufgespannt wird. V sei auf die gleiche Weise normiert und halbgeordnet wie $C(M)$.

Nach Abschn. 3.2 ist das zu (P) duale Problem äquivalent dem

P r o b l e m (D). Unter den Nebenbedingungen

$$y^*(f_j) \leqslant c_j \qquad \text{für } j = 1, \ldots, r,$$
$$y^*(f_j) = c_j \qquad \text{für } j = r+1, \ldots, n,$$
$$y^* \geqslant \Theta_{V^*}$$

ist die Linearform $\Phi_b(y^*) = y^*(b)$ zum Maximum zu machen.

A n n a h m e. Es gebe ein $\hat{x} \in \mathbf{R}^n$ mit (5.2) und

$$\sum_{j=1}^{n} f_j(t)\,\hat{x}_j > b(t) \qquad \text{für alle } t \in M. \tag{5.3}$$

In V ist mit (5.3) die Bedingung (2.16) in Kapitel IV erfüllt. Auf Grund der Folgerung zu IV. Satz 2.6 ist daher das Problem (D) gleichbedeutend mit der Aufgabe: Unter den Nebenbedingungen

$$\sum_{i=1}^{m} y_i^* f_j(t_i) \leqslant c_j \qquad \text{für } j = 1, \ldots, r,$$

$$\sum_{i=1}^{m} y_i^* f_j(t_i) = c_j \qquad \text{für } j = r+1, \ldots, n, \tag{5.4}$$

$$y_i^* \geqslant 0 \qquad \text{für } i = 1, \ldots, m, \quad \{t_1, \ldots, t_m\} \subseteq M$$

ist $y^*(b) = \sum_{i=1}^{m} y_i^* b(t_i)$ zum Maximum zu machen.

Die Zahl m durchläuft dabei alle natürlichen Zahlen. Für den Fall r = 0 werden wir zeigen (vgl. Satz 5.2), daß man sich auf m $\leqslant$ n beschränken kann.

Durch Anwendung von Satz 4.14 erhält man weiter unmittelbar

Satz 5.1 Gibt es ein $\hat{x} \in \mathbf{R}^n$ mit $\hat{x}_j \geqslant 0$ für j = 1, . . . , r und (5.3) und ist das Infimum α des semi-infiniten Problems (P) endlich, so ist das duale Problem (D) mit den Nebenbedingungen (5.4) lösbar, und für jede optimale Lösung $(y_i^*, t_i)_{i=1,\ldots,m}$ von (5.4) gilt

$$\sum_{i=1}^{m} y_i^* b(t_i) = \alpha.$$

Unter der Voraussetzung (5.3) liefert also die in Abschn. 3.3 angegebene Methode, durch Lösung von (3.11′) zu unteren Schranken von α zu gelangen, auch optimale untere Schranken, die mit α zusammenfallen.

Das Beispiel in Abschn. 3.4.1 zeigt, daß das Problem (P) nicht notwendig lösbar ist, selbst wenn die Voraussetzung (5.3) erfüllt und das Infimum α endlich ist. Ist das Problem (P) lösbar, so läßt sich die in Abschn. 3.3 angegebene Folgerung aus dem Gleichgewichtssatz (Satz 3.3) unter der Voraussetzung (5.3) noch verschärfen: Seien $x \in \mathbf{R}^n$ mit (5.1), (5.2) und $(y_i^*, t_i)_{i=1,\ldots,m}$ mit (5.4) vorgegeben; dann sind die beiden folgenden Aussagen äquivalent:

a) x und (y_i^*, t_i) sind optimal.

b) Es gilt

$$y_i^* > 0 \quad \text{für ein i = 1, . . . , m} \Rightarrow \sum_{j=1}^{n} f_j(t_i) x_j = b(t_i), \tag{5.5a}$$

$$x_j > 0 \quad \text{für ein j = 1, . . . , r} \Rightarrow \sum_{i=1}^{m} y_i^* f_j(t_i) = c_j. \tag{5.5b}$$

In der Aussage a) braucht man also die Gleichheit der Extremalwerte nicht mehr zusätzlich zu fordern, wenn die Voraussetzung (5.3) erfüllt ist.

Wir betrachten jetzt noch den Fall r = 0. Dann entfallen in (5.4) die Ungleichungen. Weiterhin gilt

Satz 5.2 Ist r = 0 und gibt es eine Lösung $(y_i^*, t_i)_{i=1,\ldots,m}$ von (5.4), so gibt es eine Teilmenge $\{t_{i_1}, \ldots, t_{i_p}\}$ von $\{t_1, \ldots, t_m\}$ mit p $\leqslant$ n und Zahlen $\hat{y}_{i_1}^* \geqslant 0, \ldots,$ $\hat{y}_{i_p}^* \geqslant 0$ derart, daß die Vektoren $(f_1(t_{i_k}), \ldots, f_n(t_{i_k}))^T$, k = 1, . . . , p, in $\mathbf{R}^n$ linear unabhängig sind und

$$\sum_{k=1}^{p} f_j(t_{i_k}) \hat{y}_{i_k}^* = c_j, \quad j = 1, \ldots, n, \quad \text{ist.} \tag{5.4′}$$

B e w e i s. Sind die Vektoren $(f_1(t_i), \ldots, f_n(t_i))^T$ für i = 1, . . . , m linear unabhängig, so ist notwendig m $\leqslant$ n, so daß p = m und $\hat{y}_i^* = y_i^*$, i = 1, . . . , m, wählbar ist. Sind die Vektoren $(f_1(t_i), \ldots, f_n(t_i))^T$ für i = 1, . . . , m linear abhängig, so gibt es Zahlen $z_1, \ldots, z_m \in \mathbf{R}$, die nicht sämtlich verschwinden, mit

$$\sum_{i=1}^{m} f_j(t_i) z_i = 0 \quad \text{für j = 1, . . . , n.}$$

Wir können o.B.d.A. annehmen, daß mindestens ein $z_i > 0$ ist. Definiert man

$$\tau = \min_{z_i > 0} \frac{y_i^*}{z_i} = \frac{y_{i_0}^*}{z_{i_0}} \quad \text{und} \quad \hat{y}_i^* = y_i^* - \tau z_i \quad \text{für } i = 1, \dots, m,$$

so ist $\hat{y}_i^* \geqslant 0$ für alle i und $\hat{y}_{i_0}^* = 0$. Weiterhin ist

$$\sum_{\substack{i=1 \\ i \neq i_0}}^{m} f_j(t_i) \, \hat{y}_i^* = \sum_{i=1}^{m} f_j(t_i) y_i^* - \tau \sum_{i=1}^{m} f_j(t_i) z_i = c_j$$

für $j = 1, \dots, n$. Sind die verbleibenden Vektoren $(f_1(t_i), \dots, f_n(t_i))^T$ für $i = 1, \dots, m$, $i \neq i_0$, linear unabhängig, so ist notwendig $p = m - 1 \leqslant n$ und (5.4') erreicht. Andernfalls setzt man die obige Konstruktion fort und gelangt nach endlich vielen Schritten zu einer Darstellung (5.4'), bei der $p \leqslant n$ ist und alle Vektoren $(f_1(t_{i_k}), \dots, f_n(t_{i_k}))^T$, $k = 1, \dots, p$, linear unabhängig sind sowie $\hat{y}_{i_k}^* \geqslant 0$ für $k = 1, \dots, p$.
Als eine einfache Folgerung aus diesem Satz 5.2 ergibt sich weiterhin

Satz 5.3 Sei $r = 0$ und gebe es ein $\hat{x} \in \mathbf{R}^n$ mit (5.3). Ist dann das Problem (P) lösbar, so gibt es eine optimale Lösung $(y_i^*, t_i)_{i=1,\dots,m}$ von (5.4) mit $m \leqslant n$ derart, daß die Vektoren $(f_1(t_i), \dots, f_n(t_i))^T$ für $i = 1, \dots, m$ linear unabhängig sind und (5.5a) für jede Lösung $x \in \mathbf{R}^n$ des Problems (P) erfüllt ist.

B e w e i s. Sei $x \in \mathbf{R}^n$ bzw. $(y_i^*, t_i)_{i=1,\dots,m}$ eine Lösung von Problem (P) bzw. Problem (D) und $y_i^* > 0$ für alle i, was nach (5.5a) $\sum_{j=1}^{n} f_j(t_i)x_j = b(t_i) \ \forall i$ impliziert. Nach Satz 5.2 gibt es eine Teilmenge $\{t_{i_1}, \dots, t_{i_p}\}$ von $\{t_1, \dots, t_m\}$ mit $p \leqslant n$ und Zahlen $\hat{y}_{i_1}^* \geqslant 0, \dots, \hat{y}_{i_p}^* \geqslant 0$ derart, daß die Vektoren $(f_1(t_{i_k}), \dots, f_n(t_{i_k}))^T$ für $k = 1, \dots, p$ linear unabhängig sind und (5.4') gilt. Offenbar gilt weiterhin

$$\hat{y}_{i_k}^* > 0 \quad \text{für ein } k = 1, \dots, p \Rightarrow \sum_{j=1}^{n} f_j(t_{i_k})x_j = b(t_{i_k}), \qquad (5.5a')$$

woraus wegen der Äquivalenz der beiden obigen Aussagen a) und b) die Optimalität von $(\hat{y}_{i_k}^*, t_{i_k})_{k=1,\dots,p}$ folgt.

Wegen dieser Äquivalenz gilt die Implikation (5.5a') für jede Lösung des Problems (P). ∎

5.2 Gleichmäßige Approximation von Funktionen

Wir greifen das Problem in Abschn. 2.1.1 wieder auf. Sei also M ein kompakter metrischer Raum und C(M) der Vektorraum der stetigen reellwertigen Funktionen auf M, versehen mit der Maximum-Norm (2.1). Vorgegeben seien eine feste Funktion $f \in C(M)$ und ein n-dimensionaler linearer Teilraum V von C(M), der aufgespannt werde von den linear unabhängigen Funktionen $v_1, \dots, v_n \in C(M)$. Gesucht ist wiederum eine Funktion $\hat{v} \in V$ mit (2.2), d.h. eine Funktion $\hat{v} \in V$, die die Funktion f unter allen Elementen aus V gleichmäßig am besten approximiert. Die Existenz von $\hat{v}$ ist nach II Satz 5.2 sichergestellt. Im folgenden geht es darum, notwendige und hinreichende Bedingungen für $\hat{v}$ anzugeben. Zu dem Zweck gehen wir aus von dem

P r o b l e m (P). Unter den Nebenbedingungen

$$\sum_{j=1}^{n} v_j(t)\, x_j + \gamma \geqslant f(t),$$

$$\text{für alle } t \in M \qquad\qquad (2.5) = (5.6)$$

$$\sum_{j=1}^{n} -v_j(t)x_j + \gamma \geqslant -f(t)$$

ist das lineare Funktional $c(x, \gamma) = \gamma$ mit $x \in \mathbf{R}^n$, $\gamma \in \mathbf{R}$ zum Minimum zu machen.

Aufgabe 5.1 Man zeige: a) Ist $(\hat{x}, \hat{\gamma})$ eine Lösung von Problemen (P), so ist

$$\hat{v} = \sum_{j=1}^{n} v_j \hat{x}_j \qquad\qquad (5.7)$$

eine Lösung des Approximationsproblems, und es gilt

$$\hat{\gamma} = \|\hat{v} - f\|_\infty = \rho_\infty(f, V) \qquad\qquad (5.8)$$

mit $\rho_\infty(f, V)$ nach (2.3).

b) Ist $\hat{v}$ eine beste Approximierende von f der Form (5.7), so ist $(\hat{x}, \hat{\gamma})$ mit $\hat{\gamma}$ nach (5.8) eine Lösung des Problems (P).

Sei Y der von $v_1, \ldots, v_n$, $e \equiv 1$ und f aufgespannte endlich-dimensionale lineare Teilraum von C(M) und $F = Y \times Y$, versehen mit der Norm

$$\|(y_1, y_2)\| = \|y_1\|_\infty + \|y_2\|_\infty, \qquad y_1, y_2 \in Y,$$

und halbgeordnet durch

$$(y_1, y_2) \geqslant \Theta_F \iff \left\{ \begin{matrix} y_1 \geqslant \Theta_Y, \\ \\ y_2 \geqslant \Theta_Y, \end{matrix} \right\} \iff \left\{ \begin{matrix} y_1(t) \geqslant 0 \\ \\ y_2(t) \geqslant 0 \end{matrix} \right\} \quad \text{für alle } t \in M.$$

Definiert man weiter $E = \mathbf{R}^{n+1}$ mit dem Ordnungskegel $K_E = \mathbf{R}^n \times \mathbf{R}^+$, $\mathbf{R}^+ = \{r \in \mathbf{R} : r \geqslant 0\}$, so ist

$$A(x, \gamma) = \left(\begin{matrix} \sum_{j=1}^{n} v_j x_j + \gamma e \\ \\ \sum_{j=1}^{n} -v_j x_j + \gamma e \end{matrix} \right), \quad x \in \mathbf{R}^n, \gamma \in \mathbf{R}, \qquad\qquad (5.9)$$

eine stetige lineare Abbildung von E in F, und mit $b = (f, -f)$ können die Nebenbedingungen (5.6) in der Form

$$A(x, \gamma) \geqslant b, \qquad (x, \gamma) \in K_E$$

geschrieben werden (Beweis = Übung). Das Problem (P) ist eine Aufgabe der semiinfiniten Optimierung im Sinne von Abschn. 3.2. Der durch (4.4) definierte Kegel $K(A, c)$ lautet in diesem Fall

$$K(A, c) = \{(\gamma + r, \sum_{j=1}^{n} v_j x_j + \gamma e - y_1, \sum_{j=1}^{n} -v_j x_j + \gamma e - y_2): x \in \mathbf{R}^n,$$

$$\gamma \geqslant 0, r \geqslant 0, (y_1, y_2) \geqslant \Theta_F\} \ (\subseteq \mathbf{R} \times Y \times Y).$$

B e h a u p t u n g. $K(A, c)$ ist abgeschlossen.

B e w e i s. Sei $\overline{K(A, c)}$ die abgeschlossene Hülle von $K(A, c)$ und $(\alpha, z_1, z_2) \in \overline{K(A, c)}$. Dann gibt es Folgen $(x^k, \gamma^k) \in \mathbf{R}^{n+1}$, $r^k \geqslant 0$, $\gamma^k \geqslant 0$ und $(y_1^k, y_2^k) \geqslant \Theta_F$ mit

$$\alpha = \lim_{k \to \infty} (\gamma^k + r^k), \quad z_1 = \lim_{k \to \infty} z_1^k, \quad z_2 = \lim_{k \to \infty} z_2^k,$$

wobei $\quad z_1^k = \sum_{j=1}^{n} v_j x_j^k + \gamma^k e - y_1^k \quad$ und $\quad z_2^k = \sum_{j=1}^{n} -v_j x_j^k + \gamma^k e - y_2^k$

gesetzt wird.

Aus $\alpha = \lim\limits_{k \to \infty} (\gamma^k + r^k)$ folgt die Existenz einer Zahl $\beta > 0$ mit $0 \leqslant r^k, \gamma^k \leqslant \beta$ für alle k, und wegen $z_1 = \lim\limits_{k \to \infty} z_1^k$ und $z_2 = \lim\limits_{k \to \infty} z_2^k$ gibt es Konstanten $\beta_1, \beta_2 > 0$ mit $\|z_1^k\|_\infty \leqslant \beta_1$ und $\|z_2^k\|_\infty \leqslant \beta_2$ für alle k, was wegen

$$z_1^k \leqslant \sum_{j=1}^{n} v_j x_j^k + \gamma^k e \Rightarrow z_1^k - \gamma^k e \leqslant \sum_{j=1}^{n} v_j x_j^k,$$

$$z_2^k \leqslant \sum_{j=1}^{n} -v_j x_j^k + \gamma^k e \Rightarrow \sum_{j=1}^{n} v_j x_j^k \leqslant -z_2^k + \gamma^k e$$

$$\|\sum_{j=1}^{n} v_j x_j^k\|_\infty \leqslant \max (\beta + \beta_1, \beta + \beta_2) = \delta$$

impliziert. Da die Menge

$$\left\{\sum_{j=1}^{n} v_j x_j : \|\sum_{j=1}^{n} v_j x_j\|_\infty \leqslant \delta\right\}$$

in Y kompakt ist, gilt für geeignete Teilfolgen

$$\lim_{i \to \infty} \sum_{j=1}^{n} v_j x_j^{k_i} = \sum_{j=1}^{n} v_j x_j \qquad \text{(da V abgeschlossen ist)},$$

$$\lim_{i \to \infty} \gamma^{k_i} = \gamma \geqslant 0, \qquad \qquad \lim_{i \to \infty} r^{k_i} = r = \alpha - \gamma \geqslant 0,$$

$$y_1 = \lim_{i \to \infty} y_1^{k_i} = \sum_{j=1}^{n} v_j x_j + \gamma e - z_1 \geqslant \Theta_Y,$$

$$y_2 = \lim_{i \to \infty} y_2^{k_i} = \sum_{j=1}^{n} -v_j x_j + \gamma e - z_2 \geqslant \Theta_Y$$

(genauere Ausführung = Übung), woraus $(\alpha, z_1, z_2) \in K(A, c)$ folgt.　　■

Da der Extremalwert des Problems (P) durch Null nach unten beschränkt ist, ergibt sich aus dem Existenzsatz in Abschn. 4.3 die Lösbarkeit des Problems (P) und mit Aufgabe 5.1 wiederum die Lösbarkeit des vorgelegten Approximationsproblems.

Wir wenden uns jetzt dem dualen Problem (D) zu. Die zu A (nach (5.9)) adjungierte Abbildung $A^* : F^* \to E^*$ ist (nach IV Abschn. 1.3) definiert durch

$$A^*(y^*) (x, \gamma) = y^*(A(x, \gamma))$$

$$= y_1^* \left(\sum_{j=1}^{n} v_j x_j + \gamma e \right) + y_2^* \left(\sum_{j=1}^{n} -v_j x_j + \gamma e \right) \qquad \text{(vgl. IV (1.18))}$$

$$= \sum_{j=1}^{n} [y_1^*(v_j) - y_2^*(v_j)] x_j + \gamma(y_1^*(e) + y_2^*(e))$$

für alle $y_1^*, y_2^* \in Y^*$, $x \in \mathbf{R}^n$ und $\gamma \in \mathbf{R}$. Wegen $c(x, \gamma) = \gamma$ ist $A^*(y^*) \leqslant c$ nach IV Definition (1.14) gleichbedeutend mit

$$\sum_{j=1}^{n} [y_1^*(v_j) - y_2^*(v_j)]x_j + \gamma(y_1^*(e) + y_2^*(e) - 1) \leqslant 0 \tag{5.10}$$

$$\text{für alle } x \in \mathbf{R}^n \text{ und } \gamma \geqslant 0.$$

Aufgabe 5.2 Man zeige: a) Für jedes $y^* \in F^*$, d.h. $y^*(y_1, y_2) = y_1^*(y_1) + y_2^*(y_2)$, $y_1, y_2 \in Y$, mit eindeutig bestimmten $y_1^*, y_2^* \in Y^*$ (vgl. IV (1.18)) gilt

$$y^* \geqslant \Theta_{F^*} \iff \{y_1^* \geqslant \Theta_{Y^*} \text{ und } y_2^* \geqslant \Theta_{Y^*}\}.$$

b) Die Aussage (5.10) ist gleichbedeutend mit

$$y_1^*(v_j) - y_2^*(v_j) = 0, \qquad j = 1, \dots, n, \tag{5.11}$$

$$y_1^*(e) + y_2^*(e) \leqslant 1. \tag{5.12}$$

Damit ist das zu Problem (P) duale Problem äquivalent zu

P r o b l e m (D). Unter den Nebenbedingungen (5.11), (5.12) und $y_1^* \geqslant \Theta_{Y^*}$, $y_2^* \geqslant \Theta_{Y^*}$ ist die stetige Linearform $y_1^*(f) - y_2^*(f)$ zum Maximum zu machen.

Um die Lösbarkeit von Problem (D) zu zeigen, bemerken wir zunächst, daß der Ordnungskegel K_F von F ein nichtleeres Inneres besitzt, welches gegeben ist durch

$$\mathring{K}_F = \{(y_1, y_2) \in F : y_1(t) > 0 \text{ und } y_2(t) > 0 \ \forall t \in M\}$$

(Beweis = Übung).

Wählt man nun $\hat{x} = \Theta_n = $ Nullvektor des $\mathbf{R}^n$ und $\hat{\gamma} > \|f\|_\infty$, so sind die Nebenbedingungen (5.6) mit dem strikten Ungleichheitszeichen erfüllt, d.h. für $A(\hat{x}, \hat{\gamma})$ nach (5.9) und

$b = (f, -f)$ gilt $A(\hat{x}, \hat{\gamma}) - b \in \overset{\circ}{K}_F$. Aus Satz 4.14 ergibt sich daher unmittelbar die Lösbarkeit des Problems (D) und die Übereinstimmung seines Extremalwertes mit dem von Problem (P).

Wegen $e \in Y$ ($e \equiv 1$) ist die Bedingung IV (2.16) für Y (anstelle des dortigen V) erfüllt, so daß nach der Folgerung zu IV Satz 2.6 jedes $y^* \geq \Theta_{Y^*}$ darstellbar ist in der Form

$$y^*(y) = \sum_{i \in I} \lambda_i y(t_i)$$

mit $\lambda_i \geq 0$ für alle $i \in I$ und lauter verschiedenen Punkten $t_i \in M$, $i \in I$, wobei I eine passende endliche Indexmenge ist. Das Problem (D) ist daher äquivalent zu dem P r o b l e m   (D*). Unter den Nebenbedingungen

$$\sum_{i \in I_1} \lambda_i^1 v_j(t_i^1) - \sum_{i \in I_2} \lambda_i^2 v_j(t_i^2) = 0, \qquad j = 1, \ldots, n, \tag{5.11*}$$

$$\sum_{i \in I_1} \lambda_i^1 + \sum_{i \in I_2} \lambda_i^2 \leq 1, \tag{5.12*}$$

$$\lambda_i^1 \geq 0, \quad i \in I_1 \qquad \text{und} \qquad \lambda_i^2 \geq 0, \quad i \in I_2, \tag{5.13}$$

sowie $\quad \{t_i^1 : i \in I_1\} \cup \{t_i^2 : i \in I_2\} \subseteq M$

ist $\sum_{i \in I_1} \lambda_i^1 f(t_i^1) - \sum_{i \in I_2} \lambda_i^2 f(t_i^2)$ zum Maximum zu machen. Dabei durchlaufen I_1 und I_2 alle endlichen Indexmengen. Als Verschärfung des Gleichgewichtssatzes in Abschn. 3.1 (Satz 3.3) gilt jetzt

Satz 5.4 Sei $(x, \gamma) \in R^n \times R^+$ zulässig für das Problem (P), d.h. (x, γ) genüge den Nebenbedingungen (5.6), und $(\lambda_i^1, t_i^1)_{i \in I_1}$, $(\lambda_i^2, t_i^2)_{i \in I_2}$ seien zulässig für das Problem (D*), d.h. genügen den Nebenbedingungen (5.11*), (5.12*), (5.13). Dann sind die beiden folgenden Aussagen äquivalent.

α) (x, γ) und $(\lambda_i^k, t_i^k)_{i \in I_k}$, $k = 1, 2$, sind optimal.

β) Es gelten die Implikationen

$$\lambda_i^1 > 0 \Rightarrow \sum_{j=1}^n v_j(t_i^1) x_j - f(t_i^1) = -\gamma, \tag{5.14a}$$

$$\lambda_i^2 > 0 \Rightarrow \sum_{j=1}^n v_j(t_i^2) x_j - f(t_i^2) = \gamma, \tag{5.14b}$$

$$\gamma > 0 \Rightarrow \sum_{i \in I_1} \lambda_i^1 + \sum_{i \in I_2} \lambda_i^2 = 1. \tag{5.15}$$

B e w e i s. 1. Es gelte α). Da die Extremalwerte von Problem (P) und Problem (D*) auf Grund der obigen Ausführungen übereinstimmen, folgt

$$\gamma = \sum_{i \in I_1} \lambda_i^1 f(t_i^1) - \sum_{i \in I_2} \lambda_i^2 f(t_i^2). \tag{5.16}$$

Aus (5.11*) ergibt sich

$$\sum_{i \in I_1} \lambda_i^1 \sum_{j=1}^{n} v_j(t_i^1)x_j - \sum_{i \in I_2} \lambda_i^2 \sum_{j=1}^{n} v_j(t_i^2)x_j = 0, \tag{5.17}$$

und aus (5.12*), (5.16), (5.17) folgt sodann

$$\sum_{i \in I_1} \lambda_i^1 \left\{ \sum_{j=1}^{n} v_j(t_i^1)x_j - f(t_i^1) + \gamma \right\} + \sum_{i \in I_2} \lambda_i^2 \left\{ -\sum_{j=1}^{n} v_j(t_i^2)x_j + f(t_i^2) + \gamma \right\}$$

$$= -\sum_{i \in I_1} \lambda_i^1 f(t_i^1) + \sum_{i \in I_2} \lambda_i^2 f(t_i^2) + \gamma \left(\sum_{i \in I_1} \lambda_i^1 + \sum_{i \in I_2} \lambda_i^2 \right) \leqslant 0, \tag{5.18}$$

was nur möglich ist, wenn die Implikationen (5.14a), (5.14b) und (5.15) gelten.
2. Es gelte β). Dann folgt in (5.18) notwendig das Gleichheitszeichen, woraus sich die Aussage (5.16) und daraus weiter mit Satz 3.2 die Optimalität von (x, γ) und $(\lambda_i^k, t_i^k)_{i \in I_k}$, $k = 1, 2$, ergibt. ∎

Nun sei (x, γ) eine Lösung des Problems (P) mit $\gamma > 0$. Dann folgt aus (5.15)

$$\sum_{i \in I_1} \lambda_i^1 + \sum_{i \in I_2} \lambda_i^2 = 1$$

für jede Lösung $\{(\lambda_i^1, t_i^1)_{i \in I_1}, (\lambda_i^2, t_i^2)_{i \in I_2}\}$ des Problems (D*), so daß man in (5.12*) o.B.d.A. das Gleichheitszeichen annehmen kann. Durch sinngemäße Anwendung von Satz 5.2 ergibt sich dann weiter

Satz 5.5 Ist $(\lambda_i^k, t_i^k)_{i \in I_k}$, $k = 1, 2$, eine Lösung von (5.11*) und (5.12*) mit „=" anstelle von „$\leqslant$", so gibt es Teilmengen $\tilde{I}_k$, $k = 1, 2$, von I_k derart, daß $\tilde{I}_1 \cup \tilde{I}_2$ aus höchstens $n + 1$ Indizes besteht, und Zahlen $\tilde{\lambda}_i^k \geqslant 0$, $i \in \tilde{I}_k$, $k = 1, 2$, derart, daß gilt

$$\sum_{i \in \tilde{I}_1} \tilde{\lambda}_i^1 v_j(t_i^1) - \sum_{i \in \tilde{I}_2} \tilde{\lambda}_i^2 v_j(t_i^2) = 0, \qquad j = 1, \ldots, n,$$

$$\sum_{i \in \tilde{I}_1} \tilde{\lambda}_i^1 + \sum_{i \in \tilde{I}_2} \tilde{\lambda}_i^2 = 1.$$

In Analogie zu Satz 5.3 ergibt sich daraus schließlich unter Verwendung von Satz 5.4 die Existenz einer Lösung $(\lambda_i^k, t_i^k)_{i \in I_k}$, $k = 1, 2$, des Problems (D*) derart, daß $I_1 \cup I_2$ aus höchstens $n + 1$ Punkten besteht.

Satz 5.6 M bestehe aus mindestens $n + 1$ Punkten. Eine Funktion $\hat{v} \in V$ ist genau dann beste Approximierende von f in V, d.h., es gilt

$$\|f - \hat{v}\|_\infty = \rho_\infty(f, V) = \inf_{v \in V} \|f - v\|_\infty, \tag{5.19}$$

wenn es $s \leqslant n + 1$ verschiedene Punkte $\hat{t}_1, \ldots, \hat{t}_s$ in

$$E_{\hat{v}} = \{t \in M : |f(t) - \hat{v}(t)| = \|f - \hat{v}\|_\infty\} \tag{5.20}$$

und Zahlen $\hat{y}_1, \ldots, \hat{y}_s \in \mathbf{R}$ gibt mit

$$\sum_{i=1}^{s} |\hat{y}_i| = 1, \tag{5.21}$$

$$\sum_{i=1}^{s} \hat{y}_i v_j(\hat{t}_i) = 0 \quad \text{für } j = 1, \ldots, n \tag{5.22}$$

$$\left(\Longleftrightarrow \sum_{i=1}^{s} \hat{y}_i v(\hat{t}_i) = 0 \text{ für alle } v \in V \right),$$

$$\hat{y}_i \neq 0 \Rightarrow f(\hat{t}_i) - \hat{v}(\hat{t}_i) = \|f - \hat{v}\|_\infty \operatorname{sgn} \hat{y}_i. \tag{5.23}$$

B e w e i s. 1. Gibt es zu vorgegebenem $\hat{v} \in V$ verschiedene Punkte $\hat{t}_1, \ldots, \hat{t}_s$ $\in E_{\hat{v}}(s \leqslant n + 1)$ und Zahlen $\hat{y}_i$, $i = 1, \ldots, s$, mit (5.21), (5.22), (5.23), so folgt für jedes $v \in V$

$$\|f - \hat{v}\|_\infty = \sum_{i=1}^{s} \hat{y}_i(f(\hat{t}_i) - \hat{v}(\hat{t}_i)) = \sum_{i=1}^{s} \hat{y}_i f(\hat{t}_i)$$

$$= \sum_{i=1}^{s} \hat{y}_i(f(\hat{t}_i) - v(\hat{t}_i)) \leqslant \|f - v\|_\infty,$$

d.h. (5.19) ist erfüllt.

2. Für $\hat{v} \in V$ sei (5.19) erfüllt. Ferner seien $(\lambda_i^k, t_i^k)_{i \in I_k}$, $k = 1, 2$, optimal für das Problem (D*) (das auf Grund der obigen Ausführungen lösbar ist). Nach Satz 5.4 und Aufgabe 5.1 gelten dann die Implikationen (5.14a), (5.14b) und (5.15), wobei $x = \hat{x}$, $\gamma = \|f - \hat{v}\|_\infty$ und $\hat{v} = \sum_{j=1}^{n} \hat{x}_j v_j$ ist. Jetzt sind zwei Fälle möglich:

$\alpha)$ $\gamma = 0$. Wählt man dann $s = n + 1$ Punkte $\hat{t}_i \in M$, $i = 1, \ldots, s$, beliebig, so sind (5.21), (5.22), (5.23) erfüllbar.

$\beta)$ $\gamma > 0$. Sei $E_k^+ = \{t_i^k : i \in I_k, \lambda_i^k > 0\}$, $k = 1, 2$. Wegen (5.14a), (5.14b) ist dann notwendig $E_1^+ \cap E_2^+ = \emptyset$, und wegen (5.15) sind auch nicht beide Mengen E_k^+ zugleich leer, und $E^+ = E_1^+ \cup E_2^+$ ist eine nichtleere Teilmenge von $E_{\hat{v}}$ nach (5.20). Definiert man $I_k^+ = \{i \in I_k : \lambda_i^k > 0\}$, $k = 1, 2$, und $\hat{y}_i^1 = \lambda_i^1$ für $i \in I_1^+$ sowie $\hat{y}_i^2 = -\lambda_i^2$ für $i \in I_2^+$, so folgt $\hat{y}_i^k \neq 0$ für alle $i \in I_k^+$, $k = 1, 2$, und weiter

$$\sum_{i \in I_1^+} |\hat{y}_i^1| + \sum_{i \in I_2^+} |\hat{y}_i^2| = 1 \tag{5.21$'$}$$

aus (5.12*), ferner

$$\sum_{i \in I_1^+} \hat{y}_i^1 v_j(t_i^1) + \sum_{i \in I_2^+} \hat{y}_i^2 v_j(t_i^2) = 0 \qquad \text{für } j = 1, \ldots, n \tag{5.22$'$}$$

aus (5.11*) und schließlich

$$f(t_i^k) - \hat{v}(t_i^k) = \| f - \hat{v} \|_\infty \ \text{sgn} \ \hat{y}_i^k \qquad \text{für } i \in I_k^+, k = 1, 2, \tag{5.23'}$$

aus (5.14a), (5.14b). Damit sind (5.21), (5.22), (5.23) erfüllt, und s ist dabei die Anzahl der Punkte $\hat{t}_i \in E^+$. Auf Grund der Bemerkungen im Anschluß an Satz 5.5 können wir uns $(\lambda_i^k, t_i^k)_{i \in I_k}$, $k = 1, 2$, so gewählt denken, daß $I_1 \cup I_2$ aus höchstens $n + 1$ Punkten besteht, was $s \leqslant n + 1$ impliziert.   ∎

Aufgabe 5.3 a) Man zeige, daß in der Ungleichung (3.20) das Gleichheitszeichen erreichbar ist, wenn man die t_i und y_i geeignet wählt.

b) Man zeige, daß unter der Annahme (5.22) die Aussage (5.23) äquivalent ist mit

$$\sum_{i=1}^{s} \hat{y}_i f(\hat{t}_i) = \| f - \hat{v} \|_\infty \sum_{i=1}^{s} |\hat{y}_i| .$$

c) Sei $M = [0, 1]$, $f(t) = t^2$ und $V = \{x \cdot t : x \in \mathbf{R}, t \in M\}$. Man zeige unter Verwendung von Satz 5.6, daß $\hat{v}(t) = 2 \{\sqrt{2} - 1\} t$ eine beste Approximierende von f in V ist und daß $\rho_\infty(f, V) = 3 - 2\sqrt{2}$ ist.

Hinweis: Man wähle $\hat{t}_1 = 1$ und $\hat{t}_2 = \sqrt{2} - 1$ (vgl. Fig. I 5.1).

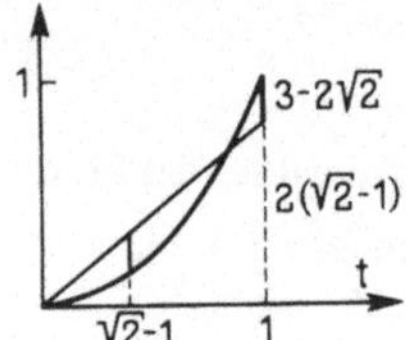

Fig. I 5.1 Beste Approximierende von
$f(t) = t^2$ in $\{x \cdot t : x \in \mathbf{R}, t \in [0, 1]\}$

5.3 Einseitige gleichmäßige Approximation

Das Problem der einseitigen gleichmäßigen Approximation trat im Zusammenhang mit Randwertaufgaben von monotoner Art bereits in Abschn. 2.4.2 und 3.3.2 auf und soll hier systematisch untersucht werden. Da die Betrachtungen zum Teil analog zu denen in Abschn. 5.2 verlaufen, werden gelegentlich Beweiseinzelheiten unterdrückt.

Seien wie in Abschn. 5.2 ein n-dimensionaler Teilraum V von C(M) (aufgespannt von den linear unabhängigen Funktionen $v_1, \ldots, v_n \in C(M)$) und ein festes Element $f \in C(M)$ vorgegeben. Dann definieren wir die Teilmengen

$$V^+ = \{v \in V : v(t) \geqslant f(t) \text{ für alle } t \in M\} \tag{5.24$^+$}$$

bzw. $$V^- = \{v \in V : v(t) \leqslant f(t) \text{ für alle } t \in M\} \tag{5.24$^-$}$$

von V und betrachten das (einseitige) Approximationsproblem: Gesucht ist ein $\hat{v} \in V^+$ bzw. V^- mit

$$\| \hat{v} - f \|_\infty = \rho_\infty(f, V^+) = \inf_{v \in V^+} \| v - f \|_\infty \tag{5.25$^+$}$$

bzw. $\|\hat{v} - f\|_\infty = \rho_\infty(f, V^-) = \inf_{v \in V^-} \|v - f\|_\infty$. $\hspace{2cm}$ (5.25⁻)

$\|\cdot\|_\infty$ bezeichnet wieder die Maximum-Norm in C(M).

Aufgabe 5.4 Man zeige, daß V^+ bzw. V^- eine abgeschlossene konvexe Teilmenge von V ist und damit auch von jedem Teilraum von C(M), der V enthält (warum?).

Sei nun W der von V und f aufgespannte endlich-dimensionale lineare Teilraum von C(M). Dann ist W reflexiv (vgl. IV Abschn. 2.2) und V^+ bzw. V^- nach Aufgabe 5.4 eine konvexe abgeschlossene Teilmenge von W. Ferner ist das Funktional $\varphi(w) = \|w - f\|_\infty$ stetig und konvex auf W (Beweis = Übung). Durch Anwendung des Existenzsatzes in II Abschnitt 2.1 erhält man somit

Satz 5.7 Ist die durch (5.24⁺) bzw. (5.24⁻) definierte konvexe abgeschlossene Teilmenge V^+ bzw. V^- von V nichtleer, so ist das einseitige Approximationsproblem lösbar, d.h. es gibt ein $\hat{v} \in V^+$ bzw. V^- mit (5.25⁺) bzw. (5.25⁻).

Darüber hinaus gilt

Satz 5.8 Enthält V die konstanten Funktionen, so ist das einseitige Approximationsproblem lösbar, und es gilt für die Minimalabweichungen (5.25⁺) bzw. (5.25⁻)

$$\rho_\infty(f, V^+) = \rho_\infty(f, V^-) = 2\rho_\infty(f, V) \hspace{2cm} (5.26)$$

mit $\hspace{1cm}$ $\rho_\infty(f, V) = \inf_{v \in V} \|v - f\|_\infty$. $\hspace{3cm}$ (5.27)

Weiterhin ist $\hat{v} \in V$ genau dann eine Minimallösung bzgl. f in V, wenn $\hat{v}^+ = \hat{v} + \rho_\infty(f, V)$ bzw. $\hat{v}^- = \hat{v} - \rho_\infty(f, V)$ eine Minimallösung von f in V^+ bzw. V^- ist (vgl. Fig. I 5.2).

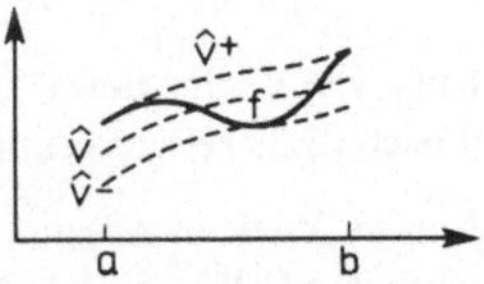

Fig. I 5.2 Zusammenhang zwischen einseitiger und symmetrischer gleichmäßiger Approximation

B e w e i s. Da V die konstanten Funktionen enthält, sind V^+ und V^- sicher nichtleer (warum?), so daß die Lösbarkeit des einseitigen Approximationsproblems nach Satz 5.7 sichergestellt ist.

Nun sei $\hat{v} \in V$ eine Minimallösung bzgl. f in V. Dann ist

$$\hat{v}^+ = \hat{v} + \rho_\infty(f, V) \in V^+ \text{ bzw. } \hat{v}^- = \hat{v} - \rho_\infty(f, V) \in V^-$$

und $\hspace{1cm}$ $\|\hat{v}^+ - f\|_\infty = \|\hat{v} - f\|_\infty + \rho_\infty(f, V) = 2\rho_\infty(f, V)$

bzw. $\hspace{1cm}$ $\|\hat{v}^- - f\|_\infty = \|f - \hat{v}^-\|_\infty = \|f - \hat{v}\|_\infty + \rho_\infty(f, V) = 2\rho_\infty(f, V)$,

woraus $\hspace{0.5cm}$ $\rho_\infty(f, V^+)$ bzw. $\rho_\infty(f, V^-) \leqslant 2\rho_\infty(f, V)$

folgt. Wäre nun etwa $\rho_\infty(f, V^+) < 2\rho_\infty(f, V)$, so wäre für jedes $v^+ \in V^+$ mit $\|v^+ - f\|_\infty = \rho_\infty(f, V^+)$ und $v = v^+ - \frac{1}{2}\rho_\infty(f, V^+) \in V$

$$\|v - f\|_\infty = \frac{1}{2}\rho_\infty(f, V^+) < \rho_\infty(f, V),$$

ein Widerspruch gegen (5.27). Damit ist $\rho_\infty(f, V^+) = 2\rho_\infty(f, V)$ und $\hat{v}^+ = \hat{v} + \rho_\infty(f, V)$ eine Minimallösung von f in V^+, und auf diese Weise erhält man auch alle Minimallösungen von f in V^+, wie man sich leicht überlegt.

Analog schließt man für V^-. ∎

Für den Rest dieses Abschnittes betrachten wir das einseitige Approximationsproblem nur noch für V^- nach (5.24$^-$). Wiederum sollen notwendige und hinreichende Bedingungen für Minimallösungen angegeben werden. Zu dem Zweck gehen wir aus von dem

P r o b l e m (P$^-$). Unter den Nebenbedingungen

$$\sum_{j=1}^n v_j(t)x_j + \gamma \geqslant f(t),$$

$$\text{für alle } t \in M \qquad (5.28)$$

$$\sum_{j=1}^n -v_j(t)x_j \geqslant -f(t)$$

ist das lineare Funktional $c(x, \gamma) = \gamma$ mit $x \in \mathbf{R}^n$, $\gamma \in \mathbf{R}$ zum Minimum zu machen.

Aufgabe 5.5 Man zeige: a) Ist $(\hat{x}, \hat{\gamma})$ eine Lösung von Problem (P$^-$), so ist $\hat{v}$ nach (5.7) eine Lösung des einseitigen Approximationsproblems (5.25$^-$), und es gilt

$$\hat{\gamma} = \|\hat{v} - f\|_\infty = \rho_\infty(f, V^-). \qquad (5.29)$$

b) Ist $\hat{v} \in V^-$ eine beste Approximierende von f der Form (5.7) bzgl. V^-, so ist $(\hat{x}, \hat{\gamma})$ mit $\hat{\gamma}$ nach (5.29) eine Lösung des Problems (P$^-$).

Nun sei Y wie in Abschn. 5.2 der von $v_1, \ldots, v_n$, $e \equiv 1$ und f aufgespannte lineare Teilraum von C(M) und $F = Y \times Y$, versehen mit der dort angegebenen Norm und Halbordnung. Definiert man wieder $E = \mathbf{R}^{n+1}$ mit dem Ordnungskegel $K_E = \mathbf{R}^n \times \mathbf{R}^+$, so ist

$$A(x, \gamma) = \begin{pmatrix} \sum_{j=1}^n v_j x_j + \gamma e \\ \\ \sum_{j=1}^n -v_j x_j \end{pmatrix}, \qquad x \in \mathbf{R}^n, \gamma \in \mathbf{R}, \qquad (5.30)$$

eine stetige lineare Abbildung von E in F, und mit $b = (f, -f)$ können die Nebenbedingungen (5.28) in der Form

$$A(x, \gamma) \geqslant b, \qquad (x, \gamma) \in K_E$$

geschrieben werden.

Das Problem (P⁻) ist ebenfalls eine Aufgabe der semi-infiniten Optimierung im Sinne von Abschn. 3.2, und der durch (4.4) definierte Kegel K(A, c) lautet

$$K(A, c) = \{(\gamma + r, \sum_{j=1}^{n} v_j x_j + \gamma e - y_1, \sum_{j=1}^{n} - v_j x_j - y_2) : x \in \mathbf{R}^n, \gamma \geqslant 0,$$

$$r \geqslant 0, (y_1, y_2) \geqslant \Theta_F \}.$$

Wiederum läßt sich zeigen, daß K(A, c) abgeschlossen ist (Beweis = Übung, vgl. entsprechenden Beweis in Abschn. 5.2), so daß sich aus dem Existenzsatz in Abschn. 4.3 ebenfalls die Lösbarkeit von Problem (P⁻) ergibt, falls die Nebenbedingungen (5.28) erfüllbar sind. Das ist genau dann der Fall, wenn V⁻ (vgl. 5.24⁻)) nichtleer ist, so daß sich mit Aufgabe 5.5 dann wiederum die Lösbarkeit des einseitigen Approximationsproblems ergibt.

In Analogie zu Abschn. 5.2 zeigt man weiter, daß das zu Problem (P⁻) duale Problem äquivalent ist zu dem

P r o b l e m (D⁻). Unter den Nebenbedingungen

$$\sum_{i \in I_1} \lambda_i^1 v_j(t_i^1) - \sum_{i \in I_2} \lambda_i^2 v_j(t_i^2) = 0, \qquad j = 1, \ldots, n, \qquad (5.11^{**})$$

$$\sum_{i \in I_1} \lambda_i^1 \leqslant 1, \qquad (5.12^{**})$$

$$\lambda_i^1 \geqslant 0, \;\; i \in I_1 \quad \text{und} \quad \lambda_i^2 \geqslant 0, \;\; i \in I_2 \qquad (5.13)$$

sowie $\{t_i^1 : i \in I_1\} \cup \{t_i^2 : i \in I_2\} \subseteq M$

ist $\sum_{i \in I_1} \lambda_i^1 f(t_i^1) - \sum_{i \in I_2} \lambda_i^2 f(t_i^2)$ zum Maximum zu machen.

Dabei durchlaufen I_1 und I_2 wieder alle endlichen Indexmengen. Wir machen jetzt die A n n a h m e: Es gebe ein $\hat{x} \in \mathbf{R}^n$ mit

$$f(t) - \sum_{j=1}^{n} v_j(t) \hat{x}_j > 0 \qquad \text{für alle } t \in M. \qquad (5.31)$$

Diese Annahme ist z.B. erfüllbar, wenn V die konstanten Funktionen enthält. Aus ihr folgt, daß die Nebenbedingungen (5.28) mit dem strikten Ungleichheitszeichen erfüllbar sind, wenn man nämlich $\gamma = \hat{\gamma} > \|f - \sum_{j=1}^{n} v_j \hat{x}_j\|_\infty$ wählt. Daraus ergibt sich weiter

$A(\hat{x}, \hat{\gamma}) - b \in \mathring{K}_F$ mit $b = (f, -f)$ und $\mathring{K}_F = $ Inneres von K_F (vgl. Abschn. 5.2). Aus Satz 4.14 folgt daher wiederum die Lösbarkeit von Problem (D⁻) und die Übereinstimmung seines Extremalwertes mit dem von Problem (P⁻) und damit mit der Minimalabweichung (5.25⁻) von f bzgl. V⁻.

Unter der Annahme (5.31) läßt sich auch ein dem Satz 5.4 entsprechender Gleichgewichtssatz beweisen, was hier nicht näher ausgeführt werden soll.

Entscheidend ist das Analogon zu Satz 5.6, nämlich

Satz 5.9 Unter der Annahme (5.31) ist $\hat{v}^- \in V^-$ genau dann eine beste Approximierende von f in V^-, d.h., es gilt (5.25$^-$) mit $\hat{v} = \hat{v}^-$, wenn es $s \leqslant n + 1$ verschiedene Punkte

$$t_i^1 \in \{t \in M : f(t) - \hat{v}^-(t) = \|f - \hat{v}^-\|_\infty\}, \quad i = 1, \ldots, s_1,$$

$$t_i^2 \in \{t \in M : f(t) - \hat{v}^-(t) = 0\}, \qquad i = 1, \ldots, s_2,$$

$s_1 + s_2 = s$, und Zahlen $\lambda_i^1 \geqslant 0, i = 1, \ldots, s_1, \lambda_i^2 \geqslant 0, i = 1, \ldots, s_2$, gibt mit

$$\sum_{i=1}^{s_1} \lambda_i^1 \leqslant 1, \tag{5.32}$$

$$\sum_{i=1}^{s_1} \lambda_i^1 v_j(t_i^1) - \sum_{i=1}^{s_2} \lambda_i^2 v_j(t_i^2) = 0, \qquad j = 1, \ldots, n, \tag{5.33}$$

$$\sum_{i=1}^{s_1} \lambda_i^1 f(t_i^1) - \sum_{i=1}^{s_2} \lambda_i^2 f(t_i^2) = \|f - \hat{v}^-\|_\infty. \tag{5.34}$$

Ist $\rho_\infty(f, V^-) > 0$, so gilt in (5.32) sogar das Gleichheitszeichen.

Der Beweis verläuft genauso wie der von Satz 5.6 und soll daher unterdrückt werden.

5.4 Anwendung auf eine Randwertaufgabe für die Potentialgleichung

Wir greifen noch einmal die Randwertaufgabe von Abschn. 3.3.1 auf, die wieder näherungsweise gelöst werden soll durch Funktionen der Gestalt (3.15). Auf Grund der Bemerkung am Ende von Abschnitt 2.3 führt das Randmaximum-Prinzip (2.20) in diesem Fall z.B. auf das folgende Problem der einseitigen Approximation: Gesucht ist ein $\hat{v}^-$ in

$$V^- = \{v(t) = x_1 + (t^4 - 6t^2 + 1)x_2 : x_1, x_2 \in \mathbf{R} \text{ und}$$

$$x_1 + (t^4 - 6t^2 + 1)x_2 \leqslant \cos\left(\frac{\pi}{2}t\right) \text{ für alle } t \in [0, 1]\}$$

mit

$$\max_{t \in [0,1]} \left\{\cos\left(\frac{\pi}{2}t\right) - \hat{v}^-(t)\right\} \leqslant \max_{t \in [0,1]} \left\{\cos\left(\frac{\pi}{2}t\right) - v(t)\right\} \text{ für alle } v \in V^-.$$

In diesem Fall ist also $v_1 \equiv 1, v_2(t) = t^4 - 6t^2 + 1$ und $f(t) = \cos\dfrac{\pi}{2}t$. Da V die

konstanten Funktionen enthält, ist das Problem nach Satz 5.8 lösbar.

Zur Gewinnung einer Lösung soll Satz 5.9 herangezogen werden. Zu dem Zweck versuchen wir zunächst, ein

$$v(t) = x_1 + (t^4 - 6t^2 + 1)x_2$$

so zu bestimmen, daß gilt

$$f(0) - v(0) = \eta \tag{5.35}$$

$$f(1) - v(1) = \eta \tag{5.36}$$

$$f(t_1) - v(t_1) = 0 \quad \text{und} \quad f'(t_1) - v'(t_1) = 0 \tag{5.37}$$

für ein geeignetes $\eta > 0$ und ein geeignetes $t_1 \in (0, 1)$. Die Forderungen (5.35), (5.36) liefern dann notwendig

$$x_1 = 0.8 - \eta, \qquad x_2 = 0.2,$$

und aus (5.37) ergeben sich die Gleichungen

$$0.8 - \eta + (t_1^4 - 6t_1^2 + 1)\,0.2 = \cos\left(\frac{\pi}{2}\,t_1\right), \tag{5.38}$$

$$0.8t_1(t_1^2 - 3) = -\frac{\pi}{2}\,\sin\left(\frac{\pi}{2}\,t_1\right). \tag{5.39}$$

Aus (5.39) ergibt sich näherungsweise $t_1 \approx 0.64$, und für dieses t_1 erhält man aus (5.38) $\eta \approx 0.00624$, mithin $x_1 \approx 0.79376$. Man kann sich davon überzeugen, daß

$$\hat{v}^-(t) = 0.79376 + 0.2(t^4 - 6t^2 + 1) \tag{5.40}$$

zu V^- gehört und $\eta = \|f - \hat{v}^-\|_\infty = 6.24 \cdot 10^{-3}$ ist.

Um nun zu zeigen, daß dieses $\hat{v}^- \in V^-$ auch das einseitige Approximationsproblem löst, wählen wir $s_1 = 2$, $t_1^1 = 0$, $t_2^1 = 1$, $s_2 = 1$, $t_1^2 = 0.64$ und lösen (5.33) mit $\lambda_1^2 = 1$, d.h.

$$\lambda_1^1 + \lambda_2^1 - 1 = 0 \; (\Rightarrow (5.32)),$$

$$\lambda_1^1 - 4\,\lambda_2^1 + 1.2898 = 0,$$

was $\lambda_1^1 = 0.54204$ und $\lambda_2^1 = 0.45796$ liefert. Damit ergibt sich

$$\lambda_1^1 f(t_1^1) + \lambda_2^1 f(t_2^1) - \lambda_1^2 f(t_1^2) \approx 0.54204 + 0 - 0.5358$$

$$= 0.00624 = \|f - \hat{v}^-\|_\infty.$$

Nach Satz 5.9 ist also $\hat{v}^-$ in (5.40) bis auf Rundungsfehler eine Lösung des einseitigen Approximationsproblems, und es ist $\rho_\infty(f, V^-) = 6.24 \cdot 10^{-3}$. Auf Grund der Bemerkung am Ende von Abschn. 2.3 erhält man also für $x_1 \approx 0.79376$, $x_2 = 0.2$ in (3.15) eine Näherungslösung der vorgelegten Randwertaufgabe, die unter allen Näherungen der Gestalt (3.15) die unbekannte Lösung $\hat{u}$ der Randwertaufgabe von unten auf ganz $\bar{B}$ gleichmäßig am besten approximiert, und zwar ist

$$0 \leqslant \hat{u}(t, s) - 0.79376 - 0.2(t^4 - 6t^2 s^2 + s^4) \leqslant 6.24 \cdot 10^{-3} \; \forall (t, s) \in \bar{B}.$$

Aus Satz 5.8 ergibt sich weiter, daß

$$\hat{v}(t) = \hat{v}^-(t) + \frac{1}{2}\,\rho_\infty(f, V^-) = 0.79688 + 0.2(t^4 - 6t^2 + 1)$$

eine beste Approximierende von $f(t) = \cos\left(\dfrac{\pi}{2}\,t\right)$ in

$$V = \{v(t) = x_1 + x_2(t^4 - 6t^2 + 1) : x_1, x_2 \in \mathbf{R}\}$$

ist und $\rho_\infty(f, V) = 3.12 \cdot 10^{-3}$ gilt.

Aufgabe 5.6 Man zeige mit Hilfe des Maximum-Prinzips (2.20), daß für

$$\varphi(t, s) = 0.79688 + 0.2(t^4 - 6t^2 s^2 + s^4)$$

gilt $\max_{(t,s)\in\bar{\mathbf{B}}} |\hat{u}(t, s) - \varphi(t, s)| \leqslant 3.12 \cdot 10^{-3},$

wobei wieder $\hat{u}$ die Lösung der Randwertaufgabe ist.

5.5 Ein Kontroll-Approximationsproblem in der Wärmeleitung

In Abschn. 1.2 haben wir im Zusammenhang mit der Aufheizung einer Metallplatte in einem Ofen ein Kontroll-Approximationsproblem betrachtet und dieses in ein Problem der infiniten linearen Optimierung übergeführt, das mit den dortigen Bezeichnungen folgendermaßen lautet: Unter den Nebenbedingungen

$$\begin{aligned} B(u)\,(x) + \gamma &\geqslant \hat{y}(x), \\ -B(u)\,(x) + \gamma &\geqslant -\hat{y}(x), \end{aligned} \quad \text{für } x \in [-1, +1] \qquad (1.10) = (5.41)$$

$$\begin{aligned} u(t) &\geqslant -1, \\ -u(t) &\geqslant -1, \end{aligned} \quad \text{für } t \in [0, T] \qquad (1.4) = (5.42)$$

ist γ zum Minimum zu machen.

Dabei ist $B : C[0, T] \to C[-1, +1]$ die durch (1.8) definierte lineare Abbildung, und $\hat{y} \in C[-1, +1]$ ist durch (1.9) gegeben. Für jedes $u \in C[0, T]$ ist dabei $B(u)$ die eindeutige Lösung der Anfangsrandwertaufgabe (1.2), (1.3), (1.5) mit $y_0 = 0$. Versieht man sowohl $C[0, T]$ als auch $C[-1, +1]$ mit der Maximum-Norm, die in beiden Fällen mit $\|\cdot\|_\infty$ bezeichnet wurde, so ergibt sich aus einer a priori-Abschätzung bei F r i e d - m a n [64] die Aussage

$$\|B(u) - B(\hat{u})\|_\infty \leqslant K\|u - \hat{u}\|_\infty \qquad (5.43)$$

für je zwei Funktionen $u, \hat{u} \in C[0, T]$.

Nun sei $E = \mathbf{R} \times C[0, T]$, versehen mit der Norm

$$\|(\gamma, u)^T\| = |\gamma| + \|u\|_\infty$$

und der trivialen Halbordnung mit $K_E = E$ als Ordnungskegel, und ferner sei $F = (C[-1, +1])^2 \times (C[0, T])^2$, versehen mit der Norm

$$(y_1, y_2, u_1, u_2)^T = \|y_1\|_\infty + \|y_2\|_\infty + \|u_1\|_\infty + \|u_2\|_\infty$$

und der Halbordnung

$$(y_1, y_2, u_1, u_2)^T \geqslant (\hat{y}_1, \hat{y}_2, \hat{u}_1, \hat{u}_2)^T \Longleftrightarrow \begin{cases} y_i(x) \geqslant \hat{y}_i(x) \ \forall x \in [-1, +1], \\ u_i(t) \geqslant \hat{u}_i(t) \ \forall t \in [0, T], \\ i = 1, 2. \end{cases}$$

Definiert man weiter eine Abbildung $A : E \rightarrow F$ durch

$$A(\gamma, u) = \begin{pmatrix} \gamma e_1 + B(u) \\ \gamma e_1 - B(u) \\ u \\ - u \end{pmatrix} \qquad (e_1 \equiv 1 \ \text{auf} \ C[-1, +1]) \tag{5.44}$$

und ein Funktional $c : E \rightarrow \mathbf{R}$ durch

$$c(\gamma, u) = \gamma, \tag{5.45}$$

so sind A und c linear und stetig (Beweis = Übung), und mit $b = (\hat{y}, -\hat{y}, -e_2, -e_2)^T$, $e_2 \equiv 1$ auf $C[0, T]$ gehen die Nebenbedingungen (5.41), (5.42) über in

$$A(\gamma, u) \geqslant b, \qquad (\gamma, u) \in E, \tag{5.46}$$

so daß wir das Problem erhalten, unter den Nebenbedingungen (5.46) die stetige Linearform c (5.45) zum Minimum zu machen. Das ist ein lineares Optimierungsproblem im Sinne von Abschn. 3.1. Die Lösbarkeit dieses Problems ist nicht sichergestellt, wohl aber kann mit Hilfe des Satzes 4.14 die Lösbarkeit des zugehörigen dualen Problems und die Übereinstimmung der Extremalwerte bewiesen werden. Zu dem Zweck bemerken wir zunächst, daß das Innere $\overset{\circ}{K}_F$ des Ordnungskegels K_F von F aus allen Elementen $(y_1, y_2, u_1, u_2) \in (C[-1, +1])^2 \ x \ (C[0, T])^2$ besteht mit $y_i(x) > 0$ für alle $x \in [-1, +1]$ und $u_i(t) > 0$ für alle $t \in [0, T]$ für $i = 1, 2$ (Beweis = Übung). Wählt man $\hat{u} \equiv 0$ und $\hat{\gamma} > \|\hat{y}\|_\infty$, so sind die Ungleichungen (5.41), (5.42) für alle $x \in [-1, +1]$ und alle $t \in [0, T]$ strikt erfüllt, d.h., es gilt $A(\hat{\gamma}, \hat{u}) - b \in \overset{\circ}{K}_F$. Weiterhin ist der Extremalwert von $c(\gamma, u) = \gamma$ für (γ, u) mit (5.46) durch Null nach unten beschränkt. Nach Satz 4.14 ist daher das zugehörige duale Problem lösbar und sein Extremalwert gleich dem von c unter den Nebenbedingungen (5.46). Nach Abschn. 3.1 besteht das duale Problem darin, unter den Nebenbedingungen

$$y^* \geqslant \Theta_{F*}, \ y^*(A(\gamma, u)) \leqslant \gamma \qquad \text{für alle} \ (\gamma, u) \in E \tag{5.47}$$

die stetige Linearform $y^*(b)$ zum Maximum zu machen.

Nach IV (1.18), sinngemäß angewandt, gibt es zu jedem $y^* \in F^*$ eindeutig bestimmte Elemente $y_i^* \in C[-1, +1]^*$ sowie $z_i^* \in C[0, T]^*, i = 1, 2$, mit

$$y^*(y_1, y_2, u_1, u_2) = y_1^*(y_1) + y_2^*(y_2) + z_1^*(u_1) + z_2^*(u_2)$$
$$\text{für alle} \ (y_1, y_2, u_1, u_2)^T \in F,$$

und weiter ist

$$y^* \geqslant \Theta_{F*} \Longleftrightarrow \{y_i^* \geqslant \Theta_{C[-1,+1]*} \ \text{und} \ z_i^* \geqslant \Theta_{C[0,T]*} \ \text{für} \ i = 1, 2\}$$

(vgl. Aufgabe 5.2), wobei $y_i^* \geq \Theta_{C[-1,+1]^*}$ bzw. $z_i^* \geq \Theta_{C[0,T]^*}$ entsprechend IV (1.14) definiert sind.

Damit sind die Nebenbedingungen (5.47) äquivalent zu der Aussage

$$y_i^* \geq \Theta_{C[-1,+1]^*} \quad \text{und} \quad z_i^* \geq \Theta_{C[0,T]^*} \qquad \text{für } i = 1, 2,$$

$$y_1^*(\gamma e_1 + B(u)) + y_2^*(\gamma e_1 - B(u)) + z_1^*(u) - z_2^*(u) \leq \gamma \qquad \forall (\gamma, u) \in E$$

und diese wiederum zu

$$y_i^* \geq \Theta_{C[-1,+1]^*} \quad \text{und} \quad z_i^* \geq \Theta_{C[0,T]^*} \qquad \text{für } i = 1, 2,$$

$$y_1^*(e_1) + y_2^*(e_1) = 1, \tag{5.48}$$

$$y_1^*(B(u)) - y_2^*(B(u)) = z_2^*(u) - z_1^*(u) \qquad \forall u \in C[0, T].$$

Das duale Problem besteht also darin, unter den Nebenbedingungen (5.48) die stetige Linearform

$$y^*(b) = y_1^*(\hat{y}) - y_2^*(\hat{y}) - z_1^*(e_2) - z_2^*(e_2) \tag{5.49}$$

zum Maximum zu machen.

Definiert man

$$U = \{u \in C[0, T] : \|u\|_\infty \leq 1\}, \tag{5.50}$$

so ist das Infimum von c unter den Nebenbedingungen (5.41), (5.42) auch gleich der Minimalabweichung

$$\rho_\infty(\hat{y}, B(U)) = \inf_{u \in U} \|\hat{y} - B(u)\|_\infty \tag{5.51}$$

der Funktion $\hat{y} \in C[-1, +1]$ von der (konvexen) Funktionenmenge $B(U) = \{B(u) : u \in U\}$ in $C[-1, +1]$, und das Kontroll-Approximationsproblem in Abschn. 1.2 besteht in der Suche nach einer Funktion $\hat{u} \in U$ mit $\|\hat{y} - B(\hat{u})\|_\infty = \rho_\infty(\hat{y}, B(U))$. Die Existenz von $\hat{u}$ ist, wie oben bereits bemerkt, nicht sichergestellt, wohl aber kann $\rho_\infty(\hat{y}, B(U))$ berechnet werden, und zwar nach

Satz 5.10 Für die durch (5.51) definierte Minimalabweichung gilt

$$\rho_\infty(\hat{y}, B(U)) = \max_{\substack{y^* \in C[-1,+1]^* \\ \|y^*\| \leq 1}} \{y^*(\hat{y}) - \sup_{\substack{u \in C[0,T] \\ \|u\|_\infty \leq 1}} y^*(B(u))\}. \tag{5.52}$$

B e w e i s. Sei $y^* \in C[-1, +1]^*$ mit $\|y^*\| \leq 1$ vorgegeben. Dann ist für jedes $u \in C[0, T]$ mit $\|u\|_\infty \leq 1$

$$y^*(\hat{y}) - \sup_{\substack{u \in C[0,T] \\ \|u\|_\infty \leq 1}} y^*(B(u)) \leq y^*(\hat{y}) - y^*(B(u)) \leq \|\hat{y} - B(u)\|_\infty,$$

woraus $\quad y^*(\hat{y}) - \displaystyle\sup_{\substack{u \in C[0,T] \\ \|u\|_\infty \leq 1}} y^*(B(u)) \leq \rho_\infty(\hat{y}, B(U)) \tag{5.53}$

folgt. Zum Beweis von (5.52) haben wir also ein $y^* \in C[-1, +1]^*$ mit $\|y^*\| \leq 1$ anzugeben, für das in (5.53) das Gleichheitszeichen gilt. Zu dem Zweck gehen wir aus von einer Lösung des dualen Problems, d.h. von einem Quadrupel $(y_1^*, y_2^*, z_1^*, z_2^*) \in F^*$, für das der Wert (5.49) maximal ausfällt. Da dieser Maximalwert gleich dem Infimum von γ unter den Nebenbedingungen (5.41), (5.42) ist, ergibt sich aus den obigen Betrachtungen

$$y_1^*(\hat{y}) - y_2^*(\hat{y}) - z_1^*(e_2) - z_2^*(e_2) = \rho_\infty(\hat{y}, B(U)). \tag{5.54}$$

Setzt man $y^* = y_1^* - y_2^*$ und $z^* = z_1^* - z_2^*$, so ist

$$\|y^*\| \leq \|y_1^*\| + \|y_2^*\| = y_1^*(e_1) + y_2^*(e_1) = 1,$$

$$\|z^*\| = \sup_{\substack{u \in C[0,T] \\ \|u\|_\infty \leq 1}} z^*(u) \leq \|z_1^*\| + \|z_2^*\| = z_1^*(e_2) + z_2^*(e_2)$$

nach IV Abschn. 2.3.

Wir machen nun die Annahme, es sei $\|z^*\| < z_1^*(e_2) + z_2^*(e_2)$. Nach IV Satz 2.7 gibt es nun zwei Linearformen $z_+^*, z_-^* \geq \Theta_{C[0,T]^*}$ mit

$$z_1^*(u) - z_2^*(u) = z^*(u) = z_+^*(u) - z_-^*(u) \qquad \text{für alle } u \in C[0, T]$$

und $\|z^*\| = z_+^*(e_2) + z_-^*(e_2).$

Daraus ergibt sich

$$y_1^*(B(u)) - y_2^*(B(u)) = z_-^*(u) - z_+^*(u) \qquad \text{für alle } u \in C[0, T],$$

d.h., auch das Quadrupel $(y_1^*, y_2^*, z_+^*, z_-^*)$ erfüllt (5.48), und es ist

$$y_1^*(\hat{y}) - y_2^*(\hat{y}) - z_+^*(e_2) - z_-^*(e_2) > y_1^*(\hat{y}) - y_2^*(\hat{y}) - z_1^*(e_2) - z_2^*(e_2),$$

ein Widerspruch gegen die Optimalität von $(y_1^*, y_2^*, z_1^*, z_2^*)$. Damit ist $\|z^*\| = z_1^*(e_2) + z_2^*(e_2)$ und somit wegen

$$-z^*(u) = y^*(B(u)) \qquad \text{für alle } u \in U \qquad (\text{vgl. (5.48)})$$

nach (5.54) die Aussage (5.53) mit dem Gleichheitszeichen erfüllt. ∎

Aufgabe 5.7 Man zeige

$$\rho_\infty(\hat{y}, B(U)) = \max_{\substack{y^* \in C[-1, +1]^* \\ \|y^*\| \leq 1}} \{|y^*(\hat{y})| - \|B^*(y^*)\|\}, \tag{5.55}$$

wobei $B^* : C[-1, +1]^* \to C[0, 1]^*$ die zu B adjungierte lineare Abbildung ist (vgl. IV Abschn. 1.3).

Um nach (5.53) zu einer u n t e r e n S c h r a n k e von $\rho_\infty(\hat{y}, B(U))$ zu gelangen, hat man also ein $y^* \in C[-1, +1]^*$ mit $\|y^*\| \leq 1$ zu wählen und damit die linke Seite der Ungleichung (5.53) zu berechnen. Dabei wird im allgemeinen die Berechnung des Supremums Schwierigkeiten bereiten. Diese gestaltet sich jedoch einfach, wenn man für y^* eine positive (stetige) Linearform auf $C[-1, +1]$ wählt (vgl. IV Abschn. 2.3). Auf

Grund eines allgemeinen Monotonie-Satzes (vgl. z.B. C o l l a t z [68]) gilt nämlich die Implikation

$$\{u_1, u_2 \in C[0, T], u_1(t) \geqslant u_2(t) \text{ für alle } t \in [0, T]\}$$
$$\Rightarrow B(u_1)(x) \geqslant B(u_2)(x) \quad \text{ für alle } x \in [-1, +1].$$

Ist dann $y^* \in C[-1, +1]^*$ positiv, so folgt unmittelbar

$$\sup_{\substack{u \in C[0,T] \\ \|u\|_\infty \leqslant 1}} y^*(B(u)) = y^*(B(e_2)),$$

und ist weiter $\|y^*\| = y^*(e_1) \leqslant 1$, so ergibt sich aus (5.53)

$$y^*(\hat{y}) - y^*(B(e_2)) \leqslant \rho_\infty(\hat{y}, B(U)). \tag{5.56}$$

Wir wollen das an einem einfachen Beispiel erläutern: Sei $y_0 = 0$, $y_T = e_1$. Dann wählen wir

$$y^*(y) = y(0) \quad \text{ für alle } y \in C[-1, +1] \tag{5.57}$$

und erhalten wegen $\hat{y} = e_1 \equiv 1$

$$1 - B(e_2)(0) \leqslant \rho_\infty(\hat{y}, B(U)). \tag{5.58}$$

Weiter kann man zeigen, daß $u = e_2$ eine Lösung des Kontroll-Approximationsproblems und

$$\|\hat{y} - y(T, \cdot, e_2)\| = \max_{-1 \leqslant x \leqslant 1} |1 - B(e_2)(x)| = 1 - B(e_2)(0)$$

ist, so daß in (5.58) sogar das Gleichheitszeichen gilt (vgl. dazu K r a b s [74a]).

Allgemein wird man bei der Auswertung von (5.53) von den expliziten Darstellungen (1.8) bzw. (1.9) von B(u) bzw. $\hat{y}$ ausgehen. Da nach Aufgabe 1.1 die Reihen in (1.8) bzw. (1.9) gleichmäßig, d.h. im Sinne der Maximum-Norm in $C[-1, +1]$, konvergieren, folgt für jedes $y^* \in C[-1, +1]^*$

$$y^*(B(u)) = \sum_{k=1}^{\infty} \mu_k^2 B_k y^*(\cos \mu_k \cdot) \int_0^T \exp(-\mu_k^2(T-t)) u(t)\, dt, u \in C[0, T], \tag{5.59}$$

bzw.
$$y^*(\hat{y}) = y^*(y_T) - y_0 \sum_{k=1}^{\infty} B_k y^*(\cos \mu_k \cdot) \exp(-\mu_k^2 T). \tag{5.60}$$

Weiter wird man nun nicht beliebige stetige Linearformen y^* zugrundelegen, sondern solche, deren Werte man leicht berechnen kann.

Hier bieten sich zwei Möglichkeiten an:

a) Man gibt sich endlich viele verschiedene Punkte $x_1, \ldots, x_m$ in $[-1, +1]$ und Zahlen

$$y_1, \ldots, y_m \in \mathbf{R} \text{ mit } \sum_{i=1}^{m} |y_i| \leqslant 1 \text{ vor und definiert}$$

$$y^*(g) = \sum_{i=1}^{m} y_i g(x_i), \quad g \in C[-1, +1]. \tag{5.61}$$

Dann ist $y^* \in C[-1, +1]$ und $\|y^*\| = \sum_{i=1}^{m} |y_i| \leqslant 1$ (Beweis = Übung, vgl. dazu auch
IV Abschn. 2.3 und 2.4). Sind ferner alle $y_i \geqslant 0$, so ist y^* positiv, und aus (5.56), (5.59)
und (5.60) folgt

$$\sum_{i=1}^{m} y_i y_T(x_i) - y_0 \sum_{k=1}^{\infty} B_k \sum_{i=1}^{m} y_i \cos(\mu_k x_i) \exp(-\mu_k^2 T) -$$

$$\tag{5.62}$$

$$- \sum_{k=1}^{\infty} B_k \sum_{i=1}^{m} y_i \cos(\mu_k x_i)(1 - \exp(-\mu_k^2 T)) \leqslant \rho_\infty(\hat{y}, B(U)).$$

b) Man gibt sich eine Funktion $y \in C[-1, +1]$ mit $\int_{-1}^{+1} |y(x)| \, dx \leqslant 1$ vor und definiert

$$y^*(g) = \int_{-1}^{+1} y(x) \, g(x) \, dx, \qquad g \in C[-1, +1]. \tag{5.63}$$

Dann ist $y^* \in C[-1, +1]^*$ und $\|y^*\| \leqslant \int_{-1}^{+1} |y(x)| \, dx \leqslant 1$ (Beweis = Übung). Ist ferner

$y \geqslant 0$, so ist y^* positiv, und aus (5.56), (5.59) und (5.60) folgt

$$\int_{-1}^{+1} y(x) \, y_T(x) \, dx - y_0 \sum_{k=1}^{\infty} B_k \int_{-1}^{+1} y(x) \cos(\mu_k x) \, dx \, \exp(-\mu_k^2 T)$$

$$\tag{5.64}$$

$$- \sum_{k=1}^{\infty} B_k \int_{-1}^{+1} y(x) \cos(\mu_k x) \, dx \, (1 - \exp(-\mu_k^2 T)) \leqslant \rho_\infty(\hat{y}, B(U)).$$

Es läßt sich sogar zeigen, daß man mit dem Ausdruck $|y^*(\hat{y})| - \|B^*(y^*)\|$ der Minimal-
abweichung $\rho_\infty(\hat{y}, B(U))$ beliebig nahekommen kann, wenn man y^* nach (5.61) bzw.
(5.63) geeignet wählt (vgl. dazu K r a b s [74a]).
Speziell für $y \equiv 1/2$ ergibt sich aus (5.64) die Abschätzung

$$\frac{1}{2} \int_{-1}^{+1} y_T(x) \, dx - y_0 \sum_{k=1}^{\infty} \mu_k^{-1} B_k \sin \mu_k \exp(-\mu_k^2 T)$$

$$- \sum_{k=1}^{\infty} B_k \frac{\sin \mu_k}{\mu_k} (1 - \exp(-\mu_k^2 T)) \leqslant \rho_\infty(\hat{y}, B(U)).$$

Aus dieser erhält man für das obige Beispiel $y_0 = 0$, $y_T = e_1 \equiv 1$ unter Benutzung von
$$\frac{\sin \mu_k}{\mu_k} = b \, \frac{\cos \mu_k}{\mu_k^2} \quad \text{(vgl. Abschn. 1.2)}$$

$$1 - b \sum_{k=1}^{\infty} B_k \frac{\cos \mu_k}{\mu_k^2} (1 - \exp(-\mu_k^2 T)) \leqslant \rho_\infty(\hat{y}, B(U)).$$

Auf Grund der obigen Betrachtungen gilt (zum Vergleich)

$$\rho_\infty(\hat{y}, B(U)) = 1 - B(e_2)(0) = 1 - \sum_{k=1}^{\infty} B_k(1 - \exp(-\mu_k^2 T)).$$

Aufgabe 5.8 **a)** Man zeige, daß für alle $x \in [-1, +1]$

$$\sum_{k=1}^{\infty} B_k \cos(\mu_k x) = 1$$

ist.

b) Unter Verwendung von a) zeige man

$$\sum_{k=1}^{\infty} B_k \; \frac{\cos \mu_k}{\mu_k^2} = \frac{1}{b} \; .$$

Abschließend bemerken wir noch, daß man auch ohne Heranziehung der expliziten Darstellungen (1.8) bzw. (1.9) für B(u) bzw. $\hat{y}$ zu unteren Schranken für die Minimalabweichung $\rho_\infty(\hat{y}, B(U))$ gelangen kann, die dieser sogar beliebig nahekommen. Das soll hier nicht mehr näher ausgeführt werden. Wir verweisen dazu auf G l a s h o f f / K r a b s [74].

Ähnliche Methoden zur Gewinnung unterer Schranken für den Extremalwert eines Kontrollproblems mit einer partiellen Differentialgleichung wurden auch von Y a v i n [71, 73] angegeben.

Die Lösbarkeit des oben behandelten Problems ist für stetige Kontrollfunktionen im allgemeinen nicht sichergestellt. Sie gilt jedoch, wenn man den Vektorraum der stetigen Funktionen durch den der Klassen meßbarer Funktionen auf [0, T] ersetzt, wodurch sich die Minimalabweichung nicht ändert (vgl. dazu K r a b s [74b]). Die Existenz optimaler meßbarer Kontrollfunktionen wurde zuerst von Y e g o r o v [63] und später von W e c k [74] bewiesen, der außerdem zeigte, daß bei positiver Minimalabweichung für jede optimale Kontrollfunktion u notwendig das „Bang-Bang-Prinzip": $|\hat{u}| = 1$ fast überall gilt, woraus sofort die Eindeutigkeit folgt. Dieses Bang-Bang-Prinzip wurde von G l a s h o f f / K r a b s [74] noch verfeinert. Methoden zur näherungsweisen Lösung des Problems wurden von A r n d t [74], G l a s h o f f / G u s t a f s o n [74] und K r a b s / W e c k [74] angegeben.

II Konvexe Probleme

1 Einige Beispiele konvexer Approximations- und Optimierungsprobleme

1.1 Das allgemeine lineare Approximationsproblem

Sei Z ein normierter Vektorraum über $\mathbf{R}$, V ein linearer Teilraum von Z und $z \in Z$ ein beliebiges Element. Gesucht ist ein $\hat{v} \in V$ mit

$$\|\hat{v} - z\| \leqslant \|v - z\| \qquad \text{für alle } v \in V, \tag{1.1}$$

wobei $\| \cdot \|$ die Norm in Z bezeichnet.

Jedes $\hat{v} \in V$ mit (1.1) heißt b e s t e   A p p r o x i m i e r e n d e von z in V, und die Größe

$$\rho(z, V) = \inf_{v \in V} \|v - z\| \tag{1.2}$$

bezeichnen wir als M i n i m a l a b w e i c h u n g (oder auch kurz als Abstand) des Elementes z von der Menge V.

Es gibt zahlreiche Beispiele für derartige Approximationsprobleme. In I Abschn. 2.1 und 5.2 haben wir den Fall der sog. g l e i c h m ä ß i g e n   A p p r o x i m a t i o n v o n   F u n k t i o n e n behandelt, bei dem Z der Vektorraum $C(M)$ der auf einer kompakten Teilmenge M eines normierten Raumes definierten stetigen reellwertigen Funktionen ist, versehen mit der Maximum-Norm I (2.1), und V ein endlich-dimensionaler linearer Teilraum von Z. Ein weiteres Beispiel liegt vor, wenn Z der Vektorraum $C[a, b]$ $(a < b)$ der auf einem kompakten Intervall $[a, b]$ definierten stetigen reellwertigen Funktionen ist, versehen mit der euklidischen Norm

$$\|x\| = \left(\int_a^b |x(t)|^2 \, dt \right)^{1/2}, \qquad x \in C[a, b]. \tag{1.3}$$

Ist dann V ein endlich-dimensionaler Teilraum von Z, so ist das obige Approximationsproblem das bekannte F e h l e r q u a d r a t p r o b l e m. $Z = C[a, b]$ mit der euklidischen Norm (1.3) ist dabei sogar ein unitärer Raum mit dem üblichen Skalarprodukt. Das Approximationsproblem (1.1) läßt sich nun auf verschiedene Weise in ein Problem der konvexen Optimierung umschreiben. Definiert man z.B. auf Z das reellwertige Funktional f durch

$$f(y) = \|y - z\|, \qquad y \in Z, \tag{1.4}$$

so ist f konvex (vgl. Abschn. 2.1).

Das Approximationsproblem (1.1) ist gleichbedeutend mit der Optimierungsaufgabe, das Funktional f auf V zum Minimum zu machen. Das ist ein k o n v e x e s   O p t i - m i e r u n g s p r o b l e m   o h n e   e x p l i z i t e   N e b e n b e d i n g u n g e n.

Zu einem Problem mit Nebenbedingungen gelangt man unter Hinzuziehung des topologischen Dualraumes Z^* von Z (vgl. IV Abschn. 1.2). Wir denken uns Z^* normiert durch

$$\|L\| = \sup_{\|y\| \leq 1} |L(y)|, \qquad L \in Z^*, \tag{1.5}$$

und definieren die Einheitskugel in Z^* durch

$$B^* = \{L \in Z^* : \|L\| \leq 1\}. \tag{1.6}$$

B^* ist eine konvexe Teilmenge (vgl. IV Abschn. 3). von Z^* (Beweis = Übung). Entscheidend ist nun

Lemma 1.1 Für jedes $y \in Z$ gilt

$$\|y\| = \max_{L \in B^*} L(y). \tag{1.7}$$

B e w e i s. Für $y = \Theta_Z$ ist die Behauptung trivial. Sei daher $y \neq \Theta_Z$ und $L \in B^*$ beliebig; dann folgt

$$L(y) \leq |L(y)| \leq \|L\|\,\|y\| \leq \|y\| \,.$$

Nach IV Satz 1.4 gibt es aber zu y ein $L_y \in Z^*$ mit $\|L_y\| = 1$ und $L_y(y) = \|y\|$, mithin

$$\|y\| = L_y(y) = \max_{L \in B^*} L(y). \qquad\qquad\qquad \blacksquare$$

Insbesondere ist nach Lemma 1.1

$$\|v - z\| = \max_{L \in B^*} L(v - z) \tag{1.8}$$

und das Approximationsproblem (1.1) daher gleichbedeutend mit dem Problem, unter den Nebenbedingungen

$$(v, \gamma) \in V \times \mathbf{R},$$

$$\varphi_L(v, \gamma) = L(v) - \gamma - L(z) \leq 0 \qquad \text{für alle } L \in B^* \tag{1.9}$$

das Funktional $f(v, \gamma) = \gamma$ zum Minimum zu machen (Beweis = Übung).

$V \times \mathbf{R}$ ist dabei ein linearer Teilraum von $Z \times \mathbf{R}$, für jedes L ist φ_L ein affin-lineares Funktional (vgl. Abschn. 2.1), und f ist offenbar ein lineares Funktional. In Abschn. 5.4 werden wir zeigen, daß man dieses Problem als l i n e a r e s O p t i m i e r u n g s - p r o b l e m im Sinne von I Abschn. 3 auffassen kann.

In Spezialfällen ist es oft möglich, die Maximumaussage (1.8) bereits für eine Teilmenge von B^* zu machen. Im Falle der gleichmäßigen Approximation in I Abschn. 2.1 gilt die Aussage (1.8) offenbar schon für alle $L \in B^*$, die sog. Punktfunktionale der Form

$$L(y) = y(t) \quad \text{oder} \quad L(y) = -y(t) \qquad \text{für ein } t \in M$$

sind, und die Nebenbedingungen (1.9) gehen über in

$$(v, \gamma) \in V \times \mathbf{R},$$

$$\begin{aligned} v(t) - \gamma - z(t) &\leq 0, \\ -v(t) - \gamma + z(t) &\leq 0, \end{aligned} \qquad \text{für alle } t \in M \tag{1.10}$$

(vgl. I (2.5)). In diesem Fall liegt dann ebenfalls ein lineares Optimierungsproblem vor.

1.2 Optimale Fehlerabschätzungen bei linearen Operatorgleichungen

1.2.1 Defektabschätzungen Sei X ein normierter Vektorraum über $\mathbf{R}$ und A eine beliebige lineare Abbildung von X in sich (vgl. IV Abschn. 1.3). Sei ferner $y \in X$ ein festes Element. Dann betrachten wir die l i n e a r e   O p e r a t o r g l e i c h u n g

$$x - A(x) = y. \tag{1.11}$$

Nimmt man an, daß

$$\|A\| = \sup_{\|x\| \leqslant 1} \|A(x)\| \leqslant \alpha < 1 \tag{1.12}$$

ist, so hat die Gleichung (1.11) bekanntlich für jedes $y \in X$ genau eine Lösung $x_y \in X$, die mit Hilfe der M e t h o d e   d e r   s u k z e s s i v e n   A p p r o x i m a t i o n iterativ berechnet werden kann (vgl. z.B. K a n t o r o w i t s c h / A k i l o w [64]). Dazu wählt man als Ausgangselement $x_0 = y$ und bestimmt damit eine Folge $\{x_k\}$ von Näherungen $x_k \in X$ von x_y durch die Vorschrift

$$x_{k+1} = A(x_k) + y, \qquad k = 0, 1, 2, \ldots$$

Die so definierte Folge $\{x_k\}$ konvergiert dann gegen x_y. Die numerische Durchführung dieses Verfahrens ist jedoch meistens sehr mühsam. Daher versucht man oft, aus einer vorgegebenen K l a s s e   V   v o n   N ä h e r u n g e n für x_y ein Element $v \in V$ derart auszuwählen, daß die Abweichung $\|x_y - v\|$ möglichst klein ausfällt. V ist in der Regel ein endlich-dimensionaler linearer Teilraum von X. Ist irgendein $v \in V$ vorgegeben, so ergibt sich durch Einsetzen von v in die linke Seite der Gleichung (1.11)

$$w = v - A(v) \tag{1.13}$$

und damit der sog. D e f e k t

$$y - w = (x_y - v) - A(x_y - v),$$

wenn wir wieder mit x_y die eindeutige Lösung von (1.11) (unter der Annahme (1.12)) bezeichnen.

Intuitiv wird man nun $v \in V$ so wählen, daß

$$\|y - w\| = \|y - [v - A(v)]\|$$

möglichst klein ausfällt. Setzt man

$$W = \{w = v - A(v) : v \in V\}, \tag{1.14}$$

so ist mit V auch W ein endlich-dimensionaler linearer Teilraum von X, und wir haben das Approximationsproblem vor uns, ein $\hat{w} = \hat{v} - A(\hat{v})$, $\hat{v} \in V$, zu bestimmen mit

$$\|\hat{w} - y\| \leqslant \|w - y\| \qquad \text{für alle } w \in W. \tag{1.15}$$

Dieses Vorgehen wird gerechtfertigt durch

Satz 1.2 Unter der Annahme (1.12) gilt für jedes $v \in V$ die F e h l e r a b s c h ä t -
z u n g

$$\frac{\|y - w\|}{1 + \alpha} \leqslant \|x_y - v\| \leqslant \frac{\|y - w\|}{1 - \alpha} \tag{1.16}$$

mit w nach (1.13), so daß man durch Minimierung von $\|y - w\|$ (d.h. durch Lösung von
(1.15)) auch den Fehler $\|x_y - v\|$ im allgemeinen klein macht.

B e w e i s. Zunächst ist

$$\|y - w\| = \|x_y - v - A(x_y - v)\| \geqslant \|x_y - v\| - \|A(x_y - v)\|$$

$$\geqslant \|x_y - v\| - \|A\| \, \|x_y - v\| \geqslant \|x_y - v\| \, \{1 - \alpha\},$$

woraus sich die rechte Ungleichung von (1.16) ergibt. Weiterhin ist

$$\|y - w\| = \|x_y - v - A(x_y - v)\| \leqslant \|x_y - v\| + \|A(x_y - v)\|$$

$$\leqslant \|x_y - v\| + \|A\| \, \|x_y - v\| \leqslant \|x_y - v\| \, \{1 + \alpha\},$$

woraus sich die linke Ungleichung von (1.16) ergibt ∎

Als Beispiel betrachten wir eine F r e d h o l m s c h e I n t e g r a l g l e i c h u n g
zweiter Art

$$x(t) - \int_a^b K(t, s) \, x(s) \, ds = y(t), \qquad t \in [a, b] \, . \tag{1.11'}$$

X sei der Vektorraum $C[a, b]$ der stetigen reellwertigen Funktionen auf $[a, b]$ $(a < b)$,
versehen mit der Maximum-Norm

$$\|z\|_\infty = \max_{t \in [a, b]} |z(t)|, \qquad z \in C[a, b] \, .$$

$y \in C[a, b]$ ist vorgegeben, und der Kern K sei eine auf $[a, b] \times [a, b]$ definierte stetige
reellwertige Funktion. Definiert man für jedes $z \in C[a, b]$

$$A(z) \, (t) = \int_a^b K(t, s) \, z(s) \, ds, \tag{1.17}$$

so ist A eine lineare Abbildung von $C[a, b]$ in sich. Weiterhin gilt

$$\|A(z)\| \leqslant \max_{t \in [a,b]} \int_a^b |K(t, s)| \, ds \, \|z\|_\infty$$

für alle $z \in C[a, b]$. Nach IV Satz 1.6 ist A damit stetig und

$$\|A\| \leqslant \alpha = \max_{t \in [a,b]} \int_a^b |K(t, s)| \, ds.$$

Es gilt sogar $\|A\| = \alpha$ (vgl. L j u s t e r n i k / S o b o l e w [68]). Mit A nach (1.17)
geht die Integralgleichung (1.11′) in die allgemeine lineare Operatorgleichung (1.11)

über. Deren eindeutige Lösbarkeit ist aufgrund der obigen Bemerkungen sichergestellt, wenn für den Kern K in $(1.11')$

$$\alpha = \max_{t \in [a,b]} \int_a^b |K(t, s)| \, ds < 1 \qquad (1.12')$$

erfüllt ist.

Die Defektminimierung führt in diesem Fall auf das gleichmäßige lineare Approximationsproblem, ein $\hat{w} \in W$ (nach (1.14)) zu suchen mit

$$\|\hat{w} - y\|_\infty \leqslant \|w - y\|_\infty \qquad \text{für alle } w \in W. \qquad (1.15')$$

Unter der Annahme $(1.12')$ ergibt sich für jedes v aus dem linearen Teilraum V von C[a, b] die Fehlerabschätzung

$$\frac{\|y - [v - A(v)]\|_\infty}{1 + \alpha} \leqslant \|x_y - v\|_\infty \leqslant \frac{\|y - [v - A(v)]\|_\infty}{1 - \alpha}, \qquad (1.16')$$

wobei x_y die eindeutige Lösung von $(1.11')$ ist. Durch $(1.16')$ ist wiederum die Minimierung der Norm $\|y - [v - A(v)]\|_\infty$ des Defektes $y - [v - A(v)]$ gerechtfertigt. Die rechte Ungleichung von $(1.16')$ haben wir im Grunde auch schon in I Abschn. 3.3.2 für die lineare Randwertaufgabe

$$L[x] (s) = - x''(s) + (1 + s^2) x(s) = s^2, \qquad s \in [-1, +1], \quad x(-1) = x(+1) = 0, \qquad (1.18)$$

hergeleitet.

Ist $G = G(t, s)$ die Greensche Funktion zu der RWA

$$- x''(s) = r(s), \qquad s \in [-1, +1], \quad x(-1) = x(+1) = 0,$$

wobei $r \in C[-1, +1]$ ist, so ist das Problem (1.18) nach I Abschn. 2.4.1 gleichbedeutend mit der linearen Integralgleichung

$$x(t) + \int_{-1}^{+1} K(t, s) \, x \, (s) = y(t), \qquad t \in [-1, +1] \qquad (1.11'')$$

mit $\qquad K(t, s) = G(t, s) (1 + s^2), \qquad y(t) = \int_{-1}^{+1} G(t, s) \, s^2 \, ds.$

$G(t, s)$ ist in diesem Fall gegeben durch

$$G(t, s) = \begin{cases} \dfrac{1}{2} \, (s + 1) \, (1 - t) & \text{für } -1 \leqslant s \leqslant t \leqslant +1, \\[2em] \dfrac{1}{2} \, (t + 1) \, (1 - s) & \text{für } -1 \leqslant t \leqslant s \leqslant +1. \end{cases}$$

Weiterhin gilt

$$\alpha = \max_{t \in [-1, +1]} \int_{-1}^{+1} |K(t, s)| \, ds = \max_{t \in [-1, +1]} \int_{-1}^{+1} G(t, s) \, (1 + s^2) \, ds = \frac{7}{12} \, .$$

Ist $v \in C[-1, +1]$ irgendeine Näherungslösung von $(1.11'')$, so folgt aus $(1.16')$ für

$$z(t) = v(t) + \int_{-1}^{+1} K(t, s) \, v(s) \, ds \text{ und } x_y = \text{Lösung von } (1.11'') = \text{Lösung der RWA}$$

(1.18) die Fehlerabschätzung

$$\frac{12}{19} \, \|y - z\|_\infty \leqslant \|x_y - v\|_\infty \leqslant \frac{12}{5} \, \|y - z\|_\infty \, . \tag{1.19}$$

Wählt man speziell wie in I Abschn. 3.3.2

$$v(s) = -\frac{1}{34} \, (1 - s^2) + \frac{3}{34} \, (1 - s^4) \quad (\Rightarrow v(-1) = v(+1) = 0)$$

und setzt

$$r(s) = -v''(s) + (1 + s^2) \, v(s), \tag{1.20}$$

so folgt

$$\max_{s \in [-1, +1]} |r(s) - s^2| = \frac{200}{4131} \approx 0.0485.$$

Weiterhin folgt aus (1.20)

$$z(t) = v(t) + \int_{-1}^{+1} G(t, s) \, (1 + s^2) \, v(s) \, ds = \int_{-1}^{+1} G(t, s) \, r(s) \, ds$$

und somit

$$\|y - z\|_\infty = \max_{t \in [-1, +1]} \left| \int_{-1}^{+1} G(t, s) \, (s^2 - r(s)) \, ds \right|$$

$$\leqslant \max_{t \in [-1, +1]} \int_{-1}^{+1} G(t, s) \, ds \cdot \max_{s \in [-1, +1]} |r(s) - s^2| = \frac{1}{2} \cdot \frac{200}{4131} \, .$$

Aus der rechten Ungleichung von (1.19) ergibt sich also die Abschätzung

$$\|x_y - v\|_\infty \leqslant \frac{12}{5} \cdot \frac{1}{2} \cdot \frac{200}{4131} \approx 0.058,$$

die wir auch schon in I Abschn. 3.3.2 hergeleitet haben.

1.2.2 Operatorabschätzungen Wir denken uns die Abbildung A in der Operatorgleichung (1.11) durch eine stetige lineare Abbildung $\hat{A}$ von X in sich ersetzt derart, daß

$$\|\hat{A}\| = \sup_{\|x\| \leqslant 1} \|\hat{A}(x)\| \leqslant \hat{\alpha} < 1 \tag{1.21}$$

ist und die Gleichung

$$x - \hat{A}(x) = y, \tag{1.22}$$

die unter der Annahme (1.21) ebenfalls eindeutig lösbar ist, explizit gelöst werden kann.

Sei $\hat{x}_y$ die zugehörige Lösung, die wir jetzt als Näherungslösung für die Gleichung (1.11) verwenden. Einsetzen von $\hat{x}_y$ in (1.11) liefert dann mit

$$\hat{y} = \hat{x}_y - A(\hat{x}_y) \tag{1.23}$$

den Defekt

$$y - \hat{y} = (x_y - \hat{x}_y) - A(x_y - \hat{x}_y), \tag{1.24}$$

wobei x_y wieder die eindeutige Lösung von (1.11) (unter der Annahme (1.12)) bezeichnet. Aus der rechten Ungleichung in (1.16) ergibt sich damit die Abschätzung

$$\|x_y - \hat{x}_y\| \leqslant \frac{\|y - \hat{y}\|}{1 - \alpha} . \tag{1.25}$$

Aus (1.23) und $y = \hat{x}_y - \hat{A}(\hat{x}_y)$ erhält man durch Subtraktion

$$y - \hat{y} = A(\hat{x}_y) - \hat{A}(\hat{x}_y) = (A - \hat{A})(\hat{x}_y)$$

und daraus weiter

$$\|y - \hat{y}\| \leqslant \|A - \hat{A}\| \cdot \|\hat{x}_y\| . \tag{1.26}$$

Nun ist

$$\|y\| = \|\hat{x}_y - \hat{A}(\hat{x}_y)\| \geqslant \|\hat{x}_y\| - \|\hat{A}(\hat{x}_y)\|$$
$$\geqslant \|\hat{x}_y\| - \|\hat{A}\| \, \|\hat{x}_y\| \geqslant \|\hat{x}_y\| (1 - \hat{\alpha}) \tag{1.27}$$

mit $\hat{\alpha}$ nach (1.21), so daß sich insgesamt aus (1.25), (1.26) und (1.27) die A b - s c h ä t z u n g

$$\|x_y - \hat{x}_y\| \leqslant \frac{\|A - \hat{A}\| \, \|y\|}{(1 - \alpha)(1 - \hat{\alpha})} \tag{1.28}$$

ergibt. Diese legt es nun nahe, den Operator $\hat{A}$ in einer geeigneten K l a s s e V v o n s t e t i g e n l i n e a r e n A b b i l d u n g e n unter der Nebenbedingung (1.21) so zu variieren, daß die Abweichung $\|A - \hat{A}\|$ möglichst klein ausfällt. V sollte dabei aus solchen Abbildungen bestehen, die eine explizite Lösung der Gleichung (1.22) zulassen. Gesucht ist also eine Abbildung $\hat{A}_0 \in V_{\hat{\alpha}}$, $\hat{\alpha} \in (0, 1)$ mit

$$\|A - \hat{A}_0\| = \rho(A, V_{\hat{\alpha}}) = \inf_{\hat{A} \in V_{\hat{\alpha}}} \|A - \hat{A}\| , \tag{1.29}$$

wobei $V_{\hat{\alpha}} = \{\hat{A} \in V : \|\hat{A}\| \leqslant \hat{\alpha}\}$ \tag{1.30}

ist. Wählt man speziell für V einen endlich-dimensionalen linearen Teilraum des Vektorraumes $L(X, X)$ aller stetigen linearen Abbildungen von X in sich mit der Norm

(1.12), so ist $V_{\hat{\alpha}}$ eine nichtleere konvexe (vgl. IV Abschn. 3.1), abgeschlossene Teilmenge von V, die ganz V erzeugt, und es liegt ein **k o n v e x e s   A p p r o x i m a - t i o n s p r o b l e m** im Sinne von Abschn. 5.1 vor. Dieses ist nach Satz 5.2 stets lösbar.

Wir wollen diese Vorgehensweise wieder an der Fredholmschen Integralgleichung (1.11') demonstrieren. Wir treffen die gleichen Voraussetzungen wie in Abschn. 1.2.1 und nehmen zusätzlich an, daß der Kern $K = K(t, s)$ des durch (1.17) definierten Integraloperators A symmetrisch sei. Zur Gewinnung von Näherungsoperatoren $\hat{A}$ von A wählen wir ein orthonormiertes Funktionensystem $\{\varphi_1, \ldots, \varphi_n\}$ in $X = C[a, b]$ (z.B. ein System von orthonormierten Eigenfunktionen von A, wenn diese bekannt sind) und definieren für jedes $\lambda \in \mathbf{R}^n$ einen sog. entarteten Kern

$$K(\lambda, t, s) = \sum_{j=1}^{n} \lambda_j \varphi_j(t)\, \varphi_j(s), \qquad a \leqslant t, s \leqslant b. \tag{1.31}$$

Die Integralgleichung (1.11') ersetzen wir dann durch die Näherungsgleichung

$$x(t) - \int_a^b K(\lambda, t, s)\, x(s)\, ds = y(t). \tag{1.32}$$

Definiert man für jedes λ den Integraloperator

$$\hat{A}(x) = A_\lambda(x) = \int_a^b K(\lambda, t, s)\, x(s)\, ds, \qquad x \in C[a, b], \tag{1.33}$$

so gilt

$$\|\hat{A}\| = \|A_\lambda\| = \max_{t \in [a,b]} \int_a^b |K(\lambda, t, s)|\, ds,$$

und die Bedingung (1.21) geht über in

$$\max_{t \in [a,b]} \int_a^b |K(\lambda, t, s)|\, ds \leqslant \hat{\alpha} \leqslant 1. \tag{1.34}$$

Unter dieser Bedingung ist (1.32) eindeutig lösbar, und die Lösung $x_{\lambda,y} = x_{\lambda,y}(t)$ hat notwendig die Gestalt

$$x_{\lambda,y}(t) = y(t) + \sum_{j=1}^{n} \rho_j(\lambda)\varphi_j(t) \tag{1.35}$$

mit $\qquad \rho_j(\lambda) = \int_a^b \varphi_j(s) x_{\lambda,y}(s)\, ds \cdot \lambda_j .$ $\qquad\qquad\qquad\qquad\qquad$ (1.36)

Einsetzen von $x_{\lambda,y}$ in (1.32) liefert die Identität

$$\sum_{j=1}^{n} \{\rho_j(\lambda) - \lambda_j(b_j(y) + \rho_j(\lambda))\}\, \varphi_j(t) = 0 \qquad \forall\, t \in [a, b] \tag{1.37}$$

mit $\qquad b_j(y) = \int_a^b \varphi_j(s) y(s)\, ds, \qquad j = 1, \ldots, n,$ $\qquad\qquad\qquad$ (1.38)

(Beweis = Übung). Wegen der linearen Unabhängigkeit der Funktionen $\varphi_1, \ldots, \varphi_n$ (die aus der Orthonormiertheit folgt — Übung) ergibt sich aus (1.37) weiter

$$(1 - \lambda_j)\, \rho_j(\lambda) = \lambda_j\, b_j(y), \qquad j = 1, \ldots, n. \tag{1.39}$$

Unter der Annahme

$$\lambda_j \neq 1 \qquad \text{für } j = 1, \ldots, n \tag{1.40}$$

hat dann die Lösung $x_{\lambda,y}(\lambda = (\lambda_1, \ldots, \lambda_n))$ von (1.32) notwendig die Gestalt (1.35) mit

$$\rho_j(\lambda) = \frac{\lambda_j\, b_j(y)}{1 - \lambda_j}, \qquad j = 1, \ldots, n. \tag{1.41}$$

Aufgabe 1.1. a) Man zeige ohne (1.34), daß umgekehrt für jedes $\lambda \in \mathbf{R}^n$ mit $\lambda_j \neq 1$ für alle $j = 1, \ldots, n$ eine Lösung $x_{\lambda,y}$ von (1.32) gegeben ist durch (1.35) mit $\rho_j(\lambda)$, $j = 1, \ldots, n$, nach (1.41).

b) Unter Benutzung von

$$\int\limits_a^b K(\lambda, t, s)\, \varphi_j(s)\, ds = \lambda_j\, \varphi_j(t) \tag{1.42}$$

für alle $t \in [a, b]$, $j = 1, \ldots, n$ und $\lambda \in \mathbf{R}^n$ beweise man, daß die Bedingung (1.40) aus (1.34) folgt.

Das Approximationsproblem (1.29), (1.30) besteht in diesem Fall also darin, unter der Nebenbedingung (1.34), d.h. unter den Bedingungen

$$\int\limits_a^b |K(\lambda, t, s)|\, ds \leqslant \hat{\alpha}\ (< 1) \qquad \text{für alle } t \in [a, b] \tag{1.34'}$$

die Abweichung

$$\|A - A_\lambda\| = \max_{t \in [a,b]} \int\limits_a^b |K(t, s) - K(\lambda, t, s)|\, ds \tag{1.43}$$

mit $K(\lambda, t, s)$ nach (1.31) zum Minimum zu machen. Da $V = \{A_\lambda$ nach (1.33) $: \lambda \in \mathbf{R}^n\}$ ein n-dimensionaler Teilraum von $L(X, X)$, $X = C[a, b]$, ist, der von der konvexen abgeschlossenen Menge $V_{\hat{\alpha}} = \{A_\lambda$ nach (1.33): $\lambda \in \mathbf{R}^n$ erfüllt (1.34)$\}$ erzeugt wird, ist dieses konvexe Approximationsproblem nach Satz 5.2 wiederum lösbar. Man kann es auch auffassen als ein Approximationsproblem in $C([a, b] \times [a, b])$, versehen mit der gemischten Norm

$$\|g\| = \max_{t \in [a,b]} \int\limits_a^b |g(t, s)|\, ds.$$

Auf solche Probleme werden wir in Abschn. 5.3 noch näher eingehen.

Ist die Abweichung (1.43) für ein $\lambda = \hat{\lambda} \in \mathbf{R}^n$ mit (1.34) minimal, so erhält man aus (1.28) eine optimale Abschätzung der Form

$$\|x_y - x_{\hat{\lambda},y}\| \leqslant \frac{\|A - A_{\hat{\lambda}}\|\,\|y\|}{(1-\alpha)(1-\hat{\alpha})} \tag{1.44}$$

mit α nach (1.12$'$) für die Abweichung der Lösung

$$x_{\hat{\lambda},y}(t) = y(t) + \sum_{j=1}^{n} \frac{\hat{\lambda}_j b_j(y)}{1 - \hat{\lambda}_j}\, \varphi_j(t) \tag{1.45}$$

von (1.32) (für $\lambda = \hat{\lambda}$) von der gesuchten Lösung x_y der Gleichung (1.11$'$). Die Abschätzung (1.44) findet sich in etwas allgemeinerer Form auch bei M i k h l i n / S m o l i t s - k i y [67]. Eine ähnliche Abschätzung wurde ferner unter allgemeineren Voraussetzungen von K a n t o r o w i t s c h / K r y l o w [56] aufgestellt, die, angewandt auf die obige Situation, sogar noch etwas schärfer ist als (1.44).

Die Abschätzung (1.16) wurde von B a r r o d a l e und Y o u n g [70] aufgestellt und auf die näherungsweise Lösung von linearen Operatorgleichungen mit Approximations- und Optimierungsmethoden angewandt.

1.3 Ein Problem der optimalen Steuerung

Wir betrachten einen erzwungenen S c h w i n g u n g s v o r g a n g, der beschrieben wird durch eine lineare Differentialgleichung zweiter Ordnung

$$\ddot{x}(t) + a(t)\dot{x}(t) + b(t)x(t) = u(t), \qquad t \in [0, T], \tag{1.46}$$

mit den Anfangsbedingungen

$$x(0) = x_0, \qquad \dot{x}(0) = \dot{x}_0. \tag{1.47}$$

Die durch $x = x(t)$ beschriebene Schwingung wird gesteuert durch die Funktion $u = u(t)$. Sei $C[0, T]$ der Vektorraum der stetigen reellwertigen Funktionen auf $[0, T]$. Wir nehmen an, es seien a, b und $u \in C[0, T]$. Zu vorgegebenem $u \in C[0, T]$ gibt es dann auf Grund der Theorie der gewöhnlichen linearen Differentialgleichungen (vgl. z.B. C o d d i n g t o n / L e v i n s o n [55]) genau eine Lösung $x_u = x_u(t)$ der Anfangswertaufgabe (1.46), (1.47). Weiterhin hängt x_u linear von u ab, d.h., es gilt für jedes Paar λ, $\mu \in \mathbf{R}$ und u_1, $u_2 \in C[0, T]$

$$x_{\lambda u_1 + \mu u_2} = \lambda x_{u_1} + \mu x_{u_2}.$$

Es ist sinnvoll vorauszusetzen, daß die Steuerungsfunktionen, die man zulassen (d.h. technisch realisieren kann), keine beliebig großen Werte annehmen, d.h., daß es eine nichtnegative Funktion $c \in C[0, T]$ gibt mit

$$|u(t)| \leqslant c(t) \qquad \text{für alle } t \in [0, T].$$

Sei daher

$$\Omega = \{u \in C[0, T] : |u(t)| \leqslant c(t) \quad \text{für alle } t \in [0, T]\}. \tag{1.48}$$

Die Menge Ω ist konvex (vgl. IV Abschn. 3; Beweis = Übung). Nun denken wir uns $u \in \Omega$ so gewählt, daß die zugehörige Trajektorie $x_u = x_u(t)$ im Sinne der euklidischen Norm in $C[0, T]$ möglichst wenig von einer vorgegebenen Trajektorie $k = k(t)$ in $C[0, T]$ abweicht, d.h., daß

$$\|x_u - k\|_2 = \left(\int_0^T |x_u(t) - k(t)|^2 \, dt \right)^{\frac{1}{2}}$$

minimal ausfällt.

Es liegt also das Problem vor, eine Funktion $k \in C[0, T]$ mit Hilfe von Funktionen x_u aus der (ebenfalls konvexen) Teilmenge $\{x_u : u \in \Omega\}$ von $C[0, T]$ im Sinne der euklidischen Norm von $C[0, T]$ möglichst gut zu approximieren. Das ist ein   k o n v e x e s   A p p r o x i m a t i o n s p r o b l e m   (vgl. Abschn. 5.1 und 5.4). Die Funktionen x_u sind dabei nur implizit, d.h. als Lösungen der Anfangswertaufgabe (1.46), (1.47) gegeben. Damit ist auch das (konvexe) Funktional $\varphi(u) = \|x_u - k\|_2$, das auf Ω minimiert werden soll, nur implizit gegeben. Kennt man jedoch ein fundamentales Lösungssystem für die zugehörige homogene Differentialgleichung, so kann jedes x_u explizit angegeben werden.

2 Konvexe Funktionen

2.1 Konvexe Funktionale

Sei E ein linearer Vektorraum und X eine nichtleere konvexe Teilmenge von E (vgl. IV Abschn. 3.1).

Definition Ein Funktional $f : X \to \mathbf{R}$ heißt   k o n v e x,   falls

$$f(\lambda x + (1 - \lambda)y) \leqslant \lambda f(x) + (1 - \lambda)f(y) \tag{2.1}$$

für alle $\lambda \in [0, 1]$ und $x, y \in X$ gilt.

B e i s p i e l. Ist $X = E$, so ist $f(x) = \|x\|$, $x \in E$ ein konvexes Funktional.

Weitere Beispiele werden wir noch kennenlernen.

Ein Funktional $f : X \to \mathbf{R}$ heißt   k o n k a v,   falls $-f$ konvex ist, und   a f f i n - l i n e - a r,   falls es sowohl konvex als auch konkav ist. Das ist offenbar genau dann der Fall, wenn in (2.1) das Gleichheitszeichen gilt.

Darüber hinaus gilt

Lemma 2.1 Ist X eine lineare Mannigfaltigkeit in E (und somit konvex, vgl. IV Abschn. 3.1), so ist ein Funktional $f : X \to \mathbf{R}$ genau dann affin-linear, wenn für alle $x, y \in X$ und $\lambda \in \mathbf{R}$ gilt

$$f(\lambda x + (1 - \lambda)y) = \lambda f(x) + (1 - \lambda)f(y). \tag{2.2}$$

B e w e i s. Gilt (2.2) für alle $x, y \in X$ und $\lambda \in \mathbf{R}$, so ist sicher f auf X affin-linear. Ist das umgekehrt der Fall, so gilt (2.2) für alle x, y $\in$ X und $\lambda \in [0, 1]$. Ist nun etwa $\lambda < 0$, so setzen wir $z = \lambda x + (1 - \lambda)y$. Dann folgt

$$y = \frac{1}{1 - \lambda}\, z + \frac{(-\lambda)}{1 - \lambda}\, x \quad \text{mit}\ \frac{1}{1 - \lambda} \in (0, 1)\ \text{und}\ \frac{(-\lambda)}{1 - \lambda} = 1 - \frac{1}{1 - \lambda}.$$

Damit ist

$$f(y) = \frac{1}{1 - \lambda}\, f(z) + \frac{(-\lambda)}{1 - \lambda}\, f(x) \Rightarrow f(z) = \lambda f(x) + (1 - \lambda)\, f(y).$$

Analog schließt man für $\lambda > 1$.   ∎

Ist X ein linearer Teilraum von E, c : X $\to$ **R** eine Linearform und $\beta \in$ **R** eine feste Zahl, so ist $f(x) = c(x) + \beta$ auf X ein affin-lineares Funktional. Ist umgekehrt f : X $\to$ **R** affin-linear und X ein linearer Teilraum von E, so gibt es eine Linearform c : X $\to$ **R** und ein $\beta \in$ **R** mit $f(x) = c(x) + \beta$ für alle x $\in$ X (Beweis = Übung).

Ein konvexes Funktional ist nicht notwendig stetig. Es gilt aber

Satz 2.2 Ist E ein endlich-dimensionaler normierter Vektorraum und X eine konvexe Teilmenge mit nichtleerem Inneren $\overset{\circ}{X}$, so ist jedes konvexe Funktional f : X $\to$ **R** auf $\overset{\circ}{X}$ stetig.

Wir wollen den Beweis hier nicht führen und verweisen dazu z.B. auf C o l l a t z / W e t t e r l i n g [71].

Lemma 2.3 Ist f : X $\to$ **R** ein konvexes Funktional auf der konvexen Teilmenge eines linearen Vektorraumes, so ist für jedes $\alpha \in$ **R** die Menge

$$X_\alpha = \{x \in X : f(x) \leqslant \alpha\}$$

konvex.

B e w e i s. Seien x, y $\in X_\alpha$ und $\lambda \in [0, 1]$; dann ist

$$z = \lambda x + (1 - \lambda)y \in X \quad \text{und}\quad f(z) \leqslant \lambda f(x) + (1 - \lambda)f(y) \leqslant \alpha,$$

mithin z $\in X_\alpha$.   ∎

Die Umkehrung von Lemma 2.3 gilt im allgemeinen nicht und gibt Anlaß zur Definition des Begriffes der Q u a s i - K o n v e x i t ä t (vgl. dazu M a n g a s a r i a n [69]).

Definition Ein Funktional f : X $\to$ **R** auf einer nichtleeren Teilmenge X eines normierten Vektorraumes heißt auf X s c h w a c h n a c h u n t e n h a l b s t e t i g, wenn gilt

$$x_k \rightharpoonup x,\, x_k,\, x \in X \Rightarrow \lim_{k \to \infty} \inf\ f(x_k) \geqslant f(x). \tag{2.3}$$

($x_k \rightharpoonup x$ bedeutet dabei die s c h w a c h e K o n v e r g e n z nach IV Abschn. 3.3).

Die Bedeutung der schwachen Halbstetigkeit nach unten ergibt sich aus der folgenden Verallgemeinerung eines bekannten Satzes von Weierstraß, nämlich

Satz 2.4 Sei X eine nichtleere schwach folgenkompakte Teilmenge eines normierten Vektorraumes (vgl. IV Abschn. 3.3) und $f : X \to R$ ein schwach nach unten halbstetiges Funktional. Dann gibt es ein $\hat{x} \in X$ mit

$$f(\hat{x}) = \inf_{x \in X} f(x). \tag{2.4}$$

B e w e i s. Sei $\{x_k\}$ eine sog. M i n i m a l f o l g e in X, d.h. eine Folge mit

$$\lim_{k \to \infty} f(x_k) = \inf_{x \in X} f(x).$$

Da X schwach folgenkompakt ist, gibt es eine Teilfolge $\{x_{k_i}\}$ und ein $\hat{x} \in X$ mit $x_{k_i} \rightharpoonup \hat{x}$. Aus (2.3) folgt somit

$$f(\hat{x}) \leqslant \liminf_{i \to \infty} f(x_{k_i}) = \inf_{x \in X} f(x),$$

woraus sich notwendig (2.4) ergibt.   ∎

Aufgabe 2.1 Sei E ein endlich-dimensionaler normierter Vektorraum und X eine nichtleere Teilmenge von E.

a) Man zeige, daß jedes stetige Funktional $f : X \to R$ auch schwach nach unten halbstetig ist.

b) Unter Benutzung von Satz 2.4 zeige man weiter, daß f auf X sein Infimum annimmt, wenn X kompakt ist.

Diese Aussage ist auch wahr, wenn E unendlich-dimensional ist, wie man direkt beweist (Übung).

Lemma 2.5 Sei X eine nichtleere abgeschlossene konvexe Teilmenge eines normierten Vektorraumes. Dann ist jedes stetige konvexe Funktional f auf X schwach nach unten halbstetig.

B e w e i s. Da f stetig und X abgeschlossen ist, ist für jedes $\alpha \in R$ die Menge

$$X_\alpha = \{x \in X : f(x) \leqslant \alpha\}$$

abgeschlossen. Da f und X konvex sind, ist X_α für jedes $\alpha \in R$ nach Lemma 2.3 auch konvex und somit nach IV Satz 3.7 schwach folgenabgeschlossen. Angenommen, f wäre auf X nicht schwach nach unten halbstetig, dann gäbe es eine Folge $\{x_k\}$ in X mit $x_k \rightharpoonup x \in X$ und $\liminf_{k \to \infty} f(x_k) < f(x)$. Wählt man $\alpha \in R$ mit $\liminf_{k \to \infty} f(x_k) < \alpha < f(x)$, so gibt es eine Teilfolge $\{x_{k_i}\}$ mit $x_{k_i} \in X_\alpha$ für alle i und $x_{k_i} \rightharpoonup x$. Da X_α schwach abgeschlossen ist, folgt $x \in X_\alpha$, was $f(x) \leqslant \alpha$ impliziert, im Widerspruch zur Wahl von α.   ∎

Zusammenfassend erhalten wir aus IV Satz 3.10, Satz 2.4 und Lemma 2.5 den

Existenzsatz Sei X eine nichtleere, abgeschlossene, beschränkte und konvexe Teilmenge eines reflexiven Banachraumes und $f : X \to R$ ein stetiges konvexes Funktional. Dann nimmt f sein Infimum auf X an.

B e w e i s. Nach IV Satz 3.10 ist X schwach folgenkompakt, und nach Lemma 2.5 ist f auf X schwach nach unten halbstetig, so daß die Behauptung aus Satz 2.4 folgt.   ∎

Nun sei X eine nichtleere Teilmenge eines normierten Vektorraumes E und $f : X \to \mathbf{R}$ ein Funktional.

Jedes $\hat{x} \in X$ mit $f(\hat{x}) \leq f(x)$ für alle $x \in X$ heißt M i n i m a l s t e l l e von f in X.

Satz 2.6 Die Menge der Minimalstellen eines konvexen Funktionals f auf einer konvexen Menge X ist konvex.

B e w e i s. Seien $\hat{x}, \hat{x}^* \in X$ Minimalstellen von f auf X. Dann ist für jedes $\lambda \in [0, 1]$ notwendig $\lambda\hat{x} + (1 - \lambda)\hat{x}^* \in X$ wegen der Konvexität von X und daher

$$f(\lambda\hat{x} + (1 - \lambda)\hat{x}^*) \leq \lambda f(\hat{x}) + (1 - \lambda)f(\hat{x}^*) = f(\hat{x}) = f(\hat{x}^*)$$

wegen der Konvexität von f, was

$$f(\lambda\hat{x} + (1 - \lambda)\hat{x}^*) = f(\hat{x}) = f(\hat{x}^*)$$

impliziert, woraus die Behauptung folgt.   ∎

Ein $\hat{x} \in X$ heißt l o k a l e M i n i m a l s t e l l e von f in X, wenn es eine Kugel $K(\hat{x}, \rho)$ vom Radius $\rho > 0$ um $\hat{x}$ gibt mit

$$f(\hat{x}) \leq f(x) \qquad \text{für alle } x \in K(\hat{x}, \rho) \cap X.$$

Satz 2.7 Jede lokale Minimalstelle eines konvexen Funktionals f auf einer konvexen Menge X ist auch eine Minimalstelle (die Umkehrung ist trivial).

B e w e i s. Sei $\hat{x} \in X$ eine lokale Minimalstelle von f in X, und $x \in X$ sei beliebig vorgegeben. Ist $x \in K(\hat{x}, \rho)$ so ist nach Annahme $f(\hat{x}) \leq f(x)$. Sei also $x \notin K(\hat{x}, \rho)$ d.h. $\|x - \hat{x}\| > \rho$. Wählt man λ mit

$$0 < \lambda \leq \frac{\rho}{\|x - \hat{x}\|} \; (< 1),$$

so ist $x_\lambda = \lambda x + (1 - \lambda)\hat{x} \in X$ und $\|x_\lambda - \hat{x}\| = \lambda\|x - \hat{x}\| \leq \rho$, d.h. aus $x_\lambda \in X \cap K(\hat{x}, \rho)$ folgt

$$f(\hat{x}) \leq f(x_\lambda) \leq \lambda f(x) + (1 - \lambda)f(\hat{x}),$$

was $f(x) - f(\hat{x}) \geq 0$ impliziert.   ∎

2.2 Konvexe Abbildungen

Sei E ein linearer Vektorraum und X eine nichtleere konvexe Teilmenge von E. Sei ferner F ein halbgeordneter linearer Vektorraum mit Y als Ordnungskegel (vgl. IV Abschn. 1.1).

Definition Eine Abbildung $g : X \to F$ heißt k o n v e x, wenn für alle $x, y \in X$ und $\lambda \in [0, 1]$ gilt:

$$g(\lambda x + (1 - \lambda)y) \leq \lambda g(x) + (1 - \lambda)g(y),$$

was nach Definition IV (1.2) mit

$$\lambda g(x) + (1 - \lambda)g(y) - g(\lambda x + (1 - \lambda)y) \in Y$$

gleichbedeutend ist.

Ist speziell $F = \mathbf{R}$, so denken wir uns im folgenden F stets durch den natürlichen Kegel $Y = \{y \in \mathbf{R} : y \geqslant 0\}$ oder durch den trivialen Kegel $Y = \{0\}$ halbgeordnet, so daß eine konvexe Abbildung $g : X \to \mathbf{R}$ ein konvexes oder affin-lineares Funktional nach Abschn. 2.1 ist.

Eine Abbildung $g : X \to F$ heißt k o n k a v, falls die Abbildung $(- g)$ konvex ist, und a f f i n - l i n e a r, falls g sowohl konvex als auch konkav ist. Im letzteren Fall gilt

$$g(\lambda x + (1 - \lambda)y) = \lambda g(x) + (1 - \lambda)g(y) \tag{2.5}$$

für alle $x, y \in X$ und $\lambda \in [0, 1]$.

Ist speziell X eine lineare Mannigfaltigkeit und g auf X affin-linear, so gilt (2.5) sogar für alle $x, y \in X$ und $\lambda \in \mathbf{R}$, was man analog wie Lemma 2.1 beweist.

Wird F durch den trivialen Kegel $Y = \{\Theta_F\}$ halbgeordnet, so ist jede konvexe (konkave) Abbildung affin-linear.

Sei $F = \mathbf{R}^m$, versehen mit dem Ordnungskegel

$$Y = \{y \in \mathbf{R}^m : y_1 \geqslant 0, \ldots, y_r \geqslant 0, y_{r+1} = \ldots = y_m = 0\}$$

für ein $r \in \{0, \ldots, m\}$. Eine Abbildung $g : X \to F$, $g(x) = (g_1(x), \ldots, g_m(x))^T$, ist genau dann konvex, wenn die Funktionale $g_j : X \to \mathbf{R}$ für $j = 1, \ldots, r$ konvex und für $j = r + 1, \ldots, m$ affin-linear sind.

Lemma 2.8 Seien E, F und G lineare Vektorräume. Ferner seien F und G halbgeordnet, und X sei eine nichtleere konvexe Teilmenge von E.

a) Ist dann $g : X \to F$ affin-linear und $h : F \to G$ konvex, so ist $h \circ g : X \to G$ konvex.

b) Ist $F = G = \mathbf{R}$, $g : X \to F$ konvex und $h : F \to G$ monoton-nichtfallend und konvex, so ist $h \circ g : X \to G$ konvex.

B e w e i s. Seien $x, y \in X$ und $\lambda \in [0, 1]$ vorgegeben. Dann ist im Falle a)

$$(h \circ g)(\lambda x + (1 - \lambda)y) = h(\lambda g(x) + (1 - \lambda)g(y))$$
$$\leqslant \lambda (h \circ g)(x) + (1 - \lambda)(h \circ g)(y)$$

und im Falle b)

$$g(\lambda x + (1 - \lambda)y) \leqslant \lambda g(x) + (1 - \lambda)g(y),$$

was

$$(h \circ g)(\lambda x + (1 - \lambda)y) \leqslant h(\lambda g(x) + (1 - \lambda)g(y))$$
$$\leqslant \lambda (h \circ g)(x) + (1 - \lambda)(h \circ g)(y)$$

impliziert. ∎

Aufgabe 2.2 Man zeige anhand eines Gegenbeispiels, daß im Falle b) die Monotonie von h nicht entbehrlich ist.

Lemma 2.9 Sei E ein linearer Vektorraum und X eine nichtleere konvexe Teilmenge in E. Sei ferner F ein halbgeordneter normierter Vektorraum mit Y als Ordnungskegel und $g : X \to F$ eine konvexe Abbildung. Dann ist für jede stetige Linearform $y^* \geqslant \Theta_{F^*}$ (im Sinne der durch IV (1.14) im topologischen Dualraum F^* von F induzierten Ordnung) das durch

$$f(x) = y^*(g(x)), \qquad x \in X,$$

definierte Funktional $f : X \to \mathbf{R}$ konvex.

B e w e i s. Seien $x, y \in X$ und $\lambda \in [0, 1]$ vorgegeben. Dann ist aufgrund der Konvexität von g

$$\lambda g(x) + (1 - \lambda)g(y) - g(\lambda x + (1 - \lambda)y) \in Y$$

und wegen $y^* \geqslant \Theta_{F^*}$ (nach IV (1.14))

$$\lambda f(x) + (1 - \lambda) f(y) - f(\lambda x + (1 - \lambda) y)$$
$$= \lambda y^*(g(x)) + (1 - \lambda)y^*(g(y)) - y^*(g(\lambda x + (1 - \lambda)y))$$
$$= y^*(\lambda g(x) + (1 - \lambda) g(y) - g(\lambda x + (1 - \lambda)y)) \geqslant 0. \qquad \blacksquare$$

Aufgabe 2.3 Wie lautet Lemma 2.9 für $F = \mathbf{R}^m$ mit $Y = K_m^m$ (vgl. IV (1.7′)) als Ordnungskegel?

Lemma 2.10 Sei E ein linearer Vektorraum und X eine nichtleere konvexe Teilmenge von E. Seien ferner F und G zwei halbgeordnete lineare Vektorräume und $f : X \to F$, $g : X \to G$ vorgegebene Abbildungen.

B e h a u p t u n g. Ist f konvex und g konkav, so ist die Menge

$$K = \bigcup_{x \in X} \{(y, z) \in F \times G : y \geqslant f(x), z \leqslant g(x)\}$$

konvex.

B e w e i s. Vorgegeben seien $(y, z), (\hat{y}, \hat{z}) \in K$ und $\lambda \in [0, 1]$. Dann gibt es Punkte x, $\hat{x} \in X$ mit

$$y \geqslant f(x), \hat{y} \geqslant f(\hat{x}) \Rightarrow$$
$$\lambda y + (1 - \lambda)\hat{y} \geqslant \lambda f(x) + (1 - \lambda)f(\hat{x}) \geqslant f(\lambda x + (1 - \lambda)\hat{x})$$

wegen $\lambda x + (1 - \lambda)\hat{x} \in X$ und

$$z \leqslant g(x), \hat{z} \leqslant g(\hat{x}) \Rightarrow$$
$$\lambda z + (1 - \lambda)\hat{z} \leqslant \lambda g(x) + (1 - \lambda)g(\hat{x}) \leqslant g(\lambda x + (1 - \lambda)\hat{x})$$

wegen $\lambda x + (1 - \lambda)\hat{x} \in X$, was $\lambda(y, z) + (1 - \lambda)(\hat{y}, \hat{z}) = (\lambda y + (1 - \lambda)\hat{y}, \lambda z + (1 - \lambda)\hat{z}) \in K$ impliziert. $\qquad \blacksquare$

Aufgabe 2.4 a) Sei E ein linearer Vektorraum, X eine nichtleere konvexe Teilmenge von E und F ein halbgeordneter linearer Vektorraum.

Man zeige: Eine Abbildung $g : X \to F$ ist genau dann konvex bzw. konkav, wenn ihr Epigraph

$$E_g = \{(x, y) \in X \times F : g(x) \leqslant y\}$$

bzw. ihr Hypograph

$$H_g = \{(x, y) \in X \times F : g(x) \geqslant y\}$$

konvex ist (vgl. Fig. II 2.1).

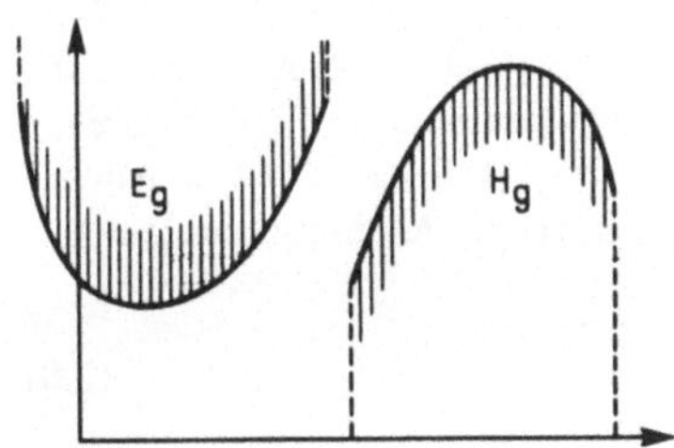

Fig. II 2.1
Der Epigraph E_g bzw. der Hypograph H_g
einer konvexen bzw. konkaven Funktion

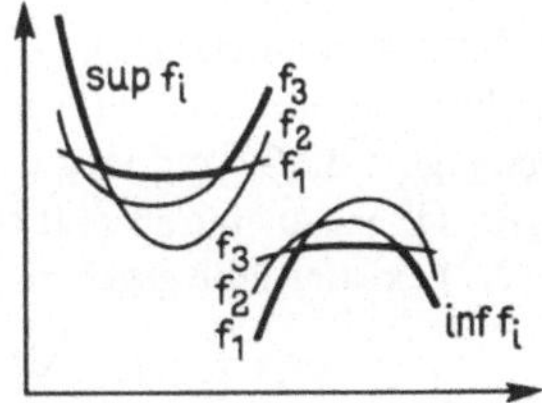

Fig. II 2.2
Zur Konvexität bzw. Konkavität
eines Supremums konvexer
bzw. Infimums konkaver Funktionen.

b) Sei $\{f_i\}_{i \in I}$ eine Familie konvexer bzw. konkaver Funktionale auf einer nichtleeren konvexen Teilmenge X eines linearen Vektorraumes derart, daß für jedes $x \in X$ die Familie $\{f_i(x)\}_{i \in I}$ nach oben bzw. unten beschränkt ist. Dann ist auch das Funktional

$$f(x) = \sup_{i \in I} f_i(x) \quad \text{bzw.} \quad f(x) = \inf_{i \in I} f_i(x)$$

konvex bzw. konkav (vgl. Fig. II 2.2).

2.3 Existenzaussagen für lineare Kontrollprobleme

Wir greifen das Problem von I Abschn. 2.5 in etwas allgemeinerer Form wieder auf. Sei $C[0, 1]^n$ der Vektorraum der auf $[0, 1]$ definierten stetigen n-Vektorfunktionen $x = x(t)$ und $L_2[0, 1]^r$ der Vektorraum der auf $[0, 1]$ definierten r-Vektorfunktionen $u = u(t) = (u_1(t), \ldots, u_r(t))$, deren Komponentenfunktionen $u_k = u_k(t)$ für $k = 1, \ldots, r$ auf $[0, 1]$ meßbar und quadratisch integrabel sind (genauer müßte man Klassen solcher Funktionen betrachten, die sich höchstens auf Nullmengen unterscheiden). Mit dem Skalarprodukt

$$\langle u, v \rangle = \sum_{k=1}^{r} \int_0^1 u_k(t) v_k(t)\, dt, \qquad u, v \in L_2[0, 1]^r,$$

wird $L_2[0, 1]^r$ zu einem Hilbert-Raum, der den Vektorraum $C[0, 1]^r$ der auf $[0, 1]$ definierten stetigen r-Vektorfunktionen als Teilraum enthält.

Nun seien $A = A(t)$ bzw. $B = B(t)$ eine stetige $n \times n$- bzw. $n \times r$-Matrixfunktion auf $[0, 1]$, $x_0 \in \mathbf{R}^n$ ein vorgegebener Vektor, Ω eine abgeschlossene, beschränkte und konvexe Teilmenge von $L_2[0, 1]^r$ und $\varphi : C[0, 1]^n \times L_2[0, 1]^r \to \mathbf{R}$ ein stetiges konvexes Funktional. Dann betrachten wir die folgende Anfangswertaufgabe.

Zu jedem $u \in L_2[0, 1]^r$ werde ein $x \in C[0, 1]^n$ gesucht mit

$$\dot{x}(t) = \frac{dx}{dt}(t) = A(t)\, x(t) + B(t)\, u(t) \tag{2.6}$$

für fast alle $t \in [0, 1]$ und

$$x(0) = x_0. \tag{2.7}$$

Physikalisch wird durch (2.6), (2.7) eine Bewegung $x = x(t)$ mit x_0 als Anfangspunkt beschrieben, die durch $u = u(t)$ gesteuert wird. Aus der Theorie der Differentialgleichungen (vgl. z.B. C o d d i n g t o n / L e v i n s o n [55]) ist bekannt, daß zu jedem $u \in L_2[0, 1]^r$ genau eine absolut stetige Lösung $x_u = x_u(t)$ der Anfangswertaufgabe (2.6), (2.7) existiert, die gegeben ist durch

$$x_u(t) = Y(t)\, \{x_0 + \int_0^t Y(s)^{-1}\, B(s)\, u(s)\, ds\}. \tag{2.8}$$

Dabei ist $Y = Y(t)$ diejenige differenzierbare $n \times n$-Matrixfunktion, die für jedes $t \in [0, 1]$ nicht-singulär ist.

mit $\dot{Y}(t) = A(t)\, Y(t)$ für alle $t \in [0, 1]$,

$Y(0) = n \times n$-Einheitsmatrix.

Das Steuerungsproblem besteht nun darin, ein $u \in \Omega$ so auszuwählen, daß mit x_u nach (2.8) der Funktionalwert $\varphi(x_u, u)$ minimal ausfällt.

In I Abschn. 2.5 ist Ω gegeben durch

$$\Omega = \{u \in U : \|u(t)\|_\infty \leqslant \gamma \quad \text{für fast alle } t \in [0, 1]\}. \tag{2.9}$$

Dabei ist $\gamma > 0$ eine vorgegebene Konstante, U ein linearer Teilraum von $C[0, 1]^r$, und $\| \cdot \|_\infty$ bezeichnet die Maximum-Norm in $\mathbf{R}^r$.

Die durch (2.9) definierte Menge Ω ist konvex und beschränkt in $L_2[0, 1]^r$, im allgemeinen aber nicht abgeschlossen im Sinne der L_2-Norm, selbst wenn U ein im Sinne der Maximum-Norm abgeschlossener linearer Teilraum von $C[0, 1]^r$ ist.

Aufgabe 2.5 Man zeige, daß Ω konvex und beschränkt in $L_2[0, 1]^r$ ist und abgeschlossen, wenn U ein endlich-dimensionaler Teilraum von $C[0, 1]^r$ ist.

Das Funktional $\varphi : C[0, 1]^n \times L_2[0, 1]^r \to \mathbf{R}$ ist in I Abschn. 2.5 gegeben durch

$$\varphi(x, u) = \max_{t \in [0, 1]} \|x(t) - \hat{x}(t)\|_\infty,$$

wobei $\hat{x} \in C[0, 1]^n$ fest vorgegeben ist und $\| \cdot \|_\infty$ die Maximum-Norm in $\mathbf{R}^n$ bezeichnet. φ ist konvex und stetig (Beweis = Übung).

Wir betrachten wieder das allgemeine Problem und definieren ein Funktional $f : L_2[0, 1]^r \to \mathbf{R}$ durch

$$f(u) = \varphi(x_u, u), \quad u \in L_2[0, 1]^r. \tag{2.10}$$

Da die Abbildung $u \to (x_u, u)$ affin-linear und stetig ist (Beweis = Übung) und φ konvex und stetig, ist f konvex (nach Lemma 2.8a) und stetig.

Das obige allgemeine Steuerungsproblem besteht nun darin, das durch (2.10) mit x_u nach (2.8) definierte konvexe, stetige Funktional f auf einer abgeschlossenen, beschränkten und konvexen Teilmenge Ω des Hilbert-Raumes $L_2[0, 1]^r$ zum Minimum zu machen. Aus dem Existenzsatz in Abschn. 2.1 ergibt sich dann

Satz 2.11 Ist die Menge Ω der Steuerungsfunktionen nichtleer, so ist dieses Steuerungsproblem stets lösbar.

Auf ähnliche Weise läßt sich auch das Problem der optimalen Steuerung in Abschn. 1.3 behandeln.

3 Das allgemeine konvexe Optimierungsproblem: Existenz- und Dualitätsaussagen

3.1 Problemstellung, Existenzaussagen und Subzulässigkeit

Vorgegeben seien: Ein linearer Vektorraum E, eine nichtleere konvexe Teilmenge X von E, ein halbgeordneter normierter Vektorraum F mit Y als Ordnungskegel (vgl. IV Abschn. 1.1 und 3.1), ein konvexes Funktional $f : X \to \mathbf{R}$, eine konkave Abbildung $g : X \to F$ (vgl. Abschn. 2.1 und 2.2) und ein festes Element $b \in F$. Sei die Menge

$$S(X, g, b) = \{x \in X : g(x) \geqslant b\} \tag{3.1}$$

nichtleer. Dabei ist $g(x) \geqslant b$ gleichbedeutend mit $g(x) - b \in Y$ oder $g(x) \in Y + b$, und auch die Konkavität von g bezieht sich auf die durch Y in F induzierte Halbordnung. Die Menge $S(X, g, b)$ in (3.1) ist konvex (Beweis = Übung), und das allgemeine konvexe Optimierungsproblem ist gegeben als

P r o b l e m (P). Gesucht ist ein $\hat{x} \in S(X, g, b)$ mit

$$f(\hat{x}) \leqslant f(x) \qquad \text{für alle } x \in S(X, g, b). \tag{3.2}$$

Jedes $x \in S(X, g, b)$ heißt z u l ä s s i g, und jedes $\hat{x} \in S(X, g, b)$ mit (3.2) heißt o p t i m a l.

Wir wollen das Problem (P) etwas mehr g e o m e t r i s c h fassen und definieren daher in Analogie zu I (4.4) die Menge

$$K(g, f) = \{(f(x) + r, g(x) - y) : x \in X, r \geqslant 0, y \in Y\}, \tag{3.3a}$$

die man auch folgendermaßen darstellen kann:

$$K(g, f) = \bigcup_{x \in X} \{(\alpha, z) \in \mathbf{R} \times F : \alpha \geqslant f(x), z \leqslant g(x)\}. \tag{3.3b}$$

Nach Lemma 2.10 ist die Menge $K(g, f)$ in $\mathbf{R} \times F$ konvex. Definiert man weiter wie in I (4.5)

$$L_b = \mathbf{R} \times \{b\}, \tag{3.4}$$

so ist offenbar die Menge S(X, g, b) in (3.1) genau dann nichtleer, wenn der Durch-schnitt $L_b \cap K(g, f)$ nichtleer ist. Weiterhin gilt für jedes $(\alpha, b) \in K(g, f)$, daß ein $x \in X$ existiert mit $b \leqslant g(x)$ und $\alpha \geqslant f(x)$. Der E x t r e m a l w e r t $v(g, f, b)$ v o n P r o -b l e m (P) ist gegeben durch

$$
v(g, f, b) = \begin{cases} \inf\limits_{x \in S(X,g,b)} f(x), & \text{falls } S(X, g, b) \neq \emptyset, \\[2mm] + \infty, & \text{sonst} \end{cases}
$$

$$
= \begin{cases} \inf\limits_{(\alpha,z) \in L_b \cap K(g,f)} \alpha, & \text{falls } L_b \cap K(g, f) \neq \emptyset, \\[2mm] + \infty, & \text{sonst} \end{cases}
$$

(3.5)

(Beweis = Übung), und das Problem (P) ist gleichbedeutend mit der Suche nach einem $(\hat{\alpha}, \hat{z}) \in L_b \cap K(g, f)$ mit

$$
\hat{\alpha} \leqslant \alpha \qquad \text{für alle } (\alpha, z) \in L_b \cap K(g, f).
$$

(3.6)

Geometrisch gesprochen, wird der am weitesten links liegende Punkt der Menge $L_b \cap K(g, f)$ gesucht (vgl. Fig. II 3.1).

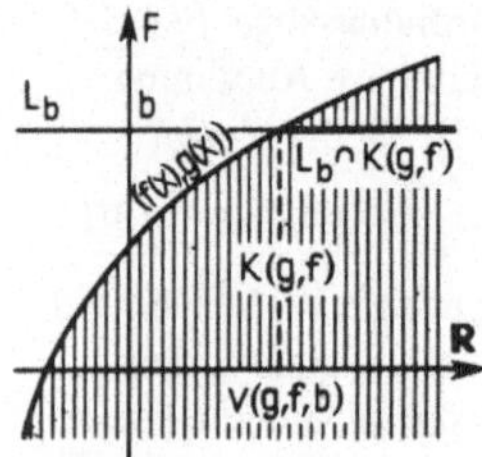

Fig. II 3.1 Die Menge $L_b \cap K(g, f)$

Ist $\dot{x} \in S(X, g, b)$ eine Lösung von Problem (P), so ist $(f(\hat{x}), b) \in L_b \cap K(g, f)$ der tiefste Punkt von $L_b \cap K(g, f)$. Ist umgekehrt $(\hat{\alpha}, \hat{z}) \in L_b \cap K(g, f)$ der tiefste Punkt von $L_b \cap K(g, f)$, so ist notwendig $\hat{z} = b$, $\hat{\alpha} = v(g, f, b)$, und es gibt ein $\hat{x} \in X$ mit $g(\hat{x}) \geqslant b$ und $f(\hat{x}) = \hat{\alpha}$, d.h. $\hat{x}$ ist optimal. Sicher gibt es einen tiefsten Punkt der Menge $L_b \cap K(g, f)$, wenn sie nichtleer und abgeschlossen ist, was offenbar dann wahr ist, wenn sie nichtleer und die Menge $K(g, f)$ abgeschlossen ist. Allgemeiner gilt hierüber

Lemma 3.1 Sei K eine nichtleere abgeschlossene Teilmenge von $\mathbf{R} \times F$ und $b \in F$ ein Element derart, daß der Durchschnitt $L_b \cap K$ nichtleer und nach links beschränkt ist (mit L_b nach (3.4)). Dann hat die Menge $L_b \cap K$ einen am weitesten links liegenden Punkt, der gegeben ist durch $(\hat{\alpha}, b)$ mit $\hat{\alpha} = \min\limits_{(\alpha,b) \in K} \alpha$ (Beweis = Übung).

Aus diesem Lemma ergibt sich unmittelbar

Lemma 3.2 Ist die durch (3.3) gegebene Menge $K(g, f)$ abgeschlossen, so ist für jedes $b \in F$ mit

$$
L_b \cap K(g, f) \neq \emptyset, \qquad \text{d.h. } S(X, g, b) \neq \emptyset
$$

(3.7)

das Problem (P) (auch ohne Konvexität von X und f und ohne Konkavität von g) lösbar, wenn f nach unten beschränkt ist.

Hinreichende Bedingungen für das Lemma 3.2 liefert

Lemma 3.3 Ist E ein normierter Vektorraum, X eine nichtleere kompakte Teilmenge von E, Y eine nichtleere abgeschlossene Teilmenge von F, $g : X \to F$ eine stetige Abbildung (vgl. IV Abschn. 1.3) und $f : X \to \mathbf{R}$ ein stetiges Funktional (vgl. IV Abschn. 1.2), dann ist die durch (3.3) definierte Menge $K(g, f)$ in $\mathbf{R} \times F$ abgeschlossen, wenn man etwa $\mathbf{R} \times F$ durch $\|(\alpha, z)\| = |\alpha| + \|z\|$ normiert, d.h. das Problem (P) ist (auch ohne Konvexitäts- und Konkavitätsvoraussetzungen) für alle $b \in F$ mit (3.7) lösbar.

B e w e i s. Vorgegeben sei eine Folge $\{(\alpha_k, z_k)\}$ in $K(g, f)$ mit $\lim\limits_{k \to \infty} (\alpha_k, z_k) = (\alpha, z)$. Nach Annahme gilt für alle k

$$\alpha_k = f(x_k) + r_k, \quad z_k = g(x_k) - y_k \qquad \text{mit } x_k \in X, \, r_k \geqslant 0, \, y_k \in Y.$$

Da X kompakt ist, gibt es eine Teilfolge $\{x_{k_i}\}$ und ein $x \in X$ mit $x = \lim\limits_{i \to \infty} x_{k_i}$, was $\lim\limits_{i \to \infty} f(x_{k_i}) = f(x)$ impliziert, und wegen $\alpha = \lim\limits_{i \to \infty} \alpha_{k_i}$ existiert auch $r = \lim\limits_{i \to \infty} r_{k_i} = \lim\limits_{i \to \infty} \alpha_{k_i} - \lim\limits_{i \to \infty} f(x_{k_i}) = \alpha - f(x)$ und ist nicht-negativ, da alle $r_{k_i} \geqslant 0$ sind. Mithin ist $\alpha = f(x) + r$ mit $x \in X$ und $r \geqslant 0$.

Weiterhin folgt $\lim\limits_{i \to \infty} g(x_{k_i}) = g(x)$, und wegen $z = \lim\limits_{i \to \infty} z_{k_i}$ existiert auch $y = \lim\limits_{i \to \infty} y_{k_i} = \lim\limits_{i \to \infty} g(x_{k_i}) - \lim\limits_{i \to \infty} z_{k_i} = g(x) - z$. Wegen $y_{k_i} \in Y$ für alle i und der Abgeschlossenheit von Y folgt auch $y \in Y$, was $z = g(x) - y$ mit $x \in X$ und $y \in Y$ impliziert. $\blacksquare$

Wie in I Abschn. 4.2 führen wir auch hier wieder den Begriff der Subzulässigkeit eines Problems ein.

Definition Das Problem (P) heißt z u l ä s s i g bzw. s u b z u l ä s s i g, wenn der Durchschnitt $L_b \cap K(g, f)$ bzw. $L_b \cap \overline{K(g, f)}$ nichtleer ist. (Dabei ist L_b nach (3.4) und $K(g, f)$ nach (3.3) gegeben und $\overline{K(g, f)}$ die abgeschlossene Hülle von $K(g, f)$.) Den S u b w e r t des Problems definieren wir dann durch

$$v_s(g, f, b) = \begin{cases} \inf\limits_{(\alpha, b) \in \overline{K(g,f)}} \alpha, & \text{falls } L_b \cap \overline{K(g, f)} \neq \emptyset, \\ + \infty, & \text{sonst.} \end{cases} \tag{3.8}$$

Als Erweiterung von Problem (P) ergibt sich das

P r o b l e m (P_s). Gesucht ist ein Punkt $(\hat{\alpha}, b) \in \overline{K(g, f)}$ mit $\hat{\alpha} \leqslant \alpha$ für alle Punkte $(\alpha, b) \in \overline{K(g, f)}$.

Wegen der Abgeschlossenheit von $\overline{K(g, f)}$ ist das Problem (P_s) für jedes $b \in F$ mit nichtleerer, nach links beschränkter Menge $L_b \cap \overline{K(g, f)}$ nach Lemma 3.1 lösbar, d.h., es gilt

$$v_s(g, f, b) = \min\limits_{(\alpha, z) \in L_b \cap \overline{K(g,f)}} \alpha. \tag{3.9}$$

Eine unmittelbare Folgerung aus der obigen Definition ist

Lemma 3.4 (vgl. I Lemma 4.2). Ist das Problem (P) zulässig, so ist es auch subzulässig, und es gilt

$$v_s(g, f, b) \leqslant v(g, f, b) < + \infty$$

mit v_s nach (3.8) und v nach (3.5).

Definition Das Problem (P) heißt n o r m a l, wenn gilt

$$\overline{L_b \cap K(g, f)} = L_b \cap \overline{K(g, f)}. \tag{3.10}$$

Lemma 3.5 (vgl. I Lemma 4.4). Sei das Problem (P) normal. Dann gelten die beiden folgenden Aussagen:

a) Das Problem (P) ist genau dann zulässig, wenn es subzulässig ist.

b) Es gilt $v(g, f, b) = v_s(g, f, b)$.

Der Beweis ist derselbe wie der von I Lemma 4.3.

Ist das Problem (P) nicht normal, so ist im allgemeinen

$$v_s(g, f, b) < v(g, f, b),$$

was in I Abschn. 4.2 an Hand eines Beispiels aus I Abschn. 3.4.2 gezeigt worden ist.

3.2 Das duale Problem

Um dem Problem ein duales Problem gegenüberzustellen, definieren wir in $\mathbf{R} \times F^*$, $F^* = $ topologischer Dualraum von F (vgl. IV Abschn. 1.2) die Menge

$$S^* = \{(\beta, y^*) \in \mathbf{R} \times F^* : f(x) - y^*(g(x)) \geqslant \beta - y^*(y) \; \forall x \in X, y \in Y\} \tag{3.11}$$

und betrachten als d u a l e s   P r o b l e m das

P r o b l e m (D). Gesucht ist ein Paar $(\hat{\beta}, \hat{y}^*) \in S^*$ mit

$$\hat{\beta} + \hat{y}^*(b) \geqslant \beta + y^*(b) \qquad \text{für alle } (\beta, y^*) \in S^*. \tag{3.12}$$

Jedes Paar $(\beta, y^*) \in S^*$ heißt d u a l - z u l ä s s i g und jedes Paar $(\hat{\beta}, \hat{y}^*) \in S^*$ mit (3.12) d u a l - o p t i m a l. Das Problem (D) heißt z u l ä s s i g, wenn S^* nichtleer ist.

Schließlich definieren wir noch als

E x t r e m a l w e r t d e s P r o b l e m s (D)

$$v^*(D) = \begin{cases} \sup\limits_{(\beta, y^*) \in S^*} \beta + y^*(b), & \text{falls } S^* \neq \emptyset, \\[2ex] - \infty & \text{sonst} \end{cases} \tag{3.13}$$

Auch das duale Problem hat eine geometrische Bedeutung, auf die wir jetzt eingehen wollen: Jede stetige Linearform z^* auf $\mathbf{R} \times F$ ist nach IV (1.18) gegeben durch

$$z^*(\rho, y) = \lambda\rho + y^*(y) \qquad \text{für alle } (\rho, y) \in \mathbf{R} \times F.$$

Dabei sind $\lambda \in$ **R** und $y^* \in F^*$ durch z^* eindeutig bestimmt. Eine (abgeschlossene) Hyperebene in **R** x F ist daher gegeben in der Form

$$H((\lambda, y^*), \alpha) = \{(\rho, y) \in \mathbf{R} \times F : \lambda\rho + y^*(y) = \alpha\}.$$

Wir nennen eine Hyperebene $H((\lambda, y^*), \alpha)$ in **R** x F n i c h t - h o r i z o n t a l, wenn $\lambda \neq 0$ ist. Wegen

$$H((\lambda, y^*), \alpha) = H\!\left(\left(1, \frac{y^*}{\lambda}\right), \frac{\alpha}{\lambda}\right)$$

können wir dann o.B.d.A. $\lambda = 1$ annehmen.

Ordnet man jeder n i c h t - h o r i z o n t a l e n H y p e r e b e n e $H((1, y^*), \alpha)$ in **R** x F den Halbraum

$$R((1, y^*), \alpha) = \{(\rho, y) \in \mathbf{R} \times F : \rho + y^*(y) \geqslant \alpha\}$$

zu, so gilt

Lemma 3.6 Es ist genau dann $(\beta, y^*) \in S^*$ mit S^* nach (3.11), wenn gilt

$$K(g, f) \subseteq R((1, -y^*), \beta). \tag{3.14}$$

B e w e i s. 1. Sei $(\beta, y^*) \in S^*$. Ist dann $(\alpha, z) \in K(g, f)$ vorgegeben, so gilt $\alpha = f(x) + r$, $z = g(x) - y$ für ein $x \in X$, $r \geqslant 0$ und $y \in Y$. Aus (3.11) folgt dann

$$\alpha - y^*(z) \geqslant f(x) - y^*(g(x)) + y^*(y) \geqslant \beta,$$

was $(\alpha, z) \in R((1, -y^*), \beta)$ beweist.

2. Sei (3.14) erfüllt; dann folgt

$$f(x) - y^*(g(x)) + y^*(y) \geqslant \beta \qquad \text{für alle } x \in X, y \in Y,$$

was $(\beta, y^*) \in S^*$ impliziert. ∎

Weiterhin gilt offenbar

$$H((1, -y^*), \beta) \cap L_b = \{(y^*(b) + \beta, b)\}.$$

Das duale Problem (D) besteht also darin, eine nicht-horizontale Hyperebene $H((1, -y^*), \beta)$ derart zu finden, daß die durch (3.3) gegebene Menge $K(g, f)$ ganz in dem Halbraum $R((1, -y^*), \beta)$ enthalten ist und der Schnittpunkt von $H((1, -y^*), \beta)$ mit der durch (3.4) gegebenen (horizontalen) Geraden L_b in **R** x F möglichst weit rechts (vgl. Fig. II 3.2) liegt. Da der Halbraum $R((1, -y^*), \beta)$ abgeschlossen ist, folgt aus (3.14) auch

$$\overline{K(g, f)} \subseteq R((1, -y^*), \beta), \tag{3.14'}$$

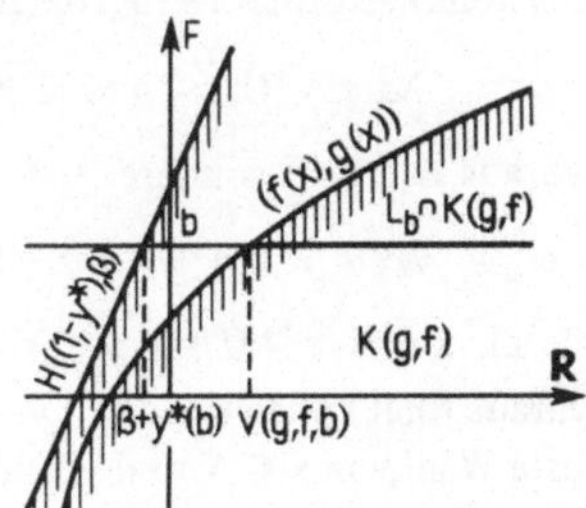

Fig. II 3.2 Zum dualen Problem

Ein erster Zusammenhang zwischen dem dualen Problem (D) und dem Problem (P_s) wird nun hergestellt durch

Lemma 3.7 (vgl. I Lemma 4.4). Ist das Problem (P) subzulässig (d.h. $L_b \cap \overline{K(g, f)} \neq \emptyset$) und das Problem (D) zulässig (d.h. $S^* \neq \emptyset$), dann folgt

$$-\infty < v^*(D) \leqslant v_s(g, f, b) < +\infty . \tag{3.15}$$

B e w e i s. Sei $(\alpha, b) \in \overline{K(g, f)}$ und $(\beta, y^*) \in S^*$ vorgegeben. Aus Lemma 3.6 folgt (3.14) und damit (3.14'), was wiederum $\alpha - y^*(b) \geqslant \beta$ und somit $\alpha \geqslant \beta + y^*(b)$ impliziert. Da $(\alpha, b) \in \overline{K(g,f)}$ und $(\beta, y^*) \in S^*$ beliebig sind, ergibt sich hieraus (3.15).   ∎

Durch Kombination von Lemma 3.4 und 3.7 ergibt sich

Lemma 3.8 Ist das Problem (P) zulässig und das Problem (D) zulässig, so folgt

$$-\infty < v^*(D) \leqslant v_s(g, f, b) \leqslant v(g, f, b) < +\infty .$$

3.3 Allgemeine Existenz- und Dualitätssätze

Wie in I Abschn. 4.3 wollen wir auch hier zeigen, daß sich das Lemma 3.7 noch wesentlich verschärfen läßt. Zunächst beweisen wir

Satz 3.9 Sei S^* (vgl. (3.11)) nichtleer, d.h. das Problem (D) sei zulässig. Für jedes Paar $(\alpha, b) \in \mathbf{R} \times F$ gilt dann

$$(\alpha, b) \in \overline{K(g, f)} \Longleftrightarrow \alpha \geqslant v^*(D) \tag{3.16}$$

mit $K(g, f)$ nach (3.3) und $v^*(D)$ nach (3.13).

Dieser Satz entspricht I Satz 4.6 und wird auch völlig analog bewiesen.

B e w e i s. 1. Sei $(\alpha, b) \in \overline{K(g, f)}$. Für jedes Paar $(\beta, y^*) \in S^*$ folgt dann wie im Beweis von Lemma 3.7, daß $\alpha \geqslant \beta + y^*(b)$ ist, was $\alpha \geqslant v^*(D)$ impliziert

B e m e r k u n g: Die Implikation „$\Rightarrow$" ist übrigens in trivialer Weise wahr, wenn S^* leer ist, da dann per definitionem $v^*(D) = -\infty$ ist.

2. Sei $(\alpha, b) \notin \overline{K(g, f)}$. Da $\overline{K(g, f)}$ nach Lemma 2.10 und IV Satz 3.1 konvex und überdies abgeschlossen ist, folgt aus dem Trennungssatz 2 in IV Abschn. 3.2 und aus der Darstellungsformel IV (1.18) (für $E = \mathbf{R}$) die Existenz von $(\lambda, y^*) \in \mathbf{R} \times F^*$ und $\rho \in \mathbf{R}$ mit

$$\lambda\alpha + y^*(b) < \rho \leqslant \lambda\beta + y^*(z) \qquad \text{für alle } (\beta, z) \in \overline{K(g, f)},$$

woraus sich insbesondere

$$\lambda\alpha + y^*(b) < \rho \leqslant \lambda \{f(x) + r\} + y^*(g(x) - y) \tag{3.17}$$

für alle $x \in X$, $r \geqslant 0$ und $y \in Y$ ergibt.

Daraus folgt zunächst, daß $\lambda \geqslant 0$ ist. Andernfalls könnte man nämlich durch irgendeine feste Wahl von $x \in X$ und $y \in Y$ für genügend großes $r > 0$ den Ausdruck $\lambda \{f(x) + r\} + y^*(g(x) - y)$ beliebig klein machen, ein Widerspruch gegen die rechte Ungleichung von (3.17).

Fallunterscheidung: α) $\lambda > 0$. Dann können wir o.B.d.A. $\lambda = 1$ annehmen und erhalten aus (3.17) mit $\hat{y}^* = -y^*$ die Aussagen

$$\alpha < \rho + \hat{y}^*(b) \quad \text{und} \quad \rho - \hat{y}^*(y) \leqslant f(x) - \hat{y}^*(g(x))$$

für alle $x \in X$ und $y \in Y$, was $(\rho, \hat{y}^*) \in S^*$ und $\alpha < v^*(D)$ impliziert.

β) $\lambda = 0$. Dann folgt aus (3.17)

$$y^*(b) < \rho \leqslant y^*(g(x) - y) \qquad \text{für alle } x \in X \text{ und } y \in Y. \tag{3.18}$$

Da S^* nichtleer ist, gibt es ein Paar $(\beta, \hat{y}^*) \in \mathbf{R} \times F^*$ mit

$$\beta - \hat{y}^*(y) \leqslant f(x) - \hat{y}^*(g(x)) \qquad \text{für alle } x \in X \text{ und } y \in Y. \tag{3.19}$$

Aus (3.18) und (3.19) folgt für alle $\sigma > 0$

$$\beta + \sigma\rho - (\hat{y}^* - \sigma y^*)(y) \leqslant f(x) - (\hat{y}^* - \sigma y^*)(g(x))$$

für alle $x \in X$, $y \in Y$, mithin

$$(\beta + \sigma\rho, \hat{y}^* - \sigma y^*) \in S^* \qquad \text{für alle } \sigma > 0.$$

Wegen $y^*(b) < \rho$ ist weiter

$$\lim_{\sigma \to \infty} \{\beta + \sigma\rho + (\hat{y}^* - \sigma y^*)(b)\} = \lim_{\sigma \to \infty} \{\beta + \hat{y}^*(b) + \sigma(\rho - y^*(b))\} = +\infty,$$

was $v^*(D) = +\infty$ impliziert. $\alpha \geqslant v^*(D)$ ist somit nicht möglich, was die Implikation „$\Leftarrow$" in (3.16) beweist. ∎

Auch hier ist I Satz 4.7 der entscheidende Satz der Theorie und soll noch einmal formuliert werden als

Satz 3.10 a) Das Problem (P) ist genau dann subzulässig und sein Subwert $v_s(g, f, b)$ (vgl. (3.8)) endlich, wenn das Problem (D) zulässig und der duale Extremwert $v^*(D)$ (vgl. (3.13)) endlich ist. In beiden Fällen gilt

$$-\infty < v_s(g, f, b) = v^*(D) < +\infty.$$

b) Ist das Problem (P) nicht subzulässig und das duale Problem (D) zulässig, so folgt

$$v_s(g, f, b) = v^*(D) = +\infty.$$

c) Ist das Problem (P) subzulässig und das duale Problem (D) nicht zulässig, so folgt

$$v_s(g, f, b) = v^*(D) = -\infty.$$

B e w e i s. Die Aussagen b) und c) sind eine unmittelbare Folge der Aussage a).
Zum Beweis von a) nehmen wir an: α) Das Problem (D) sei zulässig und $v^*(D) < +\infty$. Dann ist nach Satz 3.9 das Paar $(v^*(D), b) \in \overline{K(g, f)}$, d.h. das Problem (P) ist subzulässig, und es gilt somit $v^*(D) \geqslant v_s(g, f, b)$. Die Gleichheit folgt aus dem Lemma 3.7.
β) Das Problem (P) sei subzulässig und $v_s(g, f, b) > -\infty$. Wählt man $\beta < v_s(g, f, b)$ beliebig, so ist $(\beta, b) \notin \overline{K(g, f)}$. Nach dem Trennungssatz 2 in IV Abschn. 3.2 und aus der

Darstellungsformel IV (1.18) folgt daher die Existenz von $(\lambda, y^*) \in \mathbf{R} \times F^*$ und $\rho \in \mathbf{R}$ mit

$$\lambda\beta + y^*(b) < \rho \leqslant \lambda\alpha + y^*(z) \qquad \text{für alle } (\alpha, z) \in \overline{K(g, f)}. \tag{3.17'}$$

Wegen $(v_s(g, f, b), b) \in \overline{K(g, f)}$ folgt hieraus

$$\lambda\,\{v_s(g, f, b) - \beta\} > 0 \quad \text{und damit} \quad \lambda > 0.$$

Weiterhin folgt aus (3.17')

$$\lambda\,\{f(x) - r\} + y^*(g(x) - y) \geqslant \rho \qquad \text{für alle } x \in X, r \geqslant 0, y \in Y,$$

was mit $\hat{y}^* = -\dfrac{1}{\lambda}\,y^*$

$$f(x) - \hat{y}^*(g(x)) \geqslant \frac{\rho}{\lambda} - \hat{y}^*(y) \qquad \text{für alle } x \in X, y \in Y$$

und somit $(\rho/\lambda, \hat{y}^*) \in S^*$ (vgl. (3.11)), d.h. die Zulässigkeit von Problem (D) impliziert. Weiter folgt

$$\frac{\rho}{\lambda} + \hat{y}^*(b) \leqslant v^*(D) \quad \text{und somit} \quad \rho \leqslant \lambda v^*(D) + y^*(b),$$

und unter Benutzung der linken Ungleichung von (3.17') ergibt sich

$$\lambda\,\{v^*(D) - \beta\} > 0 \quad \text{und daraus} \quad \beta < v^*(D).$$

Da $\beta < v_s(g, f, b)$ beliebig gewählt ist, ist notwendig wieder $v_s(g, f, b) \leqslant v^*(D)$, und die Gleichheit erhält man aus Lemma 3.7. ∎

Korollar Ist das Problem (P) normal, so kann man nach Lemma 3.5 in Satz 3.10 in allen Aussagen „subzulässig" durch „zulässig" und den Subwert $v_s(g, f, b)$ durch den Wert $v(g, f, b)$ des Problems (P) ersetzen.

Nach I Aufgabe 4.1 liegt Normalität vor, wenn die durch (3.3) definierte konvexe Menge $K(g, f)$ abgeschlossen ist. Es gibt aber noch eine andere wichtige hinreichende Bedingung für Normalität, die sog. (verallgemeinerte)
S l a t e r - B e d i n g u n g. Der Ordnungskegel Y von F habe ein nichtleeres Inneres $\overset{\circ}{Y}$, und es gebe ein $x_0 \in X$ mit $g(x_0) \in \overset{\circ}{Y} + b$.

Lemma 3.11 Erfüllt das Problem (P) die Slater-Bedingung, so ist es normal.

B e w e i s. Aus der Slater-Bedingung folgt zunächst, daß die durch (3.3) definierte Menge $K(g, f)$ ebenfalls ein nichtleeres Inneres $\overset{\circ}{K}(g, f)$ besitzt und daß gilt

$$(f(x_0) + r, b) \in \overset{\circ}{K}(g, f) \qquad \text{für alle } r > 0$$

(Beweis = Übung). Wegen $\overline{L_b \cap K(g, f)} \subseteq L_b \cap \overline{K(g, f)}$ haben wir zu zeigen, daß $L_b \cap \overline{K(g, f)} \subseteq \overline{L_b \cap K(g, f)}$ ist. Sei also $(\alpha, b) \in \overline{K(g, f)}$ vorgegeben.
Wählt man $r > 0$ fest und setzt $\alpha_0 = f(x_0) + r$, so ist $(\alpha_0, b) \in \overset{\circ}{K}(g, f)$, und aus IV Satz 3.3 folgt

$$B = \{\lambda(\alpha, b) + (1 - \lambda)\,(\alpha_0, b) : 0 \leqslant \lambda < 1\} \subseteq K(g, f),$$

was $L_b \cap B \subseteq L_b \cap K(g, f)$, mithin $\overline{L_b \cap B} \subseteq \overline{L_b \cap K(g, f)}$ impliziert. Wegen $B \subseteq L_b$ und $(\alpha, b) \in \overline{B}$ folgt daraus $(\alpha, b) \in \overline{L_b \cap B} \subseteq \overline{L_b \cap K(g, f)}$. ∎

Nach der Folgerung zu Satz 3.10 sichert die Normalität die Gleichheit der Extremalwerte der Probleme (P) und (D), d.h. das Nichtauftreten einer Dualitätslücke, wenn die Extremalwerte endlich sind. Umgekehrt ist die Normalität aber auch notwendig für das Nichtauftreten einer Dualitätslücke. In Analogie zu I Satz 4.10 gilt nämlich auch hier

Satz 3.12 Das duale Problem (D) sei zulässig, d.h., die durch (3.11) definierte Menge S* sei nichtleer. Ist dann die Implikation

$$v^*(D) < + \infty \Rightarrow L_b \cap K(g, f) \neq \emptyset \quad \text{und} \quad v^*(D) = v(g, f, b) \tag{3.20}$$

wahr, so ist das Problem normal.

B e w e i s. Wir haben zu zeigen, daß $L_b \cap \overline{K(g, f)} \subseteq \overline{L_b \cap K(g, f)}$ ist. Sei daher $(\hat{\alpha}, b) \in L_b \cap \overline{K(g, f)}$ vorgegeben. Dann ist das Problem (P) subzulässig, und nach Lemma 3.7 ist $v^*(D) \leqslant v_s(g, f, b) \leqslant \hat{\alpha} < + \infty$. Auf Grund der Implikation (3.20) ist daher

$$v^*(D) = v(g, f, b) = \min_{(\alpha, z) \in \overline{L_b \cap K(g, f)}} \alpha$$

und somit $(v^*(D), b) \in \overline{L_b \cap K(g, f)}$, was wegen $v^*(D) \leqslant \hat{\alpha}$ und der Definition von $K(g, f)$ auch $(\hat{\alpha}, b) \in \overline{L_b \cap K(g, f)}$ impliziert. ∎

Aus dem Korollar zu Satz 3.10 und Lemma 3.2 ergibt sich weiterhin

Satz 3.13 (a l l g e m e i n e r   E x i s t e n z -   u n d   D u a l i t ä t s s a t z) Sei die durch (3.3) definierte konvexe Menge K(g, f) abgeschlossen. Dann gelten die folgenden Aussagen:

a) Das Problem (P) ist genau dann zulässig und sein Wert v(g, f, b) endlich, wenn das duale Problem (D) zulässig und sein Wert v*(D) endlich ist. In beiden Fällen ist das Problem (P) lösbar, und es gilt:

$$- \infty < v^*(D) = v(g, f, b) < + \infty .$$

b) Ist das Problem (P) nicht zulässig und das duale Problem (D) zulässig, so gilt

$$v(g, f, b) = v^*(D) = + \infty .$$

c) Ist das Problem (P) zulässig und das duale Problem (D) nicht zulässig, so gilt

$$v(g, f, b) = y^*(D) = - \infty .$$

Es gilt auch das Analogon zu I Satz 4.9, das besagt, daß die Abgeschlossenheit von K(g, f) im gewissen Sinne auch charakteristisch für die Lösbarkeit des Problems (P) ist. Wir wollen darauf aber nicht mehr näher eingehen.

3.4 Der lineare Fall

Wir spezialisieren die Problemstellung in Abschn. 3.1 und nehmen an, E sei (wie F) ein halbgeordneter normierter Vektorraum mit X als Ordnungskegel, $f : E \to \mathbf{R}$ eine stetige Linearform (vgl. IV Abschn. 1.2) und $g : E \to F$ eine stetige lineare Abbildung (vgl. IV Abschn. 1.3). f bzw. g sind dann auf X definiert und dort konvex bzw. konkav. Das Problem (P) in Abschnitt 3.1 besteht dann darin, das Funktional $f = f(x)$ unter den Nebenbedingungen

$$g(x) \geqslant b, \qquad x \in X \;(\Longleftrightarrow x \geqslant \Theta_E)$$

zum Minimum zu machen.

Das ist genau das in I Abschn. 3 und 4 behandelte lineare Optimierungsproblem.

Wir wollen jetzt zeigen, daß das in Abschn. 3.2 eingeführte duale Problem äquivalent ist zu dem in I Abschn. 3.1 definierten. Zu dem Zweck definieren wir (in Analogie zur Menge N nach I (3.4)) die Menge

$$S(Y^*, g^*, f) = \{y^* \in Y^* : g^*(y^*) \leqslant f\}. \tag{3.21}$$

Dabei ist Y^* der zu Y adjungierte Ordnungskegel in F^* (vgl. IV Abschn. 2.2) und $g^* : F^* \to E^*$ die zu g adjungierte lineare Abbildung (vgl. IV Abschn. 1.3).

Lemma 3.14 Vorgegeben sei ein Paar $(\beta, y^*) \in \mathbf{R} \times F^*$. Dann gilt

$$(\beta, y^*) \in S^* \;(\text{vgl. } (3.11)) \Longleftrightarrow y^* \in S(Y^*, g^*, f) \qquad \text{und} \qquad \beta \leqslant 0.$$

B e w e i s. 1. Sei $(\beta, y^*) \in S^*$; dann gilt

$$f(x) - y^*(g(x)) \geqslant \beta - y^*(y) \qquad \text{für alle } x \in X \text{ und } y \in Y. \tag{3.22}$$

Gäbe es ein $y \in Y$ mit $y^*(y) < 0$, so wähle man $x \in X$ fest und $\lambda > 0$ so groß, daß

$$- y^*(\lambda y) = - \lambda y^*(y) > f(x) - y^*(g(x)) - \beta$$

ist. Wegen $\lambda y \in Y$ wäre das aber ein Widerspruch gegen (3.22), was $y^*(y) \geqslant 0$ für alle $y \in Y$, d.h. $y^* \in Y^*$ beweist.
Analog zeigt man

$$f(x) - y^*(g(x)) \geqslant 0 \text{ für alle } x \in X \Longleftrightarrow g^*(y^*) \leqslant f.$$

Für $x = \Theta_E$ und $y = \Theta_F$ folgt aus (3.22) schließlich noch $\beta \leqslant 0$, was „$\Rightarrow$" beweist.
2. Sei umgekehrt $y^* \in S(Y^*, g^*, f)$ und $\beta \leqslant 0$. Dann folgt für alle $x \in X$ und $y \in Y$

$$f(x) - y^*(g(x)) \geqslant 0 \geqslant \beta - y^*(y),$$

d.h. (3.22) ist erfüllt, was $(\beta, y^*) \in S^*$ bedeutet.   ∎

Die Maximierung von $\beta + y^*(b)$ für $(\beta, b) \in S^*$ ist damit offenbar gleichbedeutend mit der Maximierung von $y^*(b)$ für $y^* \in S(Y^*, g^*, f)$, was die Äquivalenz der beiden dualen Probleme in I Abschn. 3.1 und Abschn. 3.2 beweist. Die in I Abschn. 3 und 4 entwickelte lineare Optimierungstheorie ist somit in der konvexen enthalten.

3.5 Bibliographische Bemerkungen

Über die Theorie endlich-dimensionaler konvexer Optimierungsprobleme gibt es eine ausgedehnte Literatur, auf die hier nicht eingegangen werden soll, da wir uns primär mit unendlich-dimensionalen Problemen befassen. Diese Literatur hat auch in zahlreichen Lehrbüchern ihren Niederschlag gefunden, von denen wir stellvertretend die Bücher von K a r l i n [59], R o c k a f e l l a r [69] und S t o e r - W i t z g a l l [70] nennen wollen.

Die Theorie der konvexen Optimierungsprobleme in halbgeordneten topologischen Vektorräumen läßt sich weitgehend in Parallele setzen zu der in endlich-dimensionalen Räumen; denn die entscheidenden Hilfsmittel, in beiden Fällen nämlich die Trennungssätze konvexer Mengen, gelten sehr allgemein. Im Laufe der letzten beiden Jahrzehnte haben sich verschiedenartige Dualitätstheorien entwickelt, die zum Teil zu äquivalenten Aussagen führen.

Da ist zunächst einmal eine ausgedehnte Theorie, die, ausgehend von einer Arbeit von F e n c h e l [49] (vgl. auch F e n c h e l [53]) über konjugierte konvexe Funktionale, zu sehr symmetrischen Dualitäts- und Existenzaussagen gelangt und sich mit den Namen B r ø n d s t e d t [64], D i e t e r [66], M o r e a u [62] und R o c k a f e l l a r [67] verknüpft. Zahlreiche Arbeiten von M o r e a u und R o c k a f e l l a r werden in einem großen Übersichtsartikel von I o f f e und T i k h o m i r o v [68] zitiert, der sich ebenfalls mit dieser Theorie befaßt und sie auf Variations-, Kontroll- und Approximationsprobleme anwendet. Für letztere wird eine sehr geometrische Theorie entwickelt. Das Kapitel 3 des Buches von G ö p f e r t [73] ist ebenfalls dem Fenchelschen Dualitätskonzept gewidmet und zieht neben dem Buch von L u e n b e r g e r [69] auch noch weitere Beiträge von J o l y / L a u r e n t [71] und M o s c o [71] heran. Eine sehr umfassende Darstellung dieses Themenkreises mit einem ausgedehnten Literaturverzeichnis findet sich in dem Buch von S a n d e r [73].

Ein weiterer Zugang zu einer Dualitätstheorie konvexer Optimierungsprobleme besteht darin, daß man wie in Abschn. 4.1 das vorgelegte Problem als eine Min-Sup-Aufgabe formuliert und ihm dann wie in Abschn. 4.2 als duales Problem eine Max-Inf-Aufgabe gegenüberstellt. So geht G o l ' s t e i n in [67] vor. In Analogie zu D u f f i n s Begriff der Subzulässigkeit führt auch G o l ' s t e i n verallgemeinerte zulässige Elemente ein und definiert einen Subwert für das konvexe Optimierungsproblem. Ein Hauptergebnis seiner Arbeit ist die Aussage, daß der Subwert des Problems mit dem Extremalwert des dualen Problems übereinstimmt, falls die Menge der verallgemeinerten zulässigen Lösungen nichtleer ist, was dem Satz 3.10 entspricht.

Eine Verallgemeinerung dieser Aussage wird auch von I o f f e und T i k h o m i r o v in [68] hergeleitet.

Der von uns gewählte Zugang zur Dualität ist eine mehr geometrische Fassung des eben genannten. Er geht auf eine Arbeit von v a n S l y k e und W e t s [68] zurück und hat den Vorteil bequemer Anwendbarkeit. Sie operieren nicht mit dem Begriff der Subzulässigkeit (vgl. Abschn. 3.1), sondern verwenden sogleich den Begriff der Normalität und erhalten als Hauptergebnis das Korollar zu Satz 3.10.

Diese Gedankengänge werden teilweise auch bei L u e n b e r g e r [69] verfolgt, der z.B. in § 8.6 seines Buches den Satz 4.9 beweist.

Von R u b i n s h t e i n [70] stammt ein Zugang zu Dualitätsaussagen, der von einem abstrakt-mengentheoretischen Prinzip ausgeht, zu dessen Beweis zunächst keine Trennungssätze für konvexe Mengen nötig sind. Unter zahlreichen Anwendungen behandelt er auch ein verallgemeinertes Problem bester Approximation.

4 Min-Sup-, Max-Inf- und Sattelpunktaussagen

4.1 Das Optimierungsproblem als Min-Sup-Problem

Wir betrachten zunächst allgemeiner als in Abschn. 3 die folgende Situation: X sei eine nichtleere Teilmenge eines linearen Vektorraumes E. Weiter sei F ein halbgeordneter normierter Vektorraum mit Y als Ordnungskegel, $f : X \to \mathbf{R}$ ein vorgegebenes Funktional und $g : X \to F$ eine vorgegebene Abbildung. Wir setzen

$$S = \{x \in X : g(x) \in Y\} \tag{4.1}$$

und betrachten das

P r o b l e m (P). Gesucht ist ein $\hat{x} \in S$ mit

$$f(\hat{x}) \leqslant f(x) \qquad \text{für alle } x \in S. \tag{4.2}$$

Sei Y* der zu Y adjungierte Kegel in F* (vgl. IV Abschn. 2.2):

$$Y^* = \{y^* \in F^* : y^*(y) \geqslant 0 \qquad \text{für alle } y \in Y\}.$$

Eine zentrale Rolle spielt im folgenden das sog.
L a g r a n g e - F u n k t i o n a l $\Phi : X \times Y^* \to \mathbf{R}$, definiert durch

$$\Phi(x, y^*) = f(x) - y^*(g(x)), \qquad x \in X, y^* \in Y^*. \tag{4.3}$$

Lemma 4.1 Der Ordnungskegel Y von F sei abgeschlossen. Dann gelten die folgenden Aussagen:

a) Ist $x \in S$, so folgt (sogar ohne die Abgeschlossenheit von Y)

$$f(x) = \Phi(x, \Theta_{F^*}) = \max_{y^* \in Y^*} \Phi(x, y^*). \tag{4.4}$$

b) Gibt es zu vorgegebenem $x \in X$ ein $y_x^* \in Y^*$ mit

$$\Phi(x, y_x^*) = \max_{y^* \in Y^*} \Phi(x, y^*), \tag{4.5}$$

so ist $x \in S$, und es gelten die beiden äquivalenten Aussagen

$$f(x) = \Phi(x, y_x^*) \quad \text{und} \quad y_x^*(g(x)) = 0. \tag{4.6}$$

c) Die Menge S in (4.1) ist genau dann leer, wenn für jedes $x \in X$ gilt

$$\sup_{y^* \in Y^*} \Phi(x, y^*) = + \infty. \tag{4.7}$$

B e w e i s. **a)** Sei $x \in S$, dann ist $g(x) \in Y$ und

$$y^*(g(x)) \geqslant 0 \quad \text{für alle } y^* \in Y^*,$$

was (4.4) unmittelbar impliziert.

b) Aus (4.5) folgt

$$y_x^*(g(x)) \leqslant y^*(g(x)) \quad \text{für alle } y^* \in Y^*, \tag{4.8}$$

was nur möglich ist, wenn gilt:

$$y^*(g(x)) \geqslant 0 \quad \text{für alle } y^* \in Y^*,$$

was nach IV Satz 2.3 $g(x) \in Y$, d.h. $x \in S$ impliziert. Damit ist $y_x^*(g(x)) \geqslant 0$ und nach (4.8) $y_x^*(g(x)) \leqslant 0$, was (4.6) impliziert.

c) Ist S leer, so gilt für jedes $x \in X$, daß $g(x) \notin Y$ ist, was wiederum nach IV Satz 2.3 die Existenz eines $y_x^* \in Y^*$ impliziert mit $y_x^*(g(x)) < 0$. Daraus folgt aber (4.7), da $\lambda \cdot y_x^*$ für alle $\lambda > 0$ zu Y^* gehört. Ist S nichtleer, so gilt für jedes $x \in S$ nach a)

$$\sup_{y^* \in Y^*} \Phi(x, y^*) = f(x) < + \infty,$$

d.h. (4.7) ist für mindestens ein $x \in X$ verletzt. ∎

Aufgrund von Lemma 4.1 ist das Problem (P) offenbar äquivalent mit dem folgenden P r o b l e m (P*). Gesucht ist ein Paar $(\hat{x}, \hat{y}^*) \in X \times Y^*$ mit

$$\Phi(\hat{x}, \hat{y}^*) = \min_{x \in X} \; \sup_{y^* \in Y^*} \Phi(x, y^*) \tag{4.9}$$

Ist $\hat{x} \in S$ eine Lösung von Problem (P), so ist $(\hat{x}, \Theta_{F^*}) \in X \times Y^*$ eine Lösung von Problem (P*). Ist $(\hat{x}, \hat{y}^*) \in X \times Y^*$ eine Lösung von Problem (P*), so löst $\hat{x}$ das Problem (P), und es ist

$$f(\hat{x}) = \Phi(\hat{x}, \hat{y}^*) \quad \text{d.h.} \quad \hat{y}^*(g(\hat{x})) = 0.$$

Definiert man den E x t r e m a l w e r t des Problems (P) durch

$$v(P) = \begin{cases} \inf_{x \in S} f(x), & \text{falls } S \neq \emptyset. \\[2mm] + \infty & \text{sonst,} \end{cases} \tag{4.10}$$

so ist $v(P)$ auch gegeben durch

$$v(P) = v(P^*) := \inf_{x \in X} \; \sup_{y^* \in Y^*} \Phi(x, y^*). \tag{4.11}$$

4.2 Das duale Problem als Max-Inf-Problem

In Analogie zu (3.11) definieren wir wieder

$$S^* = \{(\beta, y^*) \in \mathbf{R} \times F^* : f(x) - y^*(g(x)) \geq \beta - y^*(y) \ \forall x \in X, y \in Y\} \quad (4.12)$$

und betrachten als d u a l e s P r o b l e m das
P r o b l e m (D). Gesucht ist ein Paar $(\hat{\beta}, \hat{y}^*) \in S^*$ mit

$$\hat{\beta} \geq \beta \qquad \text{für alle } (\beta, y^*) \in S^*. \quad (4.13)$$

Lemma 4.2 a) Es gilt genau dann $(\beta, y^*) \in S^*$, wenn

$$y^* \in Y^* \quad \text{und} \quad \beta \leq \inf_{x \in X} \Phi(x, y^*) \quad (4.14)$$

ist mit Φ nach (4.3).

b) S^* ist genau dann leer, wenn für jedes $y^* \in Y^*$ gilt

$$\inf_{x \in X} \Phi(x, y^*) = -\infty. \quad (4.15)$$

B e w e i s. **a)** Sei $(\beta, y^*) \in S^*$; dann folgt wie im Beweis von Lemma 3.14, daß $y^* \in Y^*$ ist, was $\beta \leq \inf_{x \in X} \Phi(x, y^*)$ und damit (4.14) impliziert.

Ist umgekehrt (4.14) erfüllt, so folgt für jedes $x \in X$ und $y \in Y$

$$f(x) - y^*(g(x)) \geq \inf_{x \in X} \Phi(x, y^*) \geq \beta - y^*(y),$$

d.h. $\qquad (\beta, y^*) \in S^*$.

b) Ist S^* nichtleer, so gibt es nach a) ein $y^* \in Y^*$ mit (4.14), d.h., (4.15) ist für mindestens ein $y^* \in Y^*$ verletzt. Gibt es umgekehrt ein $y^* \in Y^*$ derart, daß (4.15) verletzt ist, so folgt $(\inf_{x \in X} \Phi(x, y^*), y^*) \in S^*$, d.h., S^* ist nichtleer. $\blacksquare$

Damit ist das duale Problem (D) gleichbedeutend mit dem

P r o b l e m (D*). Gesucht ist ein $\hat{y}^* \in Y^*$ mit

$$\inf_{x \in X} \Phi(x, \hat{y}^*) \geq \inf_{x \in X} \Phi(x, y^*) \qquad \text{für alle } y^* \in Y^*. \quad (4.16)$$

Definiert man den Extremalwert des Problems (D) durch

$$v^*(D) = \begin{cases} \sup\limits_{(\beta, y^*) \in S^*} \beta, & \text{falls } S^* \neq \emptyset, \\[2mm] -\infty & \text{sonst,} \end{cases} \quad (4.17)$$

so ist $v^*(D)$ auch gegeben durch

$$v^*(D) = v^*(D^*) := \sup_{y^* \in Y^*} \inf_{x \in X} \Phi(x, y^*). \quad (4.18)$$

Ist $\hat{y}^* \in Y^*$ eine Lösung von Problem (D*), so ist $(\inf_{x \in X} \Phi(x, \hat{y}^*), \hat{y}^*) \in S^*$ eine Lösung von Problem (D). Ist umgekehrt $(\hat{\beta}, \hat{y}^*) \in S^*$ eine Lösung von Problem (D), so ist notwendig $\hat{y}^* \in Y^*$ sowie $\hat{\beta} = \inf\limits_{x \in X} \Phi(x, \hat{y}^*)$, und $\hat{y}^*$ löst das Problem (D*).

Über die simultane Lösbarkeit der beiden Probleme gilt nun

Satz 4.3 Ist der Ordnungskegel Y von F abgeschlossen, so sind die beiden folgenden Aussagen äquivalent:

a) $\hat{x} \in S$ ist eine Lösung von Problem (P), und $(\hat{\beta}, \hat{y}^*) \in S^*$ ist eine Lösung von Problem (D) mit $\hat{\beta} = f(\hat{x})$, d.h. die Extremalwerte der beiden Probleme sind gleich.

b) Es ist $\hat{x} \in X$, $\hat{y}^* \in Y^*$ und

$$\Phi(\hat{x}, \hat{y}^*) = \min_{x \in X}\ \sup_{y^* \in Y^*}\ \Phi(x, y^*) = \max_{y^* \in Y^*}\ \inf_{x \in X}\ \Phi(x, y^*). \tag{4.19}$$

B e w e i s. 1. Sei a) erfüllt. Da $\hat{x} \in S$ eine Lösung von Problem (P) ist, ist nach Abschn. 4.1 $(\hat{x}, \Theta_{F^*})$ eine Lösung von Problem (P*) und

$$f(\hat{x}) = \Phi(\hat{x}, \Theta_{F^*}) = \min_{x \in X}\ \sup_{y^* \in Y^*}\ \Phi(x, y^*). \tag{4.20}$$

Da $(\hat{\beta}, \hat{y}^*) \in S^*$ eine Lösung von Problem (D) ist, ist auf Grund der obigen Betrachtungen $\hat{y}^* \in Y^*$ eine Lösung von Problem (D*) und

$$\hat{\beta} = \inf_{x \in X}\ \Phi(x, \hat{y}^*) = \max_{y^* \in Y^*}\ \inf_{x \in X}\ \Phi(x, y^*).$$

Wegen $\hat{\beta} = f(\hat{x})$ ist daher

$$f(\hat{x}) = \inf_{x \in X}\ \Phi(x, \hat{y}^*) \leqslant f(\hat{x}) - \hat{y}^*(g(\hat{x})), \ \text{mithin} \ \ \hat{y}^*(g(\hat{x})) \leqslant 0.$$

Andererseits ist $g(\hat{x}) \in Y$ und somit $\hat{y}^*(g(\hat{x})) \geqslant 0$, mithin $\hat{y}^*(g(\hat{x})) = 0$, was

$$\Phi(\hat{x}, \hat{y}^*) = f(\hat{x}) = \min_{x \in X}\ \Phi(x, \hat{y}^*) = \max_{y^* \in Y^*}\ \inf_{x \in X}\ \Phi(x, y^*)$$

und zusammen mit (4.20) die Behauptung (4.19) impliziert.

2. Es gelte b). Dann ist nach Abschn. 4.1 $\hat{x} \in S$ eine Lösung von Problem (P) und $f(\hat{x}) = \Phi(\hat{x}, \hat{y}^*)$. Weiterhin ist auf Grund der obigen Betrachtungen $(\Phi(\hat{x}, \hat{y}^*), \hat{y}^*) \in S^*$ eine Lösung von Problem (D), und die Extremwerte der beiden Probleme stimmen offenbar überein. ∎

4.3 Die Äquivalenz der Min-Sup= Max-Inf-Aussage mit einer Sattelpunktaussage

Definition Ein Punkt $(\hat{x}, \hat{y}^*) \in X \times Y^*$ heißt S a t t e l p u n k t des Lagrange-Funktionals Φ in (4.3), wenn

$$\Phi(\hat{x}, y^*) \leqslant \Phi(\hat{x}, \hat{y}^*) \leqslant \Phi(x, \hat{y}^*) \tag{4.21}$$

für alle $x \in X$ und $y^* \in Y^*$ gilt.

Satz 4.4 Ein Punkt $(\hat{x}, \hat{y}^*) \in X \times Y^*$ ist genau dann ein Sattelpunkt von Φ, wenn die Aussage (4.19) gilt.

B e w e i s. Für jedes $\tilde{x} \in X$ und $y^* \in Y^*$ gilt offenbar

$$\inf_{x \in X} \Phi(x, y^*) \leqslant \Phi(\tilde{x}, y^*)$$

und somit

$$\sup_{y^* \in Y^*} \inf_{x \in X} \Phi(x, y^*) \leqslant \sup_{y^* \in Y^*} \Phi(\tilde{x}, y^*)$$

was

$$\sup_{y^* \in Y^*} \inf_{x \in X} \Phi(x, y^*) \leqslant \inf_{x \in X} \sup_{y^* \in Y^*} \Phi(x, y^*) \tag{4.22}$$

impliziert.

1. Sei $(\hat{x}, \hat{y}^*) \in X \times Y^*$ ein Sattelpunkt von Φ; dann folgt aus (4.21)

$$\Phi(\hat{x}, \hat{y}^*) = \min_{x \in X} \Phi(x, \hat{y}^*) = \max_{y^* \in Y^*} \Phi(\hat{x}, y^*). \tag{4.23}$$

Aus (4.22) ergibt sich aber

$$\min_{x \in X} \Phi(x, \hat{y}^*) = \inf_{x \in X} \Phi(x, \hat{y}^*) \leqslant \sup_{y^* \in Y^*} \inf_{x \in X} \Phi(x, y^*)$$

$$\leqslant \inf_{x \in X} \sup_{y^* \in Y^*} \Phi(x, y^*) \leqslant \sup_{y^* \in Y^*} \Phi(\hat{x}, y^*) = \max_{y^* \in Y^*} \Phi(\hat{x}, y^*),$$

woraus mit (4.23) die Behauptung (4.19) folgt.

2. Für $(\hat{x}, \hat{y}^*) \in X \times Y^*$ gelte (4.19); dann folgt (4.23) und daraus die Sattelpunktaussage (4.21).   ∎

B e m e r k u n g. Der Beweis von Satz 4.4 zeigt, daß Φ ganz allgemein irgendein Funktional in zwei beliebigen Veränderlichen sein könnte und der Satz ebenfalls wahr wäre. Durch Kombination von Satz 4.3 und 4.4 ergibt sich

Satz 4.5 Ist der Ordnungskegel Y von F abgeschlossen, so ist ein Punkt $(\hat{x}, \hat{y}^*) \in X \times Y^*$ genau dann ein Sattelpunkt des Lagrange-Funktionals Φ in (4.3), wenn $\hat{x} \in S$ und eine Lösung von Problem (P) ist sowie $(f(\hat{x}), \hat{y}^*)$ eine Lösung von Problem (D).

4.4 Das verallgemeinerte Theorem von Kuhn-Tucker

Wir nehmen jetzt für das Folgende an, die Menge $X \subseteq E$ sei nichtleer und konvex, $f : X \to \mathbf{R}$ sei ein konvexes Funktional (vgl. Abschn. 2.1) und $g : X \to F$ eine konkave Abbildung (vgl. Abschn. 2.2). Dann gilt das sog. v e r a l l g e m e i n e r t e

Theorem von Kuhn-Tucker Das Innere $\overset{\circ}{Y}$ des Ordnungskegels Y von F sei nichtleer, und zu jedem $y^* \geqslant \Theta_{F^*}$ mit $y^* \neq \Theta_{F^*}$ gebe es ein $x_* \in X$ mit

$$y^*(g(x_*)) > 0. \tag{4.24}$$

Ist dann $\hat{x} \in X$ eine Lösung von Problem (P), so gibt es ein $\hat{y}^* \in Y^*$ derart, daß $(\hat{x}, \hat{y}^*)$ ein Sattelpunkt des Lagrange-Funktionals Φ in (4.3) ist.

B e w e i s. Wir definieren (vgl. (3.3b))

$$K = \bigcup_{x \in X} \{(\alpha, z) \in \mathbf{R} \times F : f(x) \leqslant \alpha, g(x) \geqslant z\}$$

$$= \bigcup_{x \in X} \{(f(x) + r, g(x) - y) : r \geqslant 0, y \in Y\}.$$

Die Menge K ist nach Lemma 2.10 konvex und enthält die offene konvexe Teilmenge

$$K_0 = \bigcup_{x \in X} \{(f(x) + r, g(x) - y) : r > 0, y \in \overset{\circ}{Y}\}.$$

Weiterhin gilt $K \subseteq \overline{K}_0$; denn ist $(f(x) + r, g(x) - y) \in K$ vorgegeben, so wählen wir ein $r_0 > 0$ und ein $y_0 \in \overset{\circ}{Y}$. Dann ist für alle $\lambda \in [0, 1)$

$$r_\lambda = \lambda r + (1 - \lambda)r_0 > 0 \quad \text{und} \quad y_\lambda = \lambda y + (1 - \lambda)y_0 \in \overset{\circ}{Y}$$

(nach Lemma 2.3) und somit

$$(f(x) + r_\lambda, g(x) - y_\lambda) \in K_0$$

sowie $(f(x) + r, g(x) - y) = \lim_{\lambda \to 1} (f(x) + r_\lambda, g(x) - y_\lambda)$.

Offenbar ist $(f(\hat{x}), \Theta_F) \notin K_0$; denn sonst gäbe es ein $x \in X, r > 0$ und $y \in \overset{\circ}{Y}$ mit

$$f(\hat{x}) = f(x) + r, \qquad g(x) = y \in Y,$$

ein Widerspruch gegen die Optimalität von $\hat{x}$.

Aus dem Trennungssatz 1 in IV Abschn. 3.2 (für $A = \{(f(\hat{x}), \Theta_F)\}$ und $B = \overset{\circ}{B} = K_0$) ergibt sich zusammen mit der Darstellungsformel IV (1.18) die Existenz von $(\lambda, y^*) \in \mathbf{R} \times F^*$ und $\rho \in \mathbf{R}$

$$\lambda f(\hat{x}) \leqslant \rho < \lambda \alpha + y^*(z) \qquad \text{für alle } (\alpha, z) \in K_0, \tag{4.25a}$$

was wegen $K \subseteq \overline{K}_0$

$$\lambda f(\hat{x}) \leqslant \rho \leqslant \lambda \{f(x) + r\} + y^*(g(x) - y) \tag{4.25b}$$

für alle $r \geqslant 0, x \in X$ und $y \in Y$

impliziert. Daraus folgt $\hat{y}^* = - y^* \in Y^*$ und $\lambda \geqslant 0$. Wäre $\lambda = 0$, so folgte aus (4.25b)

$$\hat{y}^*(g(x)) \leqslant 0 \qquad \text{für alle } x \in X,$$

und wegen (4.25a) ist $\hat{y}^* \neq \Theta_{F^*}$. Das ist ein Widerspruch gegen die Annahme (4.24). Somit ist $\lambda > 0$ und o.B.d.A. $\lambda = 1$. Aus (4.25b) folgt weiterhin

$$f(\hat{x}) \leqslant f(x) - \hat{y}^*(g(x)) = \Phi(x, \hat{y}^*) \qquad \text{für alle } x \in X,$$

und für $x = \hat{x}$ folgt $\hat{y}^*(g(\hat{x})) \leqslant 0$, mithin $\hat{y}^*(g(\hat{x})) = 0$ wegen $\hat{y}^* \in Y^*$ und $g(\hat{x}) \in Y$. Damit ist die rechte Ungleichung von (4.21) gezeigt. Die linke ist trivial. ∎

Hinreichend für die Voraussetzung (4.24) ist die verallgemeinerte Slater-Bedingung für $b = \Theta_F$ (vgl. Abschn. 3.3). Es gilt nämlich

Lemma 4.6 Ist das Innere $\overset{\circ}{Y}$ von Y nichtleer und gibt es ein $x_0 \in X$ mit $g(x_0) \in \overset{\circ}{Y}$, so gilt für jedes $y^* \in Y^*$ mit $y^* \neq \Theta_{F^*}$, daß $y^*(g(x_0)) > 0$ ist (so daß also (4.24) für $x_* = x_0$ erfüllt ist).

B e w e i s. Sei $y^* \in Y^*$ derart vorgegeben, daß $y^*(g(x_0)) \leqslant 0$ ist. Dann folgt aus IV Satz 1.5, daß $y^* = \Theta_{F^*}$ ist. ∎

4.5 Existenzaussagen für das duale Problem

Durch Kombination von Satz 4.5, dem Theorem von Kuhn-Tucker und Lemma 4.6 ergibt sich

Satz 4.7 Das Problem (P) erfülle die verallgemeinerte Slater-Bedingung für $b = \Theta_F$ (in Abschn. 3.3), und Y sei abgeschlossen. Ist dann $\hat{x} \in S$ eine Lösung von Problem (P), so gibt es ein $\hat{y}^* \in Y^*$ derart, daß $(f(\hat{x}), \hat{y}^*)$ das duale Problem (D) löst (und offenbar die Extremalwerte der beiden Probleme übereinstimmen).

Der Satz 4.7 ist eine Ergänzung der folgenden Aussage, die sich aus dem Lemma 3.11 und dem Korollar zu Satz 3.10 ergibt: Erfüllt das Problem (P) die verallgemeinerte Slater-Bedingung für $b = \Theta_F$ und ist sein Extremalwert endlich, so ist das duale Problem (D) ebenfalls zulässig, und sein Extremalwert stimmt mit dem von Problem (P) überein.

Diese Aussage läßt sich jedoch noch weiter verschärfen zu dem folgenden Satz, der zugleich eine Verallgemeinerung von I Satz 4.14 ist.

Satz 4.8 Das Problem (P) erfülle die verallgemeinerte Slater-Bedingung für $b = \Theta_F$ (in Abschn. 3.3). Ist dann sein Extremalwert $v(P)$ endlich, so ist das duale Problem (D) lösbar, und sein Extremalwert $v^*(D)$ stimmt mit $v(P)$ überein.

B e w e i s. Wir definieren zwei Mengen K und K_0 wie im Beweis des Theorems von Kuhn-Tucker. Dann folgt $(v(P), \Theta_F) \notin K_0$; denn sonst wäre $v(P) = f(x) + r$ für $r > 0$ und ein $x \in X$ mit $g(x) \in \overset{\circ}{Y} \subseteq Y$ im Widerspruch zur Definition von $v(P)$. Durch Anwendung des Trennungssatzes 1 in IV Abschn. 3.2 (für $A = \{(v(P), \Theta_F)\}$ und $B = \overset{\circ}{B} = K_0$) und der Darstellungsformel IV (1.18) ergibt sich wiederum die Existenz von $(\lambda, y^*) \in \mathbf{R} \times F^*$ und $\rho \in \mathbf{R}$ mit

$$\lambda v(P) \leqslant \rho < \lambda\alpha + y^*(z) \qquad \text{für alle } (\alpha, z) \in K_0. \tag{4.25c}$$

was wegen $K \subseteq \overline{K}_0$ (vgl. den Beweis des Theorems von Kuhn-Tucker)

$$\lambda v(P) \leqslant \rho \leqslant \lambda \ \{f(x) + r\} + y^*(g(x) - y) \tag{4.25d}$$
$$\text{für alle } x \in X, r \geqslant 0 \text{ und } y \in Y$$

und weiter $\lambda \geqslant 0$ sowie $\hat{y}^* = -y^* \in Y^*$ impliziert.
Wäre $\lambda = 0$, so wäre

$$\hat{y}^*(g(x)) \leqslant 0 \qquad \text{für alle } x \in X.$$

Auf Grund der verallgemeinerten Slater-Bedingung gibt es ein $x_0 \in X$ mit $g(x_0) \in \overset{\circ}{Y}$, was nach IV Satz 1.5 $\hat{y}^* = \Theta_{F^*}$ impliziert. Das ist aber wegen (4.25c) nicht möglich und somit $\lambda > 0$. Sei o.B.d.A. $\lambda = 1$. Dann ergibt sich aus (4.25d)

$$v(P) - \hat{y}^*(y) \leqslant f(x) - \hat{y}^*(g(x)) \qquad \text{für alle } x \in X,\, y \in Y,$$

d.h. $(v(P), \hat{y}^*) \in S^*$ (vgl. (3.11)) $\Rightarrow v(P) \leqslant v^*(D)$. Aus Lemma 3.8 folgt $v^*(D) \leqslant v(P) \Rightarrow v(P) = v^*(D)$, und $(v(P), \hat{y}^*) \in S^*$ ist somit eine Lösung von Problem (D). ∎

Nach Abschn. 4.2 läßt sich der Satz 4.8 auch formulieren als

Satz 4.9 Das Problem (P) erfülle die verallgemeinerte Slater-Bedingung in Abschn. 3.3 für $b = \Theta_F$. Ist dann sein Extremalwert $v(P)$ (4.10) oder auch (4.11) endlich, so gilt (vgl. (4.18))

$$v(P) = v^*(D) = v^*(D^*) = \max_{y^* \in Y^*} \; \inf_{x \in X} \; \Phi(x, y^*). \tag{4.26}$$

4.6 Bibliographische Bemerkungen

Über Min-Sup-, Max-Inf- und Sattelpunktaussagen gibt es eine weitverzweigte Literatur. Wir wollen daher für endlich-dimensionale Optimierungsprobleme nur stellvertretend einige Beiträge nennen: Da ist zunächst einmal die Arbeit von S l a t e r [50], in der zum ersten Mal die nach ihm benannte Bedingung für die Gültigkeit einer Sattelpunktaussage auftaucht. Weitere Ergebnisse in dieser Richtung wurden dann z.B. von S t o e r [63], [64] und U z a w a [58] erzielt. Zusammenfassende Darstellungen findet man bei S t o e r / W i t z g a l l [70] und K a r l i n [59].

Verallgemeinerungen auf unendlich-dimensionale Räume wurden im Anschluß an das berühmte v o n N e u m a n n s c h e Sattelpunkttheorem aus [28] schon in den dreißiger und vierziger Jahren vorgenommen. Eine Literaturzusammenfassung dieses Themenkreises bis 1958 findet man z.B. bei S i o n [58]. Das in Abschn. 4.4 bewiesene verallgemeinerte Theorem von Kuhn-Tucker wurde zum ersten Mal, sogar in einer noch allgemeineren Form, von H u r w i c z [58] aufgestellt. Die gleiche Sattelpunktaussage wie in Abschn. 4.4 wurde ebenfalls von N e u s t a d t [70] unter Einbeziehung endlich vieler affinlinearer Nebenbedingungen bewiesen. N e u s t a d t gibt dort auch eine differentielle Form des Sattelpunkttheorems an, zusammen mit einer Anwendung auf ein Kontrollproblem. Unter Abschwächung der Slater-Bedingung wurde weiterhin von N o r r i s [67] eine Sattelpunktaussage hergeleitet und ebenfalls auf ein Kontrollproblem angewandt.

5 Anwendung auf Approximationsprobleme

5.1 Existenzaussagen bei konvexen Approximationsproblemen in normierten Vektorräumen

Sei E ein normierter Vektorraum, X eine nichtleere konvexe Teilmenge von E und $z \in E$ ein festes Element. Der Abstand von z und X ist dann gegeben durch

$$\rho(z, X) = \inf_{x \in X} \|x - z\| \quad (\geqslant 0), \tag{5.1}$$

und es ist $\rho(z, X) = 0$ genau dann, wenn z zur abgeschlossenen Hülle $\overline{X}$ von X gehört. Gesucht ist ein $\hat{x} \in X$ mit

$$\|\hat{x} - z\| = \rho(z, X). \tag{5.2}$$

Definiert man das Funktional $f : E \to \mathbf{R}$ durch

$$f(y) = \|y - z\|, \quad y \in E, \tag{5.3}$$

so ist f wegen

$$|f(y_1) - f(y_2)| \leqslant \|y_1 - y_2\| \quad \text{für alle } y_1, y_2 \in E$$

stetig und wegen

$$\begin{aligned}
f(\lambda y_1 + (1 - \lambda)y_2) &= \|\lambda y_1 + (1 - \lambda)y_2 - z\| \\
&= \|\lambda(y_1 - z) + (1 - \lambda)(y_2 - z)\| \leqslant \lambda\|y_1 - z\| + (1 - \lambda)\|y_2 - z\| \\
&= \lambda f(y_1) + (1 - \lambda)f(y_2) \quad \text{für alle } \lambda \in [0, 1], y_1, y_2 \in E
\end{aligned}$$

konvex auf X.

Wählt man $x_0 \in X$ fest und definiert

$$X_0 = \{x \in X : f(x) \leqslant f(x_0)\}, \tag{5.4}$$

so ist X_0 eine nichtleere konvexe Teilmenge von X (Beweis = Übung), und wegen

$$X_0 \subseteq \{x \in X : \|x\| \leqslant f(x_0) + \|z\|\}$$

ist X_0 in E beschränkt. Ist X abgeschlossen, so ist auch X_0 abgeschlossen (Beweis = Übung), und aus dem Existenzsatz in Abschn. 2.1 ergibt sich

Satz 5.1 Ist E ein reflexiver Banachraum und X eine nichtleere abgeschlossene konvexe Teilmenge von E, so gibt es für jedes $z \in E$ ein $\hat{x} \in X$ mit (5.2).

B e w e i s. Definiert man X_0 durch (5.4), so ist offenbar $\rho(z, X_0) = \rho(z, X)$ mit ρ nach (5.1), und die Suche nach einem $\hat{x} \in X$ ist gleichbedeutend mit der Suche nach einem $\hat{x} \in X_0$, für das gilt:

$$f(\hat{x}) \leqslant f(x) \quad \text{für alle } x \in X_0.$$

wobei f durch (5.3) definiert und, wie oben bemerkt, stetig und konvex auf X (und damit auch auf X_0) ist. Weiterhin ist, wie oben ebenfalls bemerkt, X_0 nichtleer, konvex,

abgeschlossen und beschränkt, so daß sich die Behauptung aus dem Existenzsatz in
Abschn. 2.1 unmittelbar ergibt.   ∎

B e m e r k u n g. Wählt man irgendein $x_0 \in X$ fest, so ist offenbar $\rho(z, X) =$
$\rho(z - x_0, X - x_0)$ mit $X - x_0 = \{x - x_0 : x \in X\}$, und für $x^* \in X - x_0$ gilt genau
dann $\|x^* - (z - x_0)\| = \rho(z - x_0, X - x_0)$, wenn für $\hat{x} = x^* + x_0$ die Aussage (5.2)
wahr ist. Ist $z \in E$ fest gewählt, so könnte man anstelle von E den linearen Teilraum
F von E betrachten, der von $z - x_0$ und $V = L(X - x_0)$ aufgespannt wird, wobei V
der von $X - x_0$ erzeugte lineare Teilraum von E ist, d.h. aus allen Elementen der Form

$$v = \sum_{i \in I} \lambda_i(x_i - x_0), \qquad \lambda_i \in \mathbf{R}, x_i \in X \text{ für alle } i \in I$$

mit einer beliebigen endlichen Indexmenge I besteht.

Ist dann $V = L(X - x_0)$ reflexiv, so ist auch der von V und $z - x_0$ aufgespannte lineare
Teilraum F von E reflexiv (Beweis = Übung), und aus Satz 5.1 ergibt sich

Satz 5.2 Ist X eine nichtleere abgeschlossene konvexe Teilmenge eines normierten
Vektorraumes E derart, daß für ein $x_0 \in X$ der von $X - x_0$ erzeugte lineare Teilraum
von E reflexiv (z.B. endlich-dimensional) ist, so gibt es zu jedem $z \in E$ ein $\hat{x} \in X$ mit
(5.2).

5.2 Gleichmäßige Approximation von Funktionen

5.2.1 Der allgemeine konvexe Fall Wir greifen das Approximationsproblem in I Abschn.
2.1 in etwas allgemeinerer Form wieder auf. Sei also M ein kompakter metrischer Raum
und $E = C(M)$ der Vektorraum der stetigen reellwertigen Funktionen auf M, versehen
mit der Maximum-Norm I (2.1). Sei ferner X eine nichtleere konvexe Teilmenge von
C(M) und $z \in C(M)$ eine vorgegebene Funktion. Gesucht ist wieder ein $\hat{x} \in X$ mit (5.2),
wobei $\| \cdot \|$ die Maximum-Norm I (2.1) in $E = C(M)$ bedeutet.
Da E nicht reflexiv ist, ist Satz 5.1 nicht anwendbar. Auf Grund der Bemerkung im
Anschluß an Satz 5.1 wollen wir o.B.d.A. annehmen, daß X die Nullfunktion $\Theta_E \equiv 0$
enthält. Ist dann X abgeschlossen und der von X erzeugte lineare Teilraum $V = L(X)$
reflexiv, so ist nach Satz 5.2 für jede Funktion $z \in C(M)$ die Existenz eines $\hat{x} \in X$ mit
(5.2) gesichert. Nun sei W der von X, der Funktion $e \equiv 1$ und $z \in C(M)$ erzeugte
lineare Teilraum von C(M) und $F = W \times W$. Definiert man dann

$$g(v, \gamma) = \begin{pmatrix} g_1(v, \gamma) \\ g_2(v, \gamma) \end{pmatrix}$$

mit $\qquad g_1(v, \gamma)(t) = v(t) + \gamma - z(t)$

und $\qquad g_2(v, \gamma)(t) = -v(t) + \gamma + z(t) \qquad$ für $t \in M$,

so ist $g : V \times \mathbf{R} \to F$ eine affin-lineare Abbildung und somit konkav (vgl. Abschn. 2.2),
wenn man z.B. den Ordnungskegel Y in F durch $Y = Y_W \times Y_W$ definiert mit

$$Y_W = \{w \in W : w(t) \geqslant 0 \qquad \text{für alle } t \in M\}.$$

Definiert man schließlich noch ein lineares (und somit konvexes) Funktional (vgl. Abschn. 2.1) $f : V \times \mathbf{R} \to \mathbf{R}$ durch $f(v, \gamma) = \gamma$, $(v, \gamma) \in V \times \mathbf{R}$, so ist die Suche nach einem $\hat{x} \in X$ mit (5.2) gleichbedeutend mit dem Problem (P), unter den Nebenbedingungen

$$g(x, \gamma) \in Y, \qquad (x, \gamma) \in X \times \mathbf{R},$$

das Funktional $f(x, \gamma) = \gamma$ zum Minimum zu machen (vgl. dazu I Abschn. 2.1.1). Definiert man

$$S = \{(x, \gamma) \in X \times \mathbf{R} : g(x, \gamma) \in Y\},$$

so ist $\quad \rho(z, X) = \inf_{(x,\gamma) \in S} f(x, \gamma) \geqslant 0.$

Der Ordnungskegel Y von F hat ein nichtleeres Inneres $\overset{\circ}{Y}$, das gegeben ist durch $\overset{\circ}{Y} = \overset{\circ}{Y}_W \times \overset{\circ}{Y}_W$, wobei

$$\overset{\circ}{Y}_W = \{w \in W : w(t) > 0 \text{ für alle } t \in M\}$$

(Beweis = Übung) wegen $e \in \overset{\circ}{Y}_W$ nichtleer ist.

Wählt man $x_0 \in X$ beliebig und $\gamma_0 > \|x_0 - z\|$, so ist $g(x_0, \gamma_0) \in \overset{\circ}{Y}$, d.h. die verallgemeinerte Slater-Bedingung in Abschn. 3.3 mit $b = \Theta_F$ ist erfüllt. Da der Extremalwert von Problem (P) durch Null nach unten beschränkt ist, ist der Satz 4.8 anwendbar und liefert unter Berücksichtigung der Darstellungsformel IV (1.18) die Existenz zweier stetiger Linearformen $\hat{y}_1^*, \hat{y}_2^* \in W^*$ (= topologischer Dualraum von W, vgl. Abschn. 1.2) mit

$$\gamma - \hat{y}_1^*(g_1(x, \gamma)) - \hat{y}_2^*(g_2(x, \gamma)) \geqslant \rho(z, X) - \hat{y}_1^*(y_1) - \hat{y}_2^*(y_2)$$
$$\text{für alle } \gamma \in \mathbf{R}, x \in X \text{ und } y_1, y_2 \in Y_w,$$

was mit

$$\gamma - (\hat{y}_1^* - \hat{y}_2^*)(x) - \gamma(\hat{y}_1^* + \hat{y}_2^*)(e) + (\hat{y}_1^* - \hat{y}_2^*)(z)$$
$$\geqslant \rho(z, X) - \hat{y}_1^*(y_1) - \hat{y}_2^*(y_2) \tag{5.5}$$
$$\text{für alle } \gamma \in \mathbf{R}, x \in X \text{ und } y_1, y_2 \in Y_w$$

gleichbedeutend ist.

B e h a u p t u n g. Die Aussage (5.5) ist äquivalent mit

$$\hat{y}_1^*(e) + \hat{y}_2^*(e) = 1, \tag{5.6a}$$

$$(\hat{y}_1^* - \hat{y}_2^*)(z - x) \geqslant \rho(z, X) \qquad \text{für alle } x \in X \tag{5.6b}$$

und $\quad \hat{y}_1^*(y) \geqslant 0 \ \text{ sowie } \ \hat{y}_2^*(y) \geqslant 0 \qquad \text{für alle } y \in Y_w. \tag{5.6c}$

Aufgabe 5.1 Man beweise diese Behauptung.

Ist $w \in W$ vorgegeben, so ist für alle $t \in M$

$$-\|w\| \, e \leqslant w(t) \leqslant \|w\| \, e$$

und somit für $i = 1, 2$

$$- \|w\| \, \hat{y}_i^*(e) \leqslant \hat{y}_i^*(w) \leqslant \|w\| \, \hat{y}_i^*(e) \Rightarrow |\hat{y}_i^*(w)| \leqslant \hat{y}_i^*(e) \, \|w\| \, ,$$

was $\hat{y}_i^*(e) \geqslant \|\hat{y}_i^*\|_W$ impliziert. Andererseits ist wegen $e \in W$

$$\hat{y}_i^*(e) \leqslant \|\hat{y}_i^*\|_W = \sup_{\substack{w \in W \\ \|w\| = 1}} |\hat{y}_i^*(w)|$$

und somit $\hat{y}_i^*(e) = \|\hat{y}_i^*\|_W$ für $i = 1, 2$ (vgl. auch IV Abschn. 2.3). Setzt man $\hat{y}^* = \hat{y}_1^* - \hat{y}_2^*$, so ist

$$\|\hat{y}^*\|_W \leqslant \|\hat{y}_1^*\|_W + \|\hat{y}_2^*\|_W = \hat{y}_1^*(e) + \hat{y}_2^*(e) = 1 \tag{5.7}$$

und $\qquad \rho(z, X) \leqslant \inf_{x \in X} \hat{y}^*(z - x).$ $\hfill (5.8)$

Wählt man umgekehrt $y^* \in W^*$ mit $\|y^*\|_W \leqslant 1$ beliebig aus, so folgt für alle $x \in X$

$$y^*(z - x) \leqslant \|y^*\|_W \, \|z - x\| \leqslant \|z - x\| \, ,$$

woraus $\quad \inf_{x \in X} y^*(z - x) \leqslant \rho(z, X)$

folgt, was zusammen mit (5.7) und (5.8) den folgenden Satz ergibt.

Satz 5.3 Setzt man

$$B_{W^*} = \{y^* \in W^* : \|y^*\|_W \leqslant 1\},$$

so folgt für den Abstand (5.1) von z und X

$$\rho(z, X) = \max_{y^* \in B_{W^*}} \inf_{x \in X} y^*(z - x). \tag{5.9}$$

Aus IV Satz 1.4 ergibt sich

$$\|z - x\| = \max_{y^* \in B_{W^*}} y^*(z - x)$$

(Diese Aussage folgt sogar trivial aus der Definition der Maximum-Norm) und daraus

$$\rho(z, X) = \inf_{x \in X} \max_{y^* \in B_{W^*}} y^*(z - x). \tag{5.10}$$

5.2.2 Der allgemeine lineare Fall

Satz 5.4 Ist X ein linearer Teilraum von $E = C(M)$, so gilt für jedes $y^* \in W^*$ die Äquivalenz

$$\inf_{x \in X} y^*(z - x) > -\infty \Longleftrightarrow y^*(x) = 0 \qquad \text{für alle } x \in X,$$

und in beiden Fällen ist

$$y^*(z) = \inf_{x \in X} y^*(z - x), \tag{5.11}$$

was (nach Satz 5.3)

$$\rho(z, X) = \max_{y^* \in B_{W^*} \cap X^{\perp}_{W^*}} y^*(z) \tag{5.12}$$

impliziert mit

$$X^{\perp}_{W^*} = \{y^* \in W^* : y^*(x) = 0 \quad \text{für alle } x \in X\}.$$

B e w e i s. Ist $y^* \in X^{\perp}_{W^*}$, so folgt $\inf_{x \in X} y^*(z - x) = y^*(z) > -\infty$. Ist umgekehrt

$\inf_{x \in X} y^*(z - x) = \alpha > -\infty$, so ist

$$-y^*(x) \geqslant \alpha - y^*(z) \quad \text{für alle } x \in X,$$

was $y^* \in X^{\perp}_{W^*}$ impliziert. ∎

Ist X ein linearer Teilraum von $E = C(M)$, so ist also das zu Problem (P) duale Problem gleichbedeutend mit dem Problem (D), unter den Nebenbedingungen

$$y^* \in W^*, \quad \|y^*\|_W \leqslant 1, \quad y^*(x) = 0 \quad \text{für alle } x \in X,$$

die Linearform $y^*(z)$ zum Maximum zu machen. Dieses Problem ist stets lösbar und sein Extremalwert gleich $\rho(z, X)$. Darüber hinaus gilt

Satz 5.5 Sei X ein linearer Teilraum von $E = C(M)$ und $\rho(z, X) > 0$. Für $\hat{x} \in X$ ist genau dann (5.2) erfüllt, wenn ein $\hat{y}^* \in W^*$ existiert mit

$$\|\hat{y}^*\|_W = \sup_{\substack{w \in W \\ \|w\| = 1}} \hat{y}^*(w) = 1, \tag{5.13}$$

$$\hat{y}^*(x) = 0 \quad \text{für alle } x \in X \tag{5.14}$$

und $\hat{y}^*(z - \hat{x}) = \|z - \hat{x}\|$. $\tag{5.15}$

B e w e i s. 1. Gilt $\|\hat{x} - z\| = \rho(z, X)$ für ein $\hat{x} \in X$, so gibt es nach Satz 5.4 ein $\hat{y}^* \in W^*$ mit $\|\hat{y}^*\|_W \leqslant 1$, (5.14) und (5.15), was auch (5.13) impliziert.

2. Gibt es umgekehrt zu vorgegebenem $\hat{x} \in X$ ein $\hat{y}^* \in W^*$ mit (5.13), (5.14), (5.15), so folgt für alle $x \in X$

$$\|z - \hat{x}\| = \hat{y}^*(z - \hat{x}) = \hat{y}^*(z - x) \leqslant \|z - x\| ,$$

d.h. $\|\hat{x} - z\| = \rho(z, X)$. ∎

Ist X ein n-dimensionaler linearer Teilraum von $C(M)$, so läßt sich Satz 5.5 für den Fall $\rho(z, X) > 0$ noch weiter verschärfen zu I Satz 5.6, wenn man IV Satz 2.8 und das zugehörige Korollar verwendet.

Zu dem Zweck wählen wir speziell für V den linearen Teilraum von $C(M)$, der von X und der zu approximierenden Funktion $z \in C(M)$ aufgespannt wird. Dann ist $r = \dim V \leqslant n + 1$, und der in Satz 5.5 auftretende lineare Teilraum W von $C(M)$ wird von V und $e \equiv 1$ aufgespannt. Jedes Element $y \in W$ gehört daher auch zu V, und aus Satz

5.5 und IV Satz 2.8 mit Korollar ergibt sich unter Benutzung von I Aufgabe 5.3b der Satz 5.6 in Kapitel I.

5.3 Ein Approximationsproblem mit einer gemischten Norm

Wir greifen das Approximationsproblem (1.34'), (1.43) in etwas allgemeinerer Form wieder auf. Sei E der Vektorraum C(M) der stetigen reellwertigen Funktionen h auf $M = [a, b] \times [a, b]$, $a < b$, versehen mit der Norm

$$\|h\| = \max_{t \in [a,b]} \int_a^b |h(t, s)|\, ds. \tag{5.16}$$

Sei X eine nichtleere konvexe Teilmenge von $E = C(M)$ und $z \in E$ irgendeine Funktion. Gesucht ist wieder ein $\hat{x} \in X$ mit (5.2). Bei der Frage nach der Existenz von $\hat{x}$ kann man wieder den Satz 5.2 verwenden. Wir wollen weiterhin n o t w e n d i g e   u n d   h i n - r e i c h e n d e   B e d i n g u n g e n   für $\hat{x}$ angeben. Zu dem Zweck formulieren wir das Approximationsproblem wieder in ein Problem der konvexen Optimierung um. Sei $F = C[a, b]$, versehen mit der Maximum-Norm und der natürlichen Halbordnung $y_1 \geqslant y_2 \Longleftrightarrow y_1(t) \geqslant y_2(t)$ für alle $t \in [a, b]$, $y_1, y_2 \in F$.
Definiert man eine Abbildung $g : X \times \mathbf{R} \to F$ durch

$$g(x, \gamma)(t) = \gamma - \int_a^b |x(t, s) - z(t, s)|\, ds, \qquad t \in [a, b],$$

so ist g auf $X \times \mathbf{R}$ konkav (vgl. Abschn. 2.2; Beweis = Übung), und die Suche nach einem $\hat{x} \in X$ mit (5.2) (und der Norm (5.16)) ist gleichbedeutend mit dem Problem (P), unter den Nebenbedingungen

$$g(x, \gamma) \in Y, \qquad (x, \gamma) \in X \times \mathbf{R},$$

das lineare Funktional $f(x, \gamma) = \gamma$ zum Minimum zu machen. Dabei ist

$$Y = \{y \in F = C[a, b] : y(t) \geqslant 0 \text{ für alle } t \in [a, b]\}$$

der Ordnungskegel von F. Das Innere von Y ist gegeben durch

$$\overset{\circ}{Y} = \{y \in F : y(t) > 0 \text{ für alle } t \in [a, b]\}.$$

Wählt man $x_0 \in X$ beliebig und $\gamma_0 > \|x_0 - z\|$, so ist $g(x_0, \gamma_0) \in \overset{\circ}{Y}$, d.h., es ist die Slater-Bedingung von Abschn. 3.3 mit $b = \Theta_F$ erfüllt.
Da außerdem

$$\rho(z, X) = \inf_{(x,\gamma) \in S} f(x, \gamma) \geqslant 0$$

mit $S = \{(x, \gamma) \in X \times \mathbf{R} : g(x, \gamma) \in Y\},$

ist das duale Problem nach Satz 4.8 lösbar, und die Extremwerte stimmen überein. Daraus folgt die Existenz eines $\hat{y}^* \in F^*$ mit

$$\gamma - \hat{y}^*(g(x, \gamma)) \geqslant \rho(z, X) - \hat{y}^*(y) \tag{5.17}$$
$$\text{für alle } (x, \gamma) \in X \times \mathbf{R} \text{ und } y \in Y.$$

Diese Aussage ist gleichbedeutend mit

$$\hat{y}^*(y) \geqslant 0 \quad \text{für alle } y \in Y, \text{ d.h. } \hat{y}^* \geqslant \Theta_{F^*}, \tag{5.18}$$

$$\hat{y}^*(e) = \|\hat{y}^*\| = 1, \tag{5.19}$$

wobei $e \equiv 1$ (vgl. IV Lemma 2.4) und

$$\inf_{x \in X} \hat{y}^* \left(\int_a^b |x(\cdot, s) - z(\cdot, s)|\, ds \right) \geqslant \rho(z, X). \tag{5.20}$$

Nach IV Abschn. 2.3 gibt es zu $\hat{y}^*$ eine monotone Funktion $\hat{g}$ auf $[a, b]$, so daß für alle $h \in F$ gilt

$$\hat{y}^*(h) = \int_a^b h(t)\, d\hat{g}(t),$$

wobei das Integral ein Riemann-Stieltjes-Integral ist. Nach (5.19) ist weiter

$$\int_a^b d\hat{g}(t) = \hat{g}(b) - \hat{g}(a) = 1$$

und (5.20) lautet

$$\inf_{x \in X} \int_a^b \int_a^b |x(t, s) - z(t, s)|\, ds\, d\hat{g}(t) \geqslant \rho(z, X). \tag{5.21}$$

Ist umgekehrt g eine monotone Funktion auf $[a, b]$ mit $g(b) - g(a) = 1$, so folgt für alle $x \in X$

$$\int_a^b \int_a^b |x(t, s) - z(t, s)|\, ds\, dg(t) \leqslant \|x - z\|\, (g(b) - g(a)) = \|x - z\|$$

und somit

$$\inf_{x \in X} \int_a^b \int_a^b |x(t, s) - z(t, s)|\, ds\, dg(t) \leqslant \rho(z, X). \tag{5.22}$$

Damit haben wir

Satz 5.7 Ist B die Menge der auf $[a, b]$ monotonen Funktionen g mit $g(b) - g(a) = 1$, so folgt

$$\rho(z, X) = \max_{g \in B}\ \inf_{x \in X} \int_a^b \int_a^b |x(t, s) - z(t, s)|\, ds\, dg(t). \tag{5.23}$$

Aus diesem Satz gewinnt man leicht

Satz 5.8 Für $\hat{x} \in X$ ist genau dann (5.2) erfüllt, wenn es ein $\hat{g} \in B$ gibt mit

$$\|\hat{x} - z\| = \int_a^b \int_a^b |\hat{x}(t, s) - z(t, s)|\, ds\, d\hat{g}(t)$$

$$= \max_{g \in B}\ \inf_{x \in X} \int_a^b \int_a^b |x(t, s) - z(t, s)|\, ds\, dg(t). \tag{5.24}$$

B e w e i s. 1. Daß (5.24) die Aussage (5.2) impliziert, folgt direkt aus (5.23).

2. Ist umgekehrt (5.2) erfüllt, so folgt aus (5.23) die Existenz einer Funktion $\hat{g} \in B$ mit

$$\|\hat{x} - z\| = \inf_{x \in X} \int_a^b \int_a^b |x(t, s) - z(t, s)| \, ds \, d\hat{g}(t)$$

$$\leqslant \int_a^b \int_a^b |\hat{x}(t, s) - z(t, s)| \, ds \, dg(t) \leqslant \|\hat{x} - z\|,$$

was $\quad \|\hat{x} - z\| = \int_a^b \int_a^b |\hat{x}(t, s) - z(t, s)| \, ds \, d\hat{g}(t)$

$$= \inf_{x \in X} \int_a^b \int_a^b |x(t, s) - z(t, s)| \, ds \, d\hat{g}(t)$$

und zusammen mit (5.23) und (5.2) die Behauptung (5.24) impliziert. $\qquad\blacksquare$

5.4 Berechnung der Minimalabweichung bei einem konvexen Approximationsproblem

Wir greifen noch einmal das konvexe Approximationsproblem in Abschn. 5.1 auf,
wollen aber die Bezeichnungen aus Abschn. 1.1 verwenden, um den Anschluß an das
allgemeine konvexe Optimierungsproblem in Abschn. 3.1 ohne doppeldeutige Bezeichnungen herstellen zu können. Wir betrachten daher einen normierten Vektorraum Z
über $\mathbf{R}$, eine nichtleere konvexe Teilmenge V von Z und ein Element $z \in Z$. Gesucht ist
ein $\hat{v} \in V$ mit (1.1). Unser Ziel besteht jetzt darin, unabhängig von der Lösbarkeit dieses Problems die durch (1.2) gegebene Minimalabweichung $\rho(z, V)$ zu berechnen. Zu
dem Zwecke wollen wir das Approximationsproblem (1.1) in ein äquivalentes konvexes
Optimierungsproblem umformulieren und darauf Satz 4.9 anwenden.

Nach Abschn. 1.1 ist das Problem (1.1) gleichbedeutend mit der Aufgabe, unter den
Nebenbedingungen (1.9) das lineare Funktional $f(v, \gamma) = \gamma$ zum Minimum zu machen.
(Das wurde dort für einen linearen Teilraum V von Z eingesehen, gilt aber herleitungs-
gemäß für jede nichtleere Teilmenge V von Z.) Wir definieren nun $E = F = Z \times \mathbf{R}$, ver-
sehen mit der Norm $\|(y, \gamma)\| = \|y\| + |\gamma|$, $(y, \gamma) \in F$. Weiterhin führen wir in F eine Halb-
ordnung ein, die durch den abgeschlossenen konvexen Kegel

$$Y = \{(y, \gamma) \in F : L(y) + \gamma \geqslant 0 \text{ für alle } L \in B^*\} \tag{5.25}$$

induziert wird. Dabei bezeichnet B^* wiederum die Einheitskugel (1.6) des Dualraumes
Z^* von Z. Definiert man nun noch $X = \{z - V\} \times \mathbf{R}$ und $g : E \to F$ als identische Abbildung, so ist X eine konvexe Teilmenge von E und g eine konkave Abbildung, und
die Nebenbedingungen (1.10) gehen über in die Bedingungen

$$(y, \gamma) \in X, \qquad g(y, \gamma) \in Y. \tag{5.26}$$

Das Approximationsproblem (1.1) ist damit äquivalent zu der Aufgabe, unter den Nebenbedingungen (5.26) das Funktional $f(y, \gamma) = \gamma$ zum Minimum zu machen. Es liegt
also ein k o n v e x e s   O p t i m i e r u n g s p r o b l e m   wie in Abschn. 3.1 (mit
$b = \Theta_F$) vor (vgl. auch Abschn. 4.1). Um auf dieses Problem den Satz 4.9 anwenden
zu können, benötigen wir den zu Y adjungierten Kegel Y^* in F^* (vgl. IV Abschn. 2.2).

Lemma 5.9 Der zu Y aus (5.25) adjungierte Kegel Y* ist gegeben durch

$$K(B^* \times \{1\}) = \{\lambda(L, 1) : L \in B^*, \lambda \geqslant 0\}. \tag{5.27}$$

B e w e i s. Sei $y^* = \lambda(L, 1) \in K(B^* \times \{1\})$ vorgegeben. Dann folgt für jedes $(y, \gamma) \in Y$

$$y^*(y, \gamma) = \lambda L(y) + \lambda\gamma = \lambda(L(y) + \gamma) \geqslant 0, \qquad \text{d.h., es ist } y^* \in Y^*.$$

Nun sei umgekehrt $y^* = (\hat{L}, \hat{\lambda}) \in Y^*$ vorgegeben. Dann ist definitionsgemäß

$$\hat{L}(y) + \hat{\lambda}\gamma \geqslant 0 \qquad \text{für alle } (y, \gamma) \in Y. \tag{5.28}$$

Versieht man Z* mit der schwachen Topologie, so besteht F** gerade aus allen Linearformen der Gestalt

$$y^{**}(L, \lambda) = L(y) + \lambda\gamma, \qquad L \in Z^*, \lambda \in \mathbf{R},$$

wobei $(y, \gamma) \in F$ ein beliebiges, aber festes Element ist, und B* ist in Z* kompakt. Damit ist $B^* \times \{1\}$ eine konvexe kompakte Teilmenge von F* und $\Theta_{F^*} \notin B^* \times \{1\}$. Nach IV Satz 2.1[1] ist daher $K(B^* \times \{1\})$ abgeschlossen. Nun nehmen wir an, es sei $(\hat{L}, \hat{\lambda}) \notin K(B^* \times \{1\})$. Dann gibt es nach IV Satz 2.3[1] ein $(y, \gamma) \in F$ mit

$$\lambda L(y) + \lambda\gamma \geqslant 0 \qquad \forall L \in B^* \text{ und } \lambda \geqslant 0 \Rightarrow (y, \gamma) \in Y$$

und $\hat{L}(y) + \hat{\lambda}\gamma < 0$, ein Widerspruch gegen (5.28). Mithin ist $(\hat{L}, \hat{\lambda}) \in K(B^* \times \{1\})$. ∎
Als nächstes beweisen wir

Lemma 5.10 Der durch (5.25) definierte Kegel Y hat ein nichtleeres Inneres $\mathring{Y}$.

B e w e i s. Wählt man $\hat{y} \in Z$ beliebig und $\hat{\gamma} = \|\hat{y}\| + \epsilon$ für ein $\epsilon > 0$, so folgt für jedes $L \in B^*$

$$L(\hat{y}) + \hat{\gamma} \geqslant -\|\hat{y}\| + \|\hat{y}\| + \epsilon = \epsilon > 0, \qquad \text{d.h. } (\hat{y}, \hat{\gamma}) \in Y,$$

und für jedes $(y, \gamma) \in Z$ mit $\|y - \hat{y}\| \leqslant \epsilon/4$, $|\gamma - \hat{\gamma}| \leqslant \epsilon/4$ folgt

$$L(y) + \gamma = L(\hat{y}) + \hat{\gamma} + L(y - \hat{y}) + \gamma - \hat{\gamma}$$
$$\geqslant \epsilon - \|y - \hat{y}\| - |\gamma - \hat{\gamma}| \geqslant \epsilon/2 > 0, \qquad \text{d.h. } (y, \gamma) \in Y,$$

was $(\hat{y}, \hat{\gamma}) \in \mathring{Y}$ impliziert. ∎

Auf die gleiche Weise sieht man auch, daß ein Paar $(y, \gamma) \in X$ existiert mit $(y, \gamma) \in \mathring{Y}$. Damit ist die verallgemeinerte Slater-Bedingung aus Abschn. 3.3 (für $b = \Theta_F$) erfüllt. Da der Extremalwert des Problems mit den Nebenbedingungen (5.26) gleich der Minimalabweichung $\rho(z, V)$ (1.2) ist und somit durch Null nach unten beschränkt, ist der Satz 4.9 anwendbar und liefert mit Lemma 5.9 die Aussage

$$\rho(z, V) = \max_{\substack{(\lambda L, \lambda) \\ L \in B^*, \lambda \geqslant 0}} \quad \inf_{v \in V, \gamma \in \mathbf{R}} \{\gamma - [\lambda L(z - v) + \lambda\gamma]\}.$$

Bei der Maximumbildung kommen nur solche Paare $(\lambda L, \lambda) \in K(B^* \times \{1\})$ in Frage, für die

$$\inf_{v \in V, \gamma \in \mathbf{R}} \{\gamma - [\lambda L(z - v) + \lambda\gamma]\} = \inf_{v \in V, \gamma \in \mathbf{R}} \{\gamma(1 - \lambda) + \lambda L(v - z)\} > -\infty$$

---

1) Beide Sätze gelten auch für $E = Z^*$, versehen mit der schwachen Topologie.

ist, was offenbar nur für $\lambda = 1$ eintreten kann. Damit erhalten wir

$$\rho(z, V) = \max_{L \in B^*} \inf_{v \in V} L(v - z) = \max_{L \in B^*} \inf_{v \in V} L(z - v), \qquad (5.29a)$$

da mit L auch $- L$ zu B^* gehört. Das können wir noch weiter umschreiben zu

$$\rho(z, V) = \max_{L \in B^*} \{L(z) - \sup_{v \in V} L(v)\}. \qquad (5.29b)$$

Diese Aussage läßt sich auf direktem Wege noch wesentlich kürzer beweisen (vgl. dazu K ö t h e [66], S. 348). Bei H o l m e s [72] wird sie unter Benutzung konjugierter Funktionale hergeleitet.

Aufgabe 5.2 In Analogie zu Satz 5.4 und 5.5 beweise man für den Fall eines linearen Teilraumes V von Z die beiden folgenden Aussagen:

a) Es gilt

$$\rho(z, V) = \max_{L \in B^* \cap V^\perp} L(z)$$

mit $V^\perp = \{L \in Z^*, : L(v) = 0 \text{ für alle } v \in V\}$.

b) $\hat{v} \in V$ ist genau dann eine beste Approximierende von $z \notin \bar{V}$ in V, wenn es ein $\hat{L} \in V^\perp$ gibt mit $\|\hat{L}\| = 1$ und

$$\hat{L}(z - v) = \|z - v\| .$$

Ist V ein l i n e a r e r   T e i l r a u m von Z, wählt man als Ordnungskegel in E den linearen Teilraum $V \times R$ und definiert die lineare Abbildung $A : E \to F$ durch $A(y, \gamma) = (- y, \gamma)$ so kann man das obige Optimierungsproblem auch als ein l i n e a r e s   O p - t i m i e r u n g s p r o b l e m (I Abschn. 3) formulieren, das darin besteht, unter den Nebenbedingungen

$$(y, \gamma) \in V \times R, \qquad A(y, \gamma) + (z, 0) \in Y$$

die Linearform $c(y, \gamma) = \gamma$ zum Minimum zu machen, wobei Y der durch (5.25) definierte Ordnungskegel in $F = E$ ist.

Abschließend wollen wir noch zeigen, wie man die Formel (5.52) in I Abschn. 5.5 aus (5.29b) gewinnen kann. Wir betrachten dazu eine leichte Verallgemeinerung der dort vorliegenden Situation: Sei W ein weiterer normierter Vektorraum (dessen Norm wir ebenfalls mit $\| \cdot \|$ bezeichnen) und $B : W \to Z$ eine vorgegebene lineare Abbildung sowie U eine nichtleere konvexe Teilmenge von W. Die konvexe Teilmenge V in Z denken wir uns als das Bild B(U) von U definiert. Dann folgt aus (5.29b)

$$\rho(z, B(U)) = \max_{L \in B^*} \{L(z) - \sup_{u \in U} L(B(u))\}. \qquad (5.30)$$

Diese Formel ist offensichtlich eine Verallgemeinerung von (5.52) in I Abschn. 5.5. Dort ist $W = C[0, T]$, $Z = C[-1, + 1]$, versehen mit der Maximum-Norm $\| \cdot \|_\infty$, $U = \{u \in W : \| u \|_\infty \leqslant 1\}$, und die Abbildung B ist durch I (1.8) definiert.

6 Konvexe Optimierungsprobleme in Funktionenräumen

6.1 Problemstellung und Charakterisierung der Optimalität

Wir gehen zunächst von einer sehr allgemeinen Situation aus und betrachten einen linearen Vektorraum E, eine nichtleere Teilmenge X von E, ein Funktional $f : X \to \mathbf{R}$ und eine Abbildung $g : X \to C(T)$, wobei $C(T)$ der Vektorraum der auf T stetigen reellwertigen Funktionen und T ein kompakter Hausdorff-Raum ist. Wir denken uns $C(T)$ mit der Maximum-Norm I (2.1) versehen und auf natürliche Weise halbgeordnet (vgl. IV Abschn. 1.1). Den Ordnungskegel von $C(T)$ bezeichnen wir mit Y. Wir nehmen an, die Menge

$$S = \{x \in X : g(x) \in Y\} \tag{6.1}$$

sei nichtleer. Gesucht ist ein $\hat{x} \in S$ mit

$$f(\hat{x}) \leqslant f(x) \qquad \text{für alle } x \in S. \tag{6.2}$$

Wir wollen n o t w e n d i g e u n d h i n r e i c h e n d e B e d i n g u n g e n für solche optimalen Elemente $\hat{x} \in S$ angeben. Zu dem Zweck ordnen wir jedem $x \in X$ den Wert

$$\delta(x) = \inf_{t \in T} g(x, t) \tag{6.3}$$

und die nichtleere Menge

$$I(x) = \{t \in T : g(x, t) = \delta(x)\} \tag{6.4}$$

zu. Dann gilt

Satz 6.1 Ein Element $\hat{x} \in S$ ist optimal, d.h., es gilt (6.2), wenn für jedes $x \in X$ die folgende Implikation wahr ist:

$$g(x, t) \geqslant 0 \text{ für alle } t \in I(\hat{x}) \quad \Rightarrow \quad f(\hat{x}) \leqslant f(x), \tag{6.5}$$

d.h., wenn $\hat{x}$ das Funktional f auf der Menge

$$S(\hat{x}) = \{x \in X : g(x, t) \geqslant 0 \text{ für alle } t \in I(\hat{x})\} \tag{6.6}$$

zum Minimum macht.

Der Beweis von Satz 6.1 ergibt sich unmittelbar aus der Tatsache $S \subseteq S(\hat{x})$ und der Äquivalenz der Implikation (6.5) mit der Aussage $f(\hat{x}) \leqslant f(x)$ für alle $x \in S(\hat{x})$. Es erhebt sich die Frage, unter welchen Voraussetzungen die Gültigkeit der Implikation (6.5) für alle $x \in X$ auch notwendig für die Optimalität von $\hat{x} \in S$ ist. Zur Untersuchung dieser Frage benötigen wir folgende

Definition a) Die Menge X heißt s t e r n f ö r m i g b e z ü g l i c h $\hat{x} \in X$, wenn gilt

$$\lambda \in [0, 1], x \in X \quad \Rightarrow \quad \lambda x + (1 - \lambda)\, \hat{x} \in X.$$

b) Das Funktional $f : X \to \mathbf{R}$ bzw. die Abbildung $g : X \to C(T)$ heißt k o n v e x bzw.

k o n k a v   b e z ü g l i c h $\hat{x} \in X$, wenn X bezüglich $\hat{x}$ sternförmig ist und für alle $x \in X$ und $\lambda \in [0, 1]$ gilt

$$f(\lambda x + (1 - \lambda)\hat{x}) \leqslant \lambda f(x) + (1 - \lambda)f(\hat{x})$$

bzw. $g(\lambda x + (1 - \lambda)\hat{x}) \geqslant \lambda g(x) + (1 - \lambda)g(\hat{x})$.   (6.7)

Dabei ist (6.7) gleichbedeutend mit

$$g(\lambda x + (1 - \lambda)\hat{x}, t) \geqslant \lambda g(x, t) + (1 - \lambda)g(\hat{x}, t) \qquad \text{für alle } t \in T,$$

was mit der Konkavität aller Funktionale $g(\cdot, t) : X \to \mathbf{R}, t \in T$, bezüglich $\hat{x}$ gleichbedeutend ist.

Ist T eine endliche Menge (und damit ein kompakter Hausdorff-Raum, wenn man sie mit der diskreten Topologie versieht), so gilt

Satz 6.2 Sei $\hat{x} \in S$ optimal, d.h., es gelte (6.2). Ist dann T endlich, X sternförmig, f konvex und g konkav bezüglich $\hat{x}$, so gilt die Implikation (6.5) für alle $x \in X$.

B e w e i s . Wir nehmen an, es gebe ein $x^* \in X$ mit

$$g(x^*, t) \geqslant 0 \qquad \text{für alle } t \in I(\hat{x}) \text{ und } f(x^*) < f(\hat{x}).$$ (6.8)

Dann definieren wir

$$B = \{t \in T : g(x^*, t) - g(\hat{x}, t) < 0\}$$

und setzen

$$\hat{\lambda} = \begin{cases} \min_{t \in B} \dfrac{g(\hat{x}, t)}{g(\hat{x}, t) - g(x^*, t)}, & \text{falls } B \text{ nichtleer ist,} \\[2ex] 1, & \text{falls } B \text{ leer ist.} \end{cases}$$

Sicher ist $\hat{\lambda} > 0$; denn für den Fall, daß B nichtleer ist, gilt $B \cap I(\hat{x}) = \emptyset$ auf Grund der Annahme (6.8), was $g(\hat{x}, t) > 0$ impliziert für alle $t \in B$. Für $\lambda = \min(\hat{\lambda}, 1)$ gilt dann $\lambda \in (0, 1]$, und wegen der Sternförmigkeit von X bezüglich $\hat{x}$ folgt $x_\lambda = \lambda x^* + (1 - \lambda)\hat{x} \in X$. Aus der Konkavität von g bezüglich $\hat{x}$ folgt weiter mit der Definition von λ

$$g(x_\lambda, t) \geqslant \lambda g(x^*, t) + (1 - \lambda)g(\hat{x}, t)$$
$$= g(\hat{x}, t) + \lambda[g(x^*, t) - g(\hat{x}, t)] \geqslant 0 \qquad \text{für alle } t \in T,$$

d.h. $x_\lambda \in S$. Aus der Konvexität von f bezüglich $\hat{x}$ und (6.8) folgt schließlich wegen $\lambda > 0$

$$f(x_\lambda) \leqslant \lambda f(x^*) + (1 - \lambda)f(\hat{x}) = f(\hat{x}) + \lambda\{f(x^*) - f(\hat{x})\} < f(\hat{x}),$$

ein Widerspruch gegen die Optimalität von $\hat{x}$.

Damit ist die Annahme (6.8) falsch.   ∎

Setzt man T nicht als endlich voraus, so läßt sich nur der folgende schwächere Satz beweisen.

Satz 6.3 Unter denselben Voraussetzungen wie in Satz 6.2 folgt aus der Optimalität von $\hat{x} \in S$ notwendig für alle $x \in X$ die Implikation

$$g(x, t) > 0 \text{ für alle } t \in I(\hat{x}) \quad \Rightarrow \quad f(\hat{x}) \leqslant f(x) \tag{6.9}$$

(die offensichtlich eine Folge der Implikation (6.5) ist).

B e w e i s. Wir nehmen an, es gebe ein $x^* \in X$ mit

$$g(x^*, t) > 0 \quad \text{für alle } t \in I(\hat{x}) \text{ und } f(\hat{x}) > f(x^*). \tag{6.10}$$

Definiert man

$$\delta = \min_{t \in I(\hat{x})} g(x^*, t),$$

so ist $\delta > 0$, und die Menge

$$\tilde{I} = \{t \in T : g(x^*, t) > \frac{\delta}{2}\}$$

ist eine offene Obermenge von $I(\hat{x})$. Ist $\tilde{I} = T$, so ist $x^* \in S$ und die Annahme (6.10) ein Widerspruch zur Optimalität von $\hat{x}$.

Ist $\tilde{I} \neq T$, so ist das Komplement B von $\tilde{I}$ eine nichtleere abgeschlossene Teilmenge von T und

$$\mu_1 = \min_{t \in B} g(\hat{x}, t) > 0.$$

Ist nun

$$g(x^*, t) \geqslant g(\hat{x}, t) \quad \text{für alle } t \in T, \tag{6.11}$$

so ist wiederum $x^* \in S$ und die Annahme (6.10) ein Widerspruch zur Optimalität von $\hat{x}$. Ist (6.11) nicht erfüllt, so ist

$$\mu_2 = \min_{t \in T} [g(x^*, t) - g(\hat{x}, t)] < 0.$$

Wählt man $\lambda = \min (1, \hat{\lambda})$ mit $\hat{\lambda} = \mu_1/(-\mu_2)$, so ist

$$x_\lambda = \lambda x^* + (1 - \lambda)\hat{x} \in X$$

und $\quad g(x_\lambda, t) \geqslant \lambda g(x^*, t) + (1 - \lambda)g(\hat{x}, t)$

$$= g(\hat{x}, t) + \lambda[g(x^*, t) - g(\hat{x}, t)] \quad \begin{cases} > \lambda \dfrac{\delta}{2} & \text{für alle } t \in \tilde{I}, \\[2mm] \geqslant \mu_1 + \lambda\mu_2 \geqslant 0 & \text{für alle } t \in B, \end{cases}$$

mithin $x_\lambda \in S$ und weiter wegen $\lambda \in (0, 1]$

$$f(x_\lambda) \leqslant \lambda f(x^*) + (1 - \lambda)f(\hat{x})$$

$$= f(\hat{x}) + \lambda[f(x^*) - f(\hat{x})] < f(\hat{x}),$$

ein Widerspruch gegen die Optimalität von $\hat{x}$. Damit ist die Annahme (6.10) falsch. ∎

Es erhebt sich jetzt weiter die Frage, unter welchen Voraussetzungen die Implikation (6.5) (für alle $x \in X$) aus der Implikation (6.9) folgt. Auskunft hierüber gibt

Satz 6.4 Sei E ein normierter Vektorraum und $f : X \to \mathbf{R}$ ein stetiges Funktional. Ist dann zu vorgegebenem $\hat{x} \in S$ die Menge

$$S_0(\hat{x}) = \{x \in X : g(x, t) > 0 \quad \text{für alle } t \in I(\hat{x})\} \tag{6.12}$$

nichtleer und gilt für $S(\hat{x})$ nach (6.6) die Aussage

$$S(\hat{x}) \subseteq \overline{S_0(\hat{x})} = \text{abgeschlossene Hülle von } S_0(\hat{x}),$$

so ist die Implikation (6.5) (für alle $x \in X$) eine Folge der Implikation (6.9), d.h., die beiden Implikationen sind äquivalent.

B e w e i s. Gilt für ein $x \in X$

$$g(x, t) \geqslant 0 \quad \text{für alle } t \in I(\hat{x}),$$

so ist $x \in S(\hat{x})$, und es gibt eine Folge $\{x_k\}$ von Punkten $x_k \in S_0(\hat{x})$ mit $x = \lim_{k \to \infty} x_k$.

Aus (6.9) folgt sodann $f(\hat{x}) \leqslant f(x_k)$ für alle k und daraus $f(\hat{x}) \leqslant f(x)$ wegen der Stetigkeit von f, was die Implikation (6.5) beweist. ∎

Lemma 6.5 Ist E ein normierter Vektorraum, X eine nichtleere konvexe Teilmenge von E, g auf X konkav (vgl. Abschn. 2.2) und die Menge

$$S_0 = \{x \in X : g(x, t) > 0 \quad \text{für alle } t \in T\} \tag{6.13}$$

nichtleer, so ist für jedes $\hat{x} \in S$ die durch (6.12) definierte Menge $S_0(\hat{x})$ nichtleer, und es gilt

$$S(\hat{x}) \subseteq \overline{S_0(\hat{x})}$$

mit $S(\hat{x})$ nach (6.6).

B e w e i s. Nach Annahme gibt es ein $x_0 \in X$ mit

$$g(x_0, t) > 0 \quad \text{für alle } t \in T,$$

woraus $x_0 \in S_0(\hat{x})$ für alle $\hat{x} \in S$ folgt. Nun sei ein $x \in S(\hat{x})$ vorgegeben. Dann ist für alle $k \geqslant 1$

$$x_k = \frac{1}{k} x_0 + \left(1 - \frac{1}{k}\right) x \in X$$

und $\quad g(x_k, t) \geqslant \dfrac{1}{k} g(x_0, t) + \left(1 - \dfrac{1}{k}\right) g(x, t) > 0 \quad \text{für alle } t \in I(\hat{x}),$

d.h. $x_k \in S_0(\hat{x})$. Weiterhin ist $x = \lim_{k \to \infty} x_k$, was $x \in \overline{S_0(\hat{x})}$ impliziert. ∎

Zusammenfassend ergibt sich aus Satz 6.1, 6.3, 6.4 und Lemma 6.5

Satz 6.6 Sei E ein normierter Vektorraum, X eine nichtleere konvexe Teilmenge von E, f auf X stetig und konvex, g auf X konkav und die durch (6.13) definierte Menge S_0 nichtleer.

B e h a u p t u n g: Ein Element $\hat{x} \in S$ ist genau dann optimal, wenn für alle $x \in X$ die Implikation (6.5) gilt (die mit der Implikation (6.9) gleichbedeutend ist). Ist T endlich, so ist die Voraussetzung $S_0 \neq \emptyset$ nach Satz 6.2 entbehrlich.

Dieser Satz ist eigentlich nur interessant für den Fall, daß

$$I(\hat{x}) = \{t \in T : g(\hat{x}, t) = 0\}$$

ist, d.h. $\delta(\hat{x}) = 0$ mit δ nach (6.3). Ist $\delta(\hat{x}) > 0$, so gilt sogar

Satz 6.7 Sei $\hat{x} \in S$ optimal und $\delta(\hat{x}) > 0$.

Ist dann X sternförmig, f konvex und g konkav bezüglich $\hat{x}$, so folgt

$$f(\hat{x}) \leqslant f(x) \qquad \text{für alle } x \in X,$$

d.h., $\hat{x}$ ist sogar ein Minimalpunkt von f auf der Menge X.

B e w e i s. Wir nehmen an, es gebe ein $x^* \in X$ mit $f(x^*) < f(\hat{x})$. Wäre $g(x^*, t) \geqslant g(\hat{x}, t)$ für alle $t \in T$, so wäre $x^* \in S$, im Widerspruch zur Optimalität von $\hat{x}$. Andernfalls ist

$$\mu = \min_{t \in T} \, [g(x^*, t) - g(\hat{x}, t)] < 0.$$

Wählt man $\lambda = \min \left(1, \dfrac{\delta(\hat{x})}{(-\mu)}\right)$, so ist $\lambda \in (0, 1]$ und

$$x_\lambda = \lambda x^* + (1 - \lambda)\hat{x} \in X$$

und $\qquad g(x_\lambda, t) \geqslant g(\hat{x}, t) + \lambda[g(x^*, t) - g(\hat{x}, t)]$

$$\geqslant \delta(\hat{x}) + \lambda\mu \geqslant 0 \qquad \text{für alle } t \in T, \qquad \text{d.h. } x_\lambda \in S.$$

Schließlich ist $f(x_\lambda) \leqslant f(\hat{x}) + \lambda(f(x^*) - f(\hat{x})) < f(\hat{x})$, ein Widerspruch gegen die Optimalität von $\hat{x}$. Damit ist die Annahme falsch. ∎

Die Umkehrung von Satz 6.7 gilt offenbar auch ohne die gemachten Annahmen.

6.2 Ein gemischt-linear-konvexes Problem

Sei $E = \mathbf{R}^n$, versehen mit irgendeiner Norm, und X eine nichtleere konvexe Teilmenge von E. Weiterhin sei T ein kompakter Hausdorff-Raum, $v : T \to \mathbf{R}^n$ eine stetige Abbildung, $\alpha : T \to \mathbf{R}$ ein stetiges Funktional und $c \in \mathbf{R}^n$ ein vorgegebener Vektor. Definiert man für jedes $x \in \mathbf{R}^n$ und jedes $t \in T$

$$g(x, t) = \langle v(t), x \rangle - \alpha(t), \tag{6.14}$$

wobei $\langle \cdot, \cdot \rangle$ das gewöhnliche Skalarprodukt in $\mathbf{R}^n$ bezeichnet, so ist $g : E \to C(T)$ eine affin-lineare und damit konkave Abbildung.

P r o b l e m (P). Unter den Nebenbedingungen

$$x \in X \quad \text{und} \quad g(x, t) \geqslant 0 \qquad \text{für alle } t \in T$$

ist das stetige lineare Funktional $f(x) = \langle c, x \rangle$ zum Minimum zu machen.

Für jedes $\hat{x} \in X$ definieren wir

$$T(X, \hat{x}) = \overline{\bigcup_{\lambda > 0} \{\lambda(x - \hat{x}) : x \in X\}}. \tag{6.15}$$

B e h a u p t u n g. $T(X, \hat{x})$ ist ein abgeschlossener konvexer Kegel in $E = \mathbf{R}^n$ (Beweis = Übung, vgl. Fig. II 6.1)

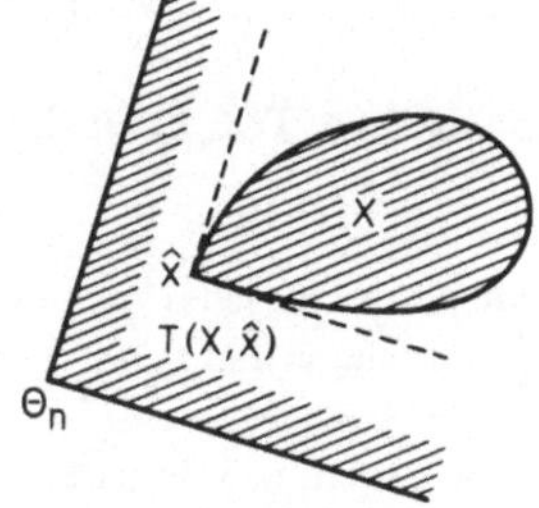

Fig. II 6.1 Der Kegel $T(X, \hat{x})$

Satz 6.8 Ein Element $\hat{x} \in S$ nach (6.1) mit $\delta(\hat{x}) > 0$ und δ nach (6.3) ist genau dann optimal, wenn gilt

$$c \in T(X, \hat{x})^\circ$$

mit $T(X, \hat{x})$ nach (6.15), wobei $T(X, \hat{x})^\circ$ der durch IV (2.14) definierte konvexe Kegel ist.

B e w e i s. Nach Satz 6.7 ist $\hat{x}$ genau dann optimal, wenn gilt

$$\langle c, x - \hat{x} \rangle \geq 0 \quad \text{für alle } x \in X.$$

Diese Aussage ist aber gleichbedeutend mit

$$\langle c, h \rangle \geq 0 \quad \text{für alle } h \in T(X, \hat{x}), \quad \text{d.h. } c \in T(X, \hat{x})^\circ$$

(Beweis = Übung). ∎

Als nächstes betrachten wir ein $\hat{x} \in S$ mit $\delta(\hat{x}) = 0$. Ist dann die durch (6.13) definierte Menge S_0 nichtleer oder ist T eine endliche Menge (versehen mit der diskreten Topologie), so ist nach Satz 6.6 das Element $\hat{x}$ genau dann optimal, wenn gilt

$$\langle c, x - \hat{x} \rangle \geq 0 \quad \text{für alle } x \in X$$
$$\text{mit} \quad \langle v(t), x \rangle - \alpha(t) \geq 0 \quad \text{für alle } t \in I(\hat{x}), \tag{6.17}$$

wobei $I(\hat{x}) = \{t \in T : \langle v(t), \hat{x} \rangle - \alpha(t) = 0\} \neq \emptyset$ ist.

Definiert man

$$L(E, \hat{x}) = \{h \in \mathbf{R}^n : \langle v(t), h \rangle \geq 0 \quad \text{für alle } t \in I(\hat{x})\}, \tag{6.18}$$

so ist $L(E, \hat{x})$ offenbar ein abgeschlossener konvexer Kegel in $E = \mathbf{R}^n$, und es gilt

Satz 6.9 Ist die durch (6.13) definierte Menge S_0 nichtleer, so ist ein $\hat{x} \in S$ mit $\delta(\hat{x}) = 0$ (vgl. (6.3)) genau dann optimal, wenn gilt

$$c \in L(E, \hat{x})^\circ + T(X, \hat{x})^\circ. \tag{6.19}$$

B e w e i s. 1. Es gelte (6.19). Dann folgt mit IV (2.10') und (2.8')

$$c \in (L(E, \hat{x}) \cap T(X, \hat{x}))^\circ \subseteq (L(E, \hat{x}) \cap (X - \hat{x}))^\circ,$$

was mit der Aussage (6.17) und daher mit der Optimalität von $\hat{x}$ gleichbedeutend ist.

2. Sei $\hat{x}$ optimal. Da S_0 nach (6.13) nichtleer ist, gibt es ein $x^* \in S \subseteq X$ mit

$$\langle v(t), x^* - \hat{x} \rangle > 0 \quad \text{für alle } t \in I(\hat{x}). \tag{6.20}$$

Nun sei $h \in L(E, \hat{x}) \cap T(X, \hat{x})$ vorgegeben. Definiert man für jedes $k \geqslant 1$

$$h_k = \frac{1}{k}(x^* - \hat{x}) + \left(1 - \frac{1}{k}\right)h,$$

so folgt $h_k \in T(X, \hat{x})$ für alle k sowie

$$\langle v(t), h_k \rangle > 0 \qquad \text{für alle } t \in I(\hat{x}).$$

Nun gibt es für jedes k eine Folge $\{x_j^k\}$, $x_j^k \in X$ und eine Folge $\{\lambda_j^k\}$ positiver Zahlen λ_j^k mit $\quad h_k = \lim\limits_{j \to \infty} \lambda_j^k (x_j^k - \hat{x})$,

woraus folgt, daß für jedes k ein j_k existiert mit

$$\langle v(t), x_j^k - \hat{x} \rangle \geqslant 0 \qquad \text{für alle } t \in I(\hat{x}) \text{ und alle } j \geqslant j_k.$$

Wegen der Optimalität von $\hat{x}$ gilt die Aussage (6.17), was $\langle c, x_j^k - \hat{x} \rangle \geqslant 0$ für alle $j \geqslant j_k$ und weiter $\langle c, h_k \rangle \geqslant 0$ impliziert für alle k. Wegen $h = \lim\limits_{k \to \infty} h_k$ folgt daraus aber auch $\langle c, h \rangle \geqslant 0$.

Damit ist unter Benutzung von IV $(2.12')$ und $(2.9')$

$$c \in (L(E, \hat{x}) \cap T(X, \hat{x}))^\circ = [(L(E, \hat{x})^\circ)^\circ \cap (T(X, \hat{x})^\circ)^\circ]^\circ$$

$$= [(L(E, \hat{x})^\circ + T(X, \hat{x})^\circ)^\circ]^\circ \tag{6.21}$$

Als nächstes zeigen wir

$$(- L(E, \hat{x})^\circ) \cap T(X, \hat{x})^\circ = \{\Theta_n\} . \tag{6.22}$$

Definiert man

$$Q_{\hat{x}} = \{v(t) \in \mathbf{R}^n : t \in I(\hat{x})\} \quad \text{und} \quad K(Q_{\hat{x}}) = \{\lambda \cdot h : h \in H(Q_{\hat{x}}), \lambda \geqslant 0\} \tag{6.23}$$

mit $H(Q_{\hat{x}}) = $ konvexe Hülle von $Q_{\hat{x}}$, so ist $Q_{\hat{x}}$ eine nichtleere kompakte Teilmenge von $\mathbf{R}^n$ und $H(Q_{\hat{x}})$ nach IV Satz 3.2 ebenfalls kompakt. Weiterhin ist $\Theta_n \notin H(Q_{\hat{x}})$; denn sonst gäbe es Zahlen $\lambda_1 \geqslant 0, \ldots, \lambda_m \geqslant 0$ mit $\sum\limits_{i=1}^{m} \lambda_i = 1$ und Punkte $t_1, \ldots, t_m \in I(\hat{x})$ mit

$$\sum_{i=1}^{m} \lambda_i v(t_i) = \Theta_n.$$

Für $x^* \in S$ in (6.20) folgt sodann

$$\sum_{i=1}^{m} \lambda_i \langle v(t_i), x^* - \hat{x} \rangle = 0 \qquad \text{mit } \langle v(t_i), x^* - \hat{x} \rangle > 0 \qquad \text{für alle } i,$$

ein Widerspruch gegen $\lambda_i \geqslant 0$ für alle i und $\sum\limits_{i=1}^{m} \lambda_i = 1$.

Nach IV Satz 2.1 mit $Q = H(Q_{\hat{x}})$ und $K = \{\Theta_n\}$ ist der konvexe Kegel $K(Q_{\hat{x}})$ abgeschlossen. Weiterhin ist

$$L(E, \hat{x}) = \{h \in \mathbf{R}^n : \langle h, k \rangle \geqslant 0 \text{ für alle } k \in K(Q_{\hat{x}})\}$$

und somit $L(E, \hat{x}) = K(Q_{\hat{x}})^\circ$, woraus nach IV $(2.12')$ folgt, daß $L(E, \hat{x})^\circ = K(Q_{\hat{x}})$ ist.

Nun sei $y \in (-L(E, \hat{x})^\circ) \cap T(X, \hat{x})^\circ$ vorgegeben; dann folgt $-y = \sum\limits_{i=1}^{m} \lambda_i v(t_i)$ mit gewissen Punkten $t_1, \ldots, t_m \in I(\hat{x})$ und Zahlen $\lambda_1 \geqslant 0, \ldots, \lambda_m \geqslant 0$, und es ist

$$\langle y, h \rangle \geqslant 0 \qquad \text{für alle } h \in T(X, \hat{x}),$$

woraus insbesondere $\langle y, x^* - \hat{x} \rangle \geqslant 0$ folgt mit x^* nach (6.20). Damit ist

$$\sum\limits_{i=1}^{m} \lambda_i \langle v(t_i), x^* - \hat{x} \rangle = \langle -y, x^* - \hat{x} \rangle \leqslant 0$$

und $\qquad \langle v(t_i), x^* - \hat{x} \rangle > 0 \qquad \text{für alle } i,$

was $\lambda_i = 0$ für alle i und somit $y = \Theta_n$ impliziert, was den Beweis (6.22) vollendet. Die Behauptung (6.19) folgt damit aus (6.21), (6.22) unter Benutzung von IV Satz 2.1 und IV (2.12′).　　　　　　　　　　　　　　　　　　　　　　　　　　　　　　■

Aus dem Beweis von Satz 6.9 ergibt sich das folgende

Korollar Unter den Voraussetzungen von Satz 6.9 gilt für ein optimales $\hat{x}$

$$c \in K(Q_{\hat{x}}) + T(X, \hat{x})^\circ \tag{6.24}$$

mit $T(X, \hat{x})$ nach (6.15) und $K(Q_{\hat{x}})$ nach (6.23).

B e m e r k u n g e n. Betrachtet man anstelle des Problems (P) die folgende etwas allgemeinere Aufgabe, unter den Nebenbedingungen

$$x \in X, \qquad a(x, t) - \alpha(t) \geqslant 0 \qquad \text{für alle } t \in T$$

das stetige lineare Funktional $c = c(x)$ zum Minimum zu machen, wobei X eine nichtleere konvexe Teilmenge eines normierten Vektorraumes E ist, $a : E \to C(T)$ eine stetige lineare Abbildung und $\alpha \in C(T)$ eine vorgegebene Funktion, so läßt sich mit $T(X, x)$ nach (6.15),

$$L(E, x) = \begin{cases} \bigcap\limits_{t \in I(x)} \{h \in E : a(h, t) \geqslant 0\}, & \text{falls } \delta(x) = 0, \\[2mm] E, & \text{falls } \delta(x) > 0, \end{cases} \tag{6.25}$$

mit $\qquad \delta(x) = \min\limits_{t \in T} [a(x, t) - \alpha(t)]$

und $\qquad S_0 = \{x \in X : a(x, t) - \alpha(t) > 0 \text{ für alle } t \in T\} \tag{6.26}$

der folgende Satz beweisen.

Satz 6.10 Ist S_0 nichtleer, so ist ein Element

$$\hat{x} \in S = \{x \in X : a(x, t) - \alpha(t) \geqslant 0 \text{ für alle } t \in T\}$$

genau dann optimal, wenn gilt

$$c \in (L(E, \hat{x}) \cap T(X, \hat{x}))^*. \tag{6.27}$$

Dabei bezeichnet K^* bei vorgegebenem konvexen Kegel K in E den zu K adjungierten Kegel nach IV (2.6).

Wir wollen hier auf den Beweis verzichten, beweisen aber noch

Lemma 6.11 Ist E ein endlich-dimensionaler normierter Vektorraum und gilt

$$(-L(E, \hat{x})^*) \cap T(X, \hat{x})^* = \{\Theta_{E*}\}, \tag{6.28}$$

mit $L(E, \hat{x})$ nach (6.25) und $T(X, \hat{x})$ nach (6.15), so folgt

$$(L(E, \hat{x}) \cap T(X, \hat{x}))^* = L(E, \hat{x})^* + T(X, \hat{x})^*. \tag{6.29}$$

B e w e i s. Nach IV (2.10) ist

$$L(E, \hat{x})^* + T(X, \hat{x})^* \subseteq (L(E, \hat{x}) \cap T(X, \hat{x}))^*.$$

Nach IV Abschn. 1.2, Beispiel 1, ist auch E^* ein endlich-dimensionaler normierter Vektorraum mit der Norm IV (1.9). Für jeden konvexen Kegel K in E ist der adjungierte Kegel K^* in E^* abgeschlossen (Beweis = Übung). Damit sind $-L(E, \hat{x})^*$ und $T(X, \hat{x})^*$ in E^* abgeschlossen, und nach IV Satz 2.2 ist auch $L(E, \hat{x})^* + T(X, \hat{x})^*$ ein konvexer abgeschlossener Kegel in E^*.

Nun sei $x^* \in (L(E, \hat{x}) \cap T(X, \hat{x}))^*$, aber $x^* \notin L(E, \hat{x})^* + T(X, \hat{x})^*$. Da E reflexiv ist, gibt es nach dem Trennungssatz 2 in IV Abschn. 3.2 ein $x \in E$ mit

$$h^*(x) < x^*(x) \qquad \text{für alle } h^* \in L(E, \hat{x})^* + T(X, \hat{x})^*, \tag{6.30}$$

was $h^*(x) \leqslant 0$ für alle $h^* \in L(E, \hat{x})^* + T(X, \hat{x})^*$ impliziert. Das wiederum ist gleichbedeutend mit

$$h^*(x) \leqslant 0 \ \forall h^* \in L(E, \hat{x})^* \quad \text{und} \quad h^*(x) \leqslant 0 \ \forall h^* \in T(X, x)^*,$$

d.h. $-x \in L(E, \hat{x}) \cap T(X, \hat{x})$ nach IV Satz 2.3, was $x^*(x) \leqslant 0$ impliziert. Das ist aber ein Widerspruch gegen (6.30) für $h^* = \Theta_{E*}$, woraus $x^*(x) > 0$ folgt. Damit ist

$$(L(E, \hat{x}) \cap T(X, \hat{x}))^* \subseteq L(E, \hat{x})^* + T(X, \hat{x})^*. \qquad \blacksquare$$

Aufgabe 6.1 Man beweise (6.28) unter der Annahme, daß die durch (6.26) definierte Menge S_0 nichtleer ist.

6.3 Anwendungen

6.3.1 Gleichmäßige lineare Approximation mit Interpolation Wir betrachten wie in I Abschn. 2.1.2 das gleichmäßige lineare Approximationsproblem auf einem kompakten metrischen Raum M mit Interpolationsnebenbedingungen, das, wie dort gezeigt wurde, gleichbedeutend ist mit dem folgenden

O p t i m i e r u n g s p r o b l e m. Unter den Nebenbedingungen

$$\sum_{j=1}^{n} v_j(t)y_j + \gamma - f(t) \geqslant 0,$$

$$\text{für alle } t \in M,$$

$$- \sum_{j=1}^{n} v_j(t)y_j + \gamma + f(t) \geqslant 0$$

$$\sum_{j=1}^{n} v_j(t_i)y_j - f(t_i) = 0, \qquad i = 1, \ldots, r \, (< n),$$

ist γ zum Minimum zu machen.

Wir definieren $T = M \times \{1,2\}$, versehen $\{1, 2\}$ mit der diskreten und T mit der Produkttopologie. Dann ist T ein kompakter Hausdorff-Raum. Weiter definieren wir

$$v(t, 1) = (v_1(t), \ldots, v_n(t), 1)^T,$$

$$v(t, 2) = (-v_1(t), \ldots, -v_n(t), 1)^T,$$

$$\alpha(t, 1) = f(t), \qquad \alpha(t, 2) = -f(t) \qquad \text{für alle } t \in M$$

sowie $\quad \hat{v}(t_i) = (v_1(t_i), \ldots, v_n(t_i), 0)^T \qquad \text{für } i = 1, \ldots, r$

und $\quad X = \{x = (y^T, \gamma)^T \in \mathbf{R}^n \times \mathbf{R} : \langle \hat{v}(t_i), x \rangle - f(t_i) = 0, \quad \text{für alle } i = 1, \ldots, r\}$

$$(6.31)$$

wobei $\langle \cdot, \cdot \rangle$ das Skalarprodukt in $\mathbf{R}^{n+1}$ bezeichnet. Definiert man schließlich noch $c = (\Theta_n^T, 1)^T$, $\Theta_n = $ Nullvektor in $\mathbf{R}^n$, so geht das obige Problem über in die Aufgabe, unter den Nebenbedingungen

$$x \in X \quad \text{und} \quad \begin{cases} \langle v(t, 1), x \rangle - \alpha(t, 1) \geqslant 0, \\ \langle v(t, 2), x \rangle - \alpha(t, 2) \geqslant 0 \end{cases} \qquad \text{für alle } t \in M \qquad (6.32)$$

die stetige Linearform $\langle c, x \rangle$ zum Minimum zu machen. Das ist aber genau ein Problem (P), wie es in Abschnitt 6.2 behandelt worden ist.

Die durch (6.31) definierte Menge X ist dabei sogar eine lineare Mannigfaltigkeit in $\mathbf{R}^{n+1}$ (vgl. IV Abschn. 3.2) und somit konvex. Ist X nichtleer, so sind die Nebenbedingungen (6.32) strikt erfüllbar, d.h. die durch (6.13) definierte Menge S_0 ist nichtleer.

Lemma 6.12 Für jedes $\hat{x} \in X$ ist der durch (6.15) definierte abgeschlossene konvexe Kegel $T(X, \hat{x})$ gleich dem von $X - \hat{x}$ erzeugten linearen Teilraum von $\mathbf{R}^{n+1}$, der offenbar gleich $X - \hat{x}$ selber ist, d.h., es ist

$$T(X, \hat{x}) = X - \hat{x} = \{x \in \mathbf{R}^{n+1} : \langle \hat{v}(t_i), x \rangle = 0 \text{ für alle } i = 1, \ldots, r\}. \qquad (6.33)$$

B e w e i s. $X - \hat{x}$ ist als Durchschnitt der r Hyperebenen

$$H_i = \{x \in \mathbf{R}^{n+1} : \langle \hat{v}(t_i), x \rangle = 0\}, \qquad i = 1, \ldots, r,$$

die jeweils abgeschlossen sind (warum?), auch abgeschlossen. Daraus ergibt sich aber unmittelbar $T(X, \hat{x}) \subseteq X - \hat{x}$. Die Inklusion $X - \hat{x} \subseteq T(X, \hat{x})$ ist klar. ∎

Aus diesem Lemma ergibt sich zunächst nach Abschn. 5.1 und 5.2 die Existenz eines optimalen $\hat{x}$.

F o l g e r u n g. $T(X, \hat{x})^*$ ist gleich dem von $\{\hat{v}(t_i)\}_{i=1,\ldots,r}$ erzeugten linearen Teilraum $L(\hat{v}(t_1), \ldots, \hat{v}(t_r))$ von $\mathbf{R}^{n+1}$.

Aufgabe 6.2 Man beweise diese Folgerung.

Definiert man zu optimalem $\hat{x}$

$$I(\hat{x}) = I_1(\hat{x}) \cup I_2(\hat{x})$$

mit $\quad I_1(\hat{x}) = \{(t, 1) \in T : \langle v(t, 1), \hat{x} \rangle - f(t) = 0\}$

und $I_2(\hat{x}) = \{(t, 2) \in T : \langle v(t, 2), \hat{x}\rangle + f(t) = 0\}$,

so ist $I(\hat{x})$ nichtleer (d.h. $\delta(\hat{x}) = 0$ mit δ nach (6.3)) (Beweis = Übung).
Aus dem Korollar zu Satz 6.9 folgt daher

$$c \in K(Q_{\hat{x}}) + L(\hat{v}(t_1), \ldots, \hat{v}(t_r)) \tag{6.34}$$

mit $Q_{\hat{x}} = \{v(t, 1) : (t, 1) \in I_1(\hat{x})\} \cup \{v(t, 2) : (t, 2) \in I_2(\hat{x})\}$

und $K(Q_{\hat{x}})$ nach (6.23). Wir definieren weiter

$$E_1(\hat{x}) = \{t \in M : (t, 1) \in I_1(\hat{x})\} = \{t \in M : \sum_{j=1}^{n} v_j(t)\hat{y}_j - f(t) = -\hat{\gamma}\} \tag{6.35a}$$

und $$E_2(\hat{x}) = \{t \in M : (t, 2) \in I_2(\hat{x})\} = \{t \in M : \sum_{j=1}^{n} v_j(t)\hat{y}_j - f(t) = +\hat{\gamma}\} \tag{6.35b}$$

(wobei $\hat{x} = (\hat{y}^T, \hat{\gamma})$ ist und $\hat{\gamma} = \|\sum_{j=1}^{n} v_j(\cdot)\hat{y}_j - f\|_\infty = \rho_\infty(f, V_0)$ mit V_0 nach I (2.6)).

Für das Folgende nehmen wir an, es sei $\hat{\gamma} = \rho_\infty(f, V_0) > 0$. Dann ist der Durchschnitt $E_1(\hat{x}) \cap E_2(\hat{x})$ leer, und aus (6.34) ergibt sich die Existenz zweier endlicher Teilmengen $\hat{E}_1$ von $E_1(\hat{x})$ bzw. $\hat{E}_2$ von $E_2(\hat{x})$, von denen mindestens eine nichtleer ist, und Zahlen $\lambda_t^1 \geqslant 0$, $t \in \hat{E}_1$ bzw. $\lambda_t^2 \geqslant 0$, $t \in \hat{E}_2$ sowie weitere Zahlen $\mu_1, \ldots, \mu_r \in \mathbf{R}$ derart, daß gilt

$$c = \sum_{t \in \hat{E}_1} \lambda_t^1 v(t, 1) + \sum_{t \in \hat{E}_2} \lambda_t^2 v(t, 2) + \sum_{i=1}^{r} \mu_i \hat{v}(t_i), \tag{6.36}$$

wobei $\hat{E}_1 \cap \hat{E}_2$ leer ist.

Zusammenfassend erhalten wir

Satz 6.13 Ist $\hat{x} = (\hat{y}^T, \hat{\gamma})^T$ optimal, d.h., ist $\sum_{j=1}^{n} \hat{y}_j v_j$ eine Lösung des Approximations-

problems unter Interpolationsnebenbedingungen und ist weiter

$$\hat{\gamma} = \|\sum_{j=1}^{n} \hat{y}_j v_j - f\|_\infty = \rho_\infty(f, V_0) > 0,$$

so gibt es eine nichtleere endliche Teilmenge $\hat{E}$ von

$$E(\hat{x}) = \{t \in M : |\sum_{j=1}^{n} \hat{y}_j v_j(t) - f(t)| = \hat{\gamma}\} \tag{6.37}$$

und Zahlen $c_t \in \mathbf{R}$, $t \in \hat{E}$ sowie Zahlen $\mu_1, \ldots, \mu_r \in \mathbf{R}$ mit

$$\sum_{t \in \hat{E}} |c_t| = 1, \tag{6.38}$$

$$\sum_{t \in \hat{E}} c_t v_j(t) + \sum_{i=1}^{r} \mu_i v_j(t_i) = 0, \qquad j = 1, \ldots, n, \tag{6.39}$$

und $$\operatorname{sgn} c_t = -\operatorname{sgn}\{\sum_{j=1}^{n} \hat{y}_j v_j(t) - f(t)\}, \tag{6.40}$$

falls $c_t \neq 0$ ist.

Zum Beweis hat man nur zu definieren

$$c_t = \begin{cases} \lambda_t^1 & \text{für } t \in \hat{E}_1, \\[2mm] -\lambda_t^2 & \text{für } t \in \hat{E}_2 \end{cases}$$

und $\hat{E} = \hat{E}_1 \cup \hat{E}_2$.

Gibt es umgekehrt zu vorgegebenem $\hat{x} = (\hat{y}^T, \hat{\gamma})^T$ mit (6.32) und $\hat{\gamma} = \| \sum\limits_{j=1}^{n} \hat{y}_j v_j - f \|_\infty$

eine endliche Teilmenge $\hat{E}$ von $E(\hat{x})$ nach (6.37) und Zahlen $c_t \in \mathbf{R}$, $t \in \hat{E}$ sowie $\mu_1, \ldots, \mu_r \in \mathbf{R}$ mit (6.38), (6.39) und (6.40), dann ist $\hat{x}$ optimal.

Zum Beweis wählen wir irgendein $x = (y^T, \gamma)^T$ mit (6.32). Dann ist

$$\hat{\gamma} = \sum_{\substack{t \in \hat{E} \\ c_t \neq 0}} |c_t| \, | \sum_{j=1}^{n} \hat{y}_j v_j(t) - f(t) |$$

$$= \sum_{\substack{t \in \hat{E} \\ c_t \neq 0}} c_t \{ f(t) - \sum_{j=1}^{n} \hat{y}_j v_j(t) \} = \sum_{\substack{t \in \hat{E} \\ c_t \neq 0}} c_t f(t) + \sum_{i=1}^{r} \mu_i \sum_{j=1}^{n} \hat{y}_j v_j(t_i)$$

$$= \sum_{\substack{t \in \hat{E} \\ c_t \neq 0}} c_t f(t) + \sum_{i=1}^{r} \mu_i f(t_i) = \sum_{\substack{t \in \hat{E} \\ c_t \neq 0}} c_t f(t) + \sum_{i=1}^{r} \mu_i \sum_{j=1}^{n} y_j v_j(t_i)$$

$$= \sum_{\substack{t \in \hat{E} \\ c_t \neq 0}} c_t \{ f(t) - \sum_{j=1}^{n} y_j v_j(t) \} \leqslant \| \sum_{j=1}^{n} y_j v_j - f \|_\infty \leqslant \gamma,$$

woraus sich die Behauptung ergibt.

6.3.2 Ein semi-infinites Problem bei der Kontrolle der Luftverschmutzung Wir greifen das Problem aus I Abschn. 1.3 wieder auf. Dieses besteht darin, unter den Nebenbedingungen

$$\sum_{j=1}^{n} u_j(s) x_j \geqslant \sum_{j=0}^{n} u_j(s) - \varphi(s), \qquad s \in S, \; 0 \leqslant x_j \leqslant 1 \text{ für } j = 1, \ldots, n, \qquad (6.41)$$

das lineare Funktional $c(x_1, \ldots, x_n) = \sum\limits_{j=1}^{n} c_j x_j$ zum Minimum zu machen.

Dabei ist S ein vorgegebenes ebenes Gebiet und $u_0, \ldots, u_n$, bzw. φ sind auf S definierte reellwertige Funktionen, die den Jahresdurchschnitt gewisser Luftverunreinigungsquellen bzw. den vorgeschriebenen Standard beschreiben. Die Variablen x_j sind Reduktionsfaktoren für die kontrollierbaren Quellen, und das Funktional c beschreibt die bei der Reduktion entstehenden Kosten. Wir nehmen o.B.d.A. an, daß alle $c_j > 0$ sind. Wir nehmen an, S sei abgeschlossen und beschränkt, und die Funktionen $u_0, \ldots, u_n$, φ seien auf S stetig. Definiert man dann

$$v(s) = (u_1(s), \ldots, u_n(s))^T, \quad \alpha(s) = \sum_{j=0}^{n} u_j(s) - \varphi(s), \quad s \in S,$$

$$g(x, s) = \langle v(s), x \rangle - \alpha(s), \quad x \in \mathbf{R}^n, \tag{6.42}$$

wobei $\langle \cdot, \cdot \rangle$ das Skalarprodukt in $\mathbf{R}^n$ bezeichnet, und setzt $X = \{x \in \mathbf{R}^n : 0 \leqslant x_j \leqslant 1$ für $j = 1, \ldots, n\}$, so liegt mit $T = S$ genau ein Problem (P) wie in Abschn. 6.2 vor. Wir nehmen an, es sei

$$u_0(s) \leqslant \varphi(s) \quad \text{für alle } s \in S, \tag{6.43}$$

d.h., die von einer unkontrollierbaren Quelle stammende Verschmutzung liege im ganzen Gebiet S unter dem vorgeschriebenen Standard (was vernünftig ist, da man sonst durch Reduzieren der anderen Quellen den Standard nicht in allen Punkten von S erreichen oder unterbieten könnte). Dann ist die Menge $S(X, g)$ aller $x \in X$, die die Nebenbedingungen (6.41) erfüllen, nichtleer, denn z.B. $x = (1, \ldots, 1)^T \in \mathbf{R}^n$ gehört dazu. Weiterhin ist $S(X, g)$ abgeschlossen und beschränkt, so daß das lineare und damit stetige Funktional c auf $S(X, g)$ sein Minimum annimmt. Es gibt daher ein $\hat{x} \in S(X, g)$ mit

$$\langle c, \hat{x} \rangle \leqslant \langle c, x \rangle \quad \text{für alle } x \in S(X, g). \tag{6.44}$$

Definiert man $\delta(\hat{x})$ nach (6.3) mit $T = S$ und g nach (6.42), so sind zwei Fälle möglich.

1. $\delta(\hat{x}) > 0$. Nach Satz 6.8 ist das genau dann der Fall, wenn gilt $c \in T(X, \hat{x})^\circ$ mit $T(X, \hat{x})$ nach (6.15) und $T(X, \hat{x})^\circ$ nach IV (2.14). Im vorliegenden Fall gilt nun

$$T(X, \hat{x}) = \{x \in \mathbf{R}^n : x_j \in \mathbf{R} \text{ für } \hat{x}_j > 0 \text{ und } x_j \geqslant 0 \text{ für } \hat{x}_j = 0\}$$

und $\quad T(X, \hat{x})^\circ = \{x \in \mathbf{R}^n : x_j = 0 \text{ für } \hat{x}_j > 0 \text{ und } x_j \geqslant 0 \text{ für } \hat{x}_j = 0\}. \tag{6.45}$

Da alle $c_j > 0$ vorausgesetzt sind, ist $c \in T(X, \hat{x})^\circ$ nur im Falle $\hat{x} = \Theta_n$ möglich, was impliziert, daß gilt

$$\sum_{j=0}^{n} u_j(s) \leqslant \varphi(s) \quad \text{für alle } s \in S, \tag{6.46}$$

so daß gar keine Reduktion nötig ist, um den Standard nicht zu überschreiten und somit auch keine Kosten anfallen. Umgekehrt ist natürlich (6.46) auch hinreichend dafür, daß $\hat{x} = \Theta_n$ zu $S(X, g)$ gehört und optimal ist, d.h. (6.44) erfüllt. Wir schließen diesen trivialen Fall fortan aus und nehmen an, daß für mindestens ein $s \in S$

$$\sum_{j=0}^{n} u_j(s) > \varphi(s) \tag{6.47}$$

ist. Für jedes $\hat{x} \in S(X, g)$ mit (6.44) liegt dann notwendig der folgende Fall vor:
2. $\delta(\hat{x}) = 0$. In diesem Fall setzen wir weiter voraus, daß gilt

$$u_0(s) < \varphi(s) \quad \text{für alle } s \in S, \tag{6.48}$$

d.h. daß die von der nicht kontrollierbaren Quelle herrührende Verschmutzung in allen Punkten des Gebietes S echt unter dem vorgeschriebenen Standard liegt. Dann folgt

$$g(\Theta_n, s) > 0 \qquad \text{für alle } s \in S$$

mit g nach (6.42), so daß die durch (6.13) definierte Menge S_0 im vorliegenden Fall nichtleer ist und das Korollar zu Satz 6.9 anwendbar wird. Dieses führt auf

Satz 6.14 Unter den Annahmen (6.47), (6.48) ist $\hat{x} \in S(X, g)$ genau dann optimal, d.h. erfüllt (6.44), wenn in der (nichtleeren) Menge

$$I(\hat{x}) = \{s \in S : \sum_{j=1}^{n} u_j(s)\, \hat{x}_j = \sum_{j=0}^{n} u_j(s) - \varphi(s)\}$$

endlich viele Punkte s_i, $i \in I$, und Zahlen $\lambda_i \geq 0$ existieren derart, daß gilt

$$c_j \begin{cases} = \sum\limits_{i \in I} \lambda_i u_j(s_i) & \text{für } \hat{x}_j > 0, \\[2em] \geq \sum\limits_{j \in I} \lambda_i u_j(s_i) & \text{für } \hat{x}_j = 0. \end{cases} \tag{6.49}$$

Aufgabe 6.3 a) Man bestätige, daß (6.49) gerade die Bedingung (6.24) des Korollars zu Satz 6.9 ist.

b) Man beweise direkt die Hinlänglichkeit der Bedingung (6.49) für die Optimalität von $\hat{x} \in S(X, g)$.

III Nichtlineare Probleme

1 Einige Beispiele nichtlinearer Approximations- und Optimierungsprobleme

1.1 Nichtlineare Approximation in normierten Vektorräumen

1.1.1 Allgemeine Bemerkungen In II Abschn. 1.1 haben wir das allgemeine lineare
Approximationsproblem in einem normierten Vektorraum E betrachtet, das darin be-
steht, das konvexe Funktional $f(v) = \|v - x\|$ auf einem linearen Teilraum V von E
zum Minimum zu machen. Dabei ist $x \in E$ ein beliebiges, fest vorgegebenes Element,
und $\| \cdot \|$ bezeichnet die Norm in E. Man kann auch sagen, daß x durch ein Element
aus V im Sinne der Norm von E möglichst gut approximiert werden soll. Ersetzt man
nun V durch eine beliebige nichtleere Teilmenge von E, die wir wiederum mit V bezeichnen wollen, so liegt ein allgemeines n i c h t l i n e a r e s   A p p r o x i m a t i o n s -
p r o b l e m in E vor, das darin besteht, ein konvexes Funktional auf einer nichtleeren
Teilmenge von E zum Minimum zu machen. Diesen Standpunkt werden wir in Abschn.
2.2 zunächst einnehmen, um zu einer allgemeinen n o t w e n d i g e n B e d i n g u n g
f ü r M i n i m a l p u n k t e von f, d.h. f ü r b e s t e A p p r o x i m i e r e n d e
von x in V, zu gelangen.

Man kann aber auch, wie in II Abschn. 1.1, das äquivalente Problem betrachten, unter
den Nebenbedingungen

$$(v, \gamma) \in V \times \mathbf{R},$$
$$\varphi_L(v, \gamma) = L(v) - \gamma - L(x) \leqslant 0 \qquad \text{für alle } L \in B^* \tag{1.1}$$

das Funktional $f(v, \gamma) = \gamma$ zum Minimum zu machen. B^* bezeichnet dabei die Einheitskugel (II (1.6)) des topologischen Dualraumes E^* von E (vgl. IV Abschn. 1.2).

Dieser Standpunkt führt, wie wir in Abschn. 2.2 sehen werden, in Zusammenhang mit
Sätzen aus II Abschn. 6.1 zu verfeinerten notwendigen Bedingungen für beste Approximierende von x in V.

Die Frage nach der Existenz bester Approximierender ist nur sehr eingeschränkt positiv
zu beantworten und führt schon bei Spezialfällen des allgemeinen nichtlinearen Approximationsproblems auf beträchtliche Schwierigkeiten. Ein solcher wichtiger Spezialfall
wird im folgenden Abschnitt behandelt.

1.1.2 Gleichmäßige Approximation von Funktionen Wir wählen wie in II Abschn. 5.2
(vgl. auch I Abschn. 2.1) für E den Vektorraum C(M) der stetigen reellwertigen Funktionen auf einem kompakten metrischen Raum M und versehen C(M) mit der Maximum-
Norm I (2.1). Das Element x ist dann eine stetige reellwertige Funktion auf M, die im
Sinne der Maximum-Norm von E = C(M) durch eine Funktion v aus einer vorgegebenen
Funktionenfamilie V in C(M) möglichst gut approximiert werden soll. Unter diese Formulierung lassen sich alle Probleme der gleichmäßigen Approximation von Funktionen
subsumieren, auch solche, bei denen noch explizite Nebenbedingungen in Form von

Gleichungen (vgl. z.B. I Abschn. 2.1.2 oder II Abschn. 6.3.1) oder Ungleichungen (vgl.
Abschn. 1.2) auftreten, die dann in die Definition von V mit hineingenommen werden
müssen. Das ist jedoch nicht immer zweckmäßig. Man wird im Gegenteil zu feineren
Aussagen über die Eigenschaften bester Approximierender gelangen, wenn man wie in
I Abschn. 2.1.1 oder II Abschn. 1.1 das äquivalente Problem betrachtet, unter den
Nebenbedingungen

$$(v, \gamma) \in V \times \mathbf{R}, \tag{1.2a}$$

$$\varphi_t^1(v, \gamma) = v(t) - \gamma - x(t) \leqslant 0$$
$$\varphi_t^2(v, \gamma) = - v(t) - \gamma + x(t) \leqslant 0 \qquad \text{für alle } t \in M \tag{1.2b}$$

das Funktional $f(v, \gamma) = \gamma$ zum Minimum zu machen, und dabei eventuelle explizite
Nebenbedingungen in V auch explizit berücksichtigen.

Anstelle von (1.2b) ist es unter Umständen auch zweckmäßig, die äquivalenten Nebenbedingungen

$$(v(t) - x(t))^2 - \gamma^2 \leqslant 0 \qquad \text{für alle } t \in M \tag{1.3}$$

zu betrachten und $\lambda = \gamma^2$ zum Minimum zu machen.

1.1.3 Allgemeine rationale Approximation Bei C o l l a t z / K r a b s [73] werden
zahlreiche Probleme nichtlinearer gleichmäßiger Approximation behandelt. Wir wollen
hier exemplarisch den Fall der allgemeinen rationalen Approximation herausgreifen. Zu
dem Zweck betrachten wir zwei lineare Teilräume U bzw. W von C(M) der Dimension
$r + 1$ bzw. $s + 1$ (r, s $\geqslant$ 0), die aufgespannt werden von den Funktionen $u_0, \ldots,$
$u_r \in C(M)$ bzw. $w_0, \ldots, w_s \in C(M)$, und nehmen an, daß der konvexe Kegel

$$W^+ = \{w \in W : w(t) > 0 \text{ für alle } t \in M\} \tag{1.4}$$

nichtleer ist. Damit setzen wir

$$V = \{v = \frac{u}{w} : u \in U \text{ und } w \in W^+\}. \tag{1.5}$$

Das a l l g e m e i n e   r a t i o n a l e   A p p r o x i m a t i o n s p r o b l e m   besteht
also darin, eine Funktion $x \in C(M)$ durch Quotienten $u/w \in V$ im Sinne der Maximum-
Norm möglichst gut zu approximieren. Es ist gleichbedeutend mit dem Problem, unter
den Nebenbedingungen

$$\left.\begin{array}{l} \displaystyle\sum_{j=0}^{r} u_j(t)a_j - (\gamma + x(t)) \sum_{k=0}^{s} w_k(t)\,b_k \leqslant 0, \\[3ex] \displaystyle - \sum_{j=0}^{r} u_j(t)a_j - (\gamma - x(t)) \sum_{k=0}^{s} w_k(t)\,b_k \leqslant 0, \\[3ex] \displaystyle - \sum_{k=0}^{s} w_k(t)\,b_k < 0, \end{array}\right\} \quad \text{für alle } t \in M \tag{1.6}$$

$$a_0, \ldots, a_r, b_0, \ldots, b_s, \gamma \in \mathbf{R}$$

das Funktional $f(a_0, \ldots, a_r, b_0, \ldots, b_s, \gamma) = \gamma$ zum Minimum zu machen. Das ist ein n i c h t l i n e a r e s   O p t i m i e r u n g s p r o b l e m.

Die Existenzfrage läßt sich in dieser Allgemeinheit nicht positiv beantworten (vgl. z.B. C o l l a t z / K r a b s [73] oder auch C h e n e y [66]). Die E x i s t e n z ist jedoch gesichert im Falle der g e w ö h n l i c h e n   r a t i o n a l e n   A p p r o x i m a t i o n, wo M ein endliches abgeschlossenes reelles Intervall ist und U bzw. W aus allen Polynomen vom Grade $\leq$ r bzw. s besteht. Fordert man für die Quotienten von V zusätzlich noch die Teilerfremdheit von Zähler und Nenner, so gibt es genau eine beste Approximierende von x in V.

Auf eine C h a r a k t e r i s i e r u n g   b e s t e r   A p p r o x i m i e r e n d e r werden wir noch in Abschn. 2.2.3 eingehen.

1.2 Ein- und zweiseitige Approximation bei nichtlinearen Randwertaufgaben

1.2.1 Der allgemeine Fall Wir gehen aus von einer n i c h t l i n e a r e n   R a n d - w e r t a u f g a b e der Form

$$y'' + H(x, y, y') = 0 \qquad \text{auf (a, b)}, \tag{1.7}$$

$$y(a) = \gamma_1, \qquad y(b) = \gamma_2. \tag{1.8}$$

Dabei ist H : [a, b] x D_1 x D_2 $\rightarrow$ **R** eine in allen Variablen stetige Funktion, und D_1, D_2 sind konvexe Teilmengen von **R**. Gesucht ist eine Funktion y $\in C^2$ [a, b], die (1.7), (1.8) erfüllt. Die Existenz und Eindeutigkeit einer solchen Lösung der Randwertaufgabe ist nicht immer gewährleistet. Unabhängig davon lassen sich aber unter Umständen Näherungslösungen angeben, die eine Lösung der Randwertaufgabe einschließen, wenn eine solche existiert.

Die Suche nach o p t i m a l e n   N ä h e r u n g s l ö s u n g e n mit dieser Eigenschaft führt auf e i n - und z w e i s e i t i g e   A p p r o x i m a t i o n s p r o b l e -m e   m i t   N e b e n b e d i n g u n g e n, wie wir sie in ähnlicher Form schon in I Abschn. 2.4.2 und 3.3.2 bei linearen Randwertaufgaben betrachtet haben.

Wir nehmen an, daß die partiellen Ableitungen

$$\frac{\partial H}{\partial y}(x, y, z), \qquad \frac{\partial H}{\partial z}(x, y, z)$$

für alle (x, y, z) $\in$ G = [a, b] x D_1 x D_2 existieren und stetig sind. Schließlich sei noch

$$\frac{\partial H}{\partial y}(x, y, z) \leq 0 \qquad \text{für alle (x, y, z)} \in G. \tag{1.9}$$

Dann gilt die folgende M o n o t o n i e a u s s a g e :

Satz 1.1 Unter den obigen Voraussetzungen seien zwei Funktionen u, v $\in C^2$ [a, b] vorgegeben mit

$$(u(x), u'(x)), \quad (v(x), v'(x)) \in D_1 \times D_2 \qquad \text{für alle x} \in \text{[a, b]}, \tag{1.10}$$

$$u'' + H(x, u, u') \leq 0 \leq v'' + H(x, v, v') \qquad \text{auf (a, b)} \tag{1.11}$$

und $\qquad u(a) \geqslant \gamma_1 \geqslant v(a), \qquad u(b) \geqslant \gamma_2 \geqslant v(b)$. $\hfill (1.12)$

Dann folgt

$$u \geqslant v \qquad \text{auf ganz } [a, b].$$ $\hfill (1.13)$

B e m e r k u n g. (1.13) gilt auch unter den Voraussetzungen

$$u'' + H(x, u, u') \leqslant v'' + H(x, v, v') \qquad \text{auf } (a, b),$$
$$u(a) \geqslant v(a), \qquad u(b) \geqslant v(b).$$

Dieser Satz ist eine unmittelbare Folge von Theorem 21 in Chap. I bei P r o t t e r /
W e i n b e r g e r [67].

Liegt speziell eine lineare Randwertaufgabe vor mit

$$H(x, y, y') = - f(x)y' - g(x)y - h(x),$$ $\hfill (1.14)$

$f, g, h \in C[a, b], D_1 = D_2 = \mathbf{R}$, so bedeutet (1.9)

$$g(x) \geqslant 0 \qquad \text{für alle } x \in [a, b]$$

und ist hinreichend für die m o n o t o n e A r t der Randwertaufgabe (1.7), (1.8)
(vgl. I Abschn. 2.4.2), d.h. für die Implikation

$$\left. \begin{array}{l} w \in C^2[a, b], \\ -w'' + f \cdot w' + gw \geqslant 0 \text{ auf } (a, b), \\ w(a) \geqslant 0, w(b) \geqslant 0 \end{array} \right\} \Rightarrow w \geqslant 0 \qquad \text{auf } [a, b].$$

Die monotone Art sichert die e i n d e u t i g e L ö s b a r k e i t der Randwertaufgabe, so daß im linearen Fall Satz 1.1 stets zu einer E i n s c h l i e ß u n g s a u s s a g e

$$u \geqslant y \geqslant v \qquad \text{auf } [a, b]$$ $\hfill (1.15)$

führt, wobei $y \in C^2[a, b]$ die eindeutige Lösung der linearen Randwertaufgabe (1.7),
(1.8) mit $H(x, y, y')$ nach (1.14) ist.

Die Funktionen $u, v \in C^2[a, b]$ in Satz 1.1 kann man nun aus zwei Klassen von Funktionen aus $C^2[a, b]$ derart auszuwählen versuchen, daß die Bedingungen (1.10), (1.11),
(1.12) erfüllt sind und

$$\|u - v\| = \max_{x \in [a,b]} \{u(x) - v(x)\}$$ $\hfill (1.16)$

möglichst klein ausfällt, so daß man eine möglichst gute Einschließung einer Lösung
$y \in C^2[a, b]$ der Randwertaufgabe (1.7), (1.8) mit $(y(x), y'(x)) \in D_1 \times D_2$ für alle
$x \in [a, b]$ erhält, sofern eine solche existiert. Diese ist dann übrigens eindeutig bestimmt,
wie sich aus Satz 1.1 ergibt (Beweis = Übung).

Um zwei derartige Funktionenklassen anzugeben, denken wir uns $u_0, v_0 \in C^2[a, b]$ so
gewählt, daß

$$u_0(a) = v_0(a) = \gamma_1 \quad \text{und} \quad u_0(b) = v_0(b) = \gamma_2$$ $\hfill (1.17)$

ist, und weiter Funktionen $u_1, \ldots, u_r, v_1, \ldots, v_s \in C^2[a, b]$ so, daß gilt

$$u_j(a) = u_j(b) = 0 \qquad \text{für } j = 1, \ldots, r \tag{1.18}$$

und $\qquad v_k(a) = v_k(b) = 0 \qquad \text{für } k = 1, \ldots, s. \tag{1.18b}$

Damit bilden wir dann die beiden Klassen aller Funktionen

$$u(\alpha) = u_0 + \sum_{j=1}^{r} \alpha_j u_j \quad \text{bzw.} \quad v(\beta) = v_0 + \sum_{k=1}^{s} \beta_k v_k, \tag{1.19}$$

wobei $\quad \alpha = (\alpha_1, \ldots, \alpha_r)^T \in \mathbf{R}^r \quad$ und $\quad \beta = (\beta_1, \ldots, \beta_s)^T \in \mathbf{R}^s$

zunächst beliebig wählbar sind. Aus (1.17), (1.18) ergibt sich

$$u(\alpha, a) = \gamma_1, \quad u(\alpha, b) = \gamma_2 \qquad \text{für alle } \alpha \in \mathbf{R}^r$$

und $\qquad v(\beta, a) = \gamma_1, \quad v(\beta, b) = \gamma_2 \qquad \text{für alle } \beta \in \mathbf{R}^s,$

so daß die Bedingungen (1.12) von Satz 1.1 erfüllt sind.

Um zu einer optimalen Einschließung (1.15) einer Lösung y der Randwertaufgabe (1.7), (1.8) mit $(y(x), y'(x)) \in D_1 \times D_2$ für alle $x \in [a, b]$ zu gelangen mit $u = u(\alpha)$ und $v = v(\beta)$ nach (1.19), hat man also unter den Nebenbedingungen $\alpha \in \mathbf{R}^r, \beta \in \mathbf{R}^s$,

$$(u(\alpha, x), u'(\alpha, x)), \quad (v(\beta, x), v'(\beta, x)) \in D_1 \times D_2 \qquad \forall x \in [a, b], \tag{1.10'}$$

$$u''(\alpha) + H(x, u(\alpha), u'(\alpha)) \leq 0, \qquad \forall x \in (a, b) \tag{1.11'a}$$

$$-v''(\beta) - H(x, v(\beta), v'(\beta)) \leq 0 \qquad \forall x \in (a, b) \tag{1.11'b}$$

das Funktional

$$f(\alpha, \beta) = \|u(\alpha) - v(\beta)\| = \max_{x \in [a, b]} \{u(\alpha, x) - v(\beta, x)\}$$

zum Minimum zu machen.

Hierbei handelt es sich um ein l i n e a r e s A p p r o x i m a t i o n s p r o b l e m (vgl. I Abschn. 2.1) u n t e r n i c h t l i n e a r e n N e b e n b e d i n g u n g e n. Dabei ist allerdings die Menge

$$\{(\alpha, \beta) \in \mathbf{R}^{r+s} : (u(\alpha, x), u'(\alpha, x)) \text{ und } (v(\beta, x), v'(\beta, x)) \in D_1 \times D_2 \, \forall x \in [a, b]\} \tag{1.20}$$

konvex, so daß die eigentliche Nicht-Linearität in den Nebenbedingungen (1.11') steckt. Gleichwertig mit dem obigen Approximationsproblem ist die n i c h t - l i n e a r e O p t i m i e r u n g s a u f g a b e, unter den Nebenbedingungen $\alpha \in \mathbf{R}^r, \beta \in \mathbf{R}^s$, (1.10'), (1.11'), $\gamma \in \mathbf{R}$,

$$u(\alpha, x) - v(\beta, x) - \gamma \leq 0 \qquad \text{für alle } x \in [a, b]$$

das Funktional $f(\alpha, \beta, \gamma) = \gamma$ zum Minimum zu machen.

Im Falle einer l i n e a r e n R a n d w e r t a u f g a b e mit $H(x, y, y')$ nach (1.14) sind wegen $D_1 = D_2 = \mathbf{R}$ die Nebenbedingungen (1.10') von selbst erfüllt, und die

Nebenbedingungen $(1.11')$ sind affin linear, so daß insgesamt ein P r o b l e m der
s e m i - i n f i n i t e n   l i n e a r e n   O p t i m i e r u n g vorliegt (vgl. I Abschn. 3.2).
Bei dem bisherigen Vorgehen wurde eine Lösung der Randwertaufgabe (1.7), (1.8) von
zwei Seiten approximiert. Man könnte natürlich auch wie in I Abschn. 2.4.2 und 3.3.2
im linearen Fall eine e i n s e i t i g e   A p p r o x i m a t i o n versuchen, die auf das
folgende einfachere Problem führt, nämlich, unter den Nebenbedingungen

$$(u(\alpha, x), u'(\alpha, x)) \in D_1 \times D_2 \qquad \text{für alle } x \in [a, b], \tag{1.10''}$$

$$u''(\alpha) + H(x, u(\alpha), u'(\alpha)) \quad \begin{cases} \leqslant 0 \\ \geqslant 0 \end{cases} \quad \text{auf } (a, b) \tag{1.11''}$$

das Funktional

$$f(\alpha) = \max_{x \in [a,b]} |u''(\alpha, x) + H(x, u(\alpha, x), u'(\alpha, x))|$$

zum Minimum zu machen.

Aus $(1.10'')$, $(1.11'')$ ergibt sich dann für die Lösung $y \in C^2[a, b]$ der Randwertaufgabe (1.7), (1.8) mit $(y(x), y'(x)) \in D_1 \times D_2$ für alle $x \in [a, b]$ (sofern vorhanden)
die Abschätzung

$$u(\alpha, x) \begin{cases} \geqslant \\ \leqslant \end{cases} y(x) \qquad \text{für alle } x \in [a, b].$$

Anstelle des Fehlers $\|u(\alpha) - y\|$ wird der Defekt $\|u''(\alpha) + H(\cdot, u(\alpha), u'(\alpha)\|$ minimiert.
Diese Vorgehensweise wird aber durch die Betrachtungen in Abschn. 1.3 gerechtfertigt.

1.2.2 Ein Beispiel Vorgegeben sei die nichtlineare Randwertaufgabe

$$y'' - 6xy^2 = 0 \qquad \text{auf } (0, 1), \tag{1.7'}$$

$$y(0) = y(1) = 1. \tag{1.8'}$$

In diesem Fall ist $H(x, y, y') = -6xy^2$ sowie

$$H_y(x, y, y') = -12xy, \quad H_{y'}(x, y, y') = 0 \qquad \text{für alle } x \in [0, 1], y, y' \in \mathbf{R}.$$

Weiter ist

$$H_y(x, y, y') \leqslant 0 \qquad \text{für alle } x \in [0, 1] \text{ und } y \geqslant 0.$$

Man wird also $D_1 = \{y \in \mathbf{R} : y \geqslant 0\}$, $D_2 = \mathbf{R}$ wählen, so daß (1.9) erfüllt ist und Satz
1.1 angewandt werden kann. Wir wählen nun $r = s = 1$ und setzen $u_0 = v_0 \equiv 1$,
$u_1(x) = x - x^4$, $v_1(x) = x - x^3$. Dann sind die Randbedingungen $(1.8')$ für alle Funktionen

$$u(\alpha) = u_0 + \alpha u_1, \qquad v(\beta) = v_0 + \beta v_1, \qquad \alpha, \beta \in \mathbf{R} \tag{1.19'}$$

erfüllt. Die Randwertaufgabe $(1.7')$, $(1.8')$ besitzt eine nichtnegative Lösung $y \in C^2[0,1]$,
und mit den Funktionen $(1.19')$ gelangen wir zu einer optimalen Einschließung von y,
wenn wir unter den Nebenbedingungen

$$\left.\begin{array}{l} u(\alpha, x) = 1 + \alpha(x - x^4) \geq 0, \\ v(\beta, x) = 1 + \beta(x - x^3) \geq 0 \end{array}\right\} \quad \text{für alle } x \in [0, 1], \tag{1.10'''}$$

$$u''(\alpha, x) - 6xu(\alpha, x)^2 = - 12\alpha x^2 - 6x(1 + \alpha(x - x^4))^2 \leq 0, \tag{1.11'''a}$$

$$- v''(\beta, x) + 6xv(\beta, x)^2 = 6\beta x + 6x(1 + \beta(x - x^3))^2 \leq 0, \text{ für alle } x \in (0, 1) \tag{1.11'''b}$$

das Funktional

$$f(\alpha, \beta) = \max_{x \in [0,1]} \{\alpha(x - x^4) - \beta(x - x^3)\}$$

zum Minimum machen.

Wählt man $\alpha = - 0.43$ und $\beta = - 1$, so sind die Nebenbedingungen $(1.10''')$, $(1.11''')$ erfüllt, und es ergibt sich $f(\alpha, \beta) \lessapprox 0.187$.

1.3 Defektabschätzungen bei nichtlinearen Randwertaufgaben

Wir legen wieder die nichtlineare Randwertaufgabe (1.7), (1.8) zugrunde, obwohl sich die folgenden Betrachtungen auch auf allgemeinere nichtlineare Randwertprobleme ausdehnen lassen. Die zu (1.7), (1.8) gehörige lineare Randwertaufgabe lautet

$$- y'' = r \ \ \text{auf} \ (a, b), \tag{1.21}$$

$$y(a) = \gamma_1, \qquad y(b) = \gamma_2. \tag{1.8}$$

Dabei ist $r \in C[a, b]$ eine vorgegebene Funktion. Die Randwertaufgabe (1.21), (1.8) ist eindeutig lösbar in der Form

$$y(x) = g(x) + \int_a^b G(x, \xi) \, r(\xi) \, d\xi$$

$$\text{mit} \qquad g(x) = \frac{\gamma_1 b - \gamma_2 a}{b - a} + \frac{\gamma_2 - \gamma_1}{b - a} \, x, \tag{1.22}$$

$$\text{und} \qquad G(x, \xi) = \begin{cases} \dfrac{(b - x)(\xi - a)}{b - a} & \text{für } a \leq \xi \leq x \leq b, \\[3ex] \dfrac{(b - \xi)(x - a)}{b - a} & \text{für } a \leq x \leq \xi \leq b. \end{cases} \tag{1.23}$$

Daraus ergibt sich, daß $y \in C^2[a, b]$ genau dann die nichtlineare Randwertaufgabe (1.7), (1.8) löst, wenn gilt

$$y(x) = g(x) + \int_a^b G(x, \xi) \, H(\xi, y(\xi), y'(\xi)) \, d\xi \tag{1.24}$$

für $x \in [a, b]$ mit g nach (1.22) und G nach (1.23) (Beweis = Übung). Weiter gilt für alle $x \in [a, b]$

$$y'(x) = g'(x) + \int\limits_a^x G_x(x, \xi)\, H(\xi, y(\xi), y'(\xi))\, d\xi +$$

$$+ \int\limits_x^b G_x(x, \xi)\, H(\xi, y(\xi), y'(\xi))\, d\xi. \tag{1.25}$$

Wir nehmen von jetzt ab die Existenz einer eindeutigen Lösung $y \in C^2[a, b]$ der Randwertaufgabe (1.7), (1.8) an mit $(y(x), y'(x)) \in D_1 \times D_2$, wobei wieder D_1 und D_2 zwei geeignete konvexe Teilmengen von $\mathbf{R}$ sind. Ferner nehmen wir die Existenz zweier nichtnegativer stetiger Funktionen L_1, L_2 auf $[a, b]$ an derart, daß für alle (x, y, z), $(x, \hat{y}, \hat{z}) \in [a, b] \times D_1 \times D_2$ gilt

$$|H(x, y, z) - H(x, \hat{y}, \hat{z})| \leqslant L_1(x)|\, y - \hat{y}| + L_2(x)|\, z - \hat{z}|\,. \tag{1.26}$$

Vorgegeben sei jetzt eine Funktion $v \in C^2[a, b]$, die den Randbedingungen (1.8) genügt. Einsetzen von v in die Differentialgleichung (1.7) liefert dann den Defekt

$$h_v(x) = -v''(x) - H(x, v(x), v'(x)), \qquad x \in [a, b]\,. \tag{1.27}$$

Wir wollen weiterhin annehmen, daß gilt

$$(v(x), v'(x)) \in D_1 \times D_2 \qquad \text{für alle } x \in [a, b]\,. \tag{1.28}$$

Dann ist es auf Grund der obigen Annahmen unter Umständen möglich, den Fehler $\|y - v\|$ mit Hilfe des Defektes abzuschätzen. Dazu bemerken wir zunächst, daß in Analogie zu (1.24) für v die Integralgleichung

$$v(x) = g(x) + \int\limits_a^b G(x, \xi)\, \{H(\xi, v(\xi), v'(\xi)) + h_v(\xi)\}\, d\xi, \qquad x \in [a, b], \tag{1.29}$$

gilt mit g nach (1.22) und G nach (1.23) und weiter

$$v'(x) = g'(x) + \int\limits_a^x G_x(x, \xi)\, \{H(\xi, v(\xi), v'(\xi)) + h_v(\xi)\}\, d\xi +$$

$$+ \int\limits_x^b G_x(x, \xi)\, \{H(\xi, v(\xi), v'(\xi)) + h_v(\xi)\}\, d\xi. \tag{1.30}$$

Subtraktion (1.24) − (1.29) bzw. (1.25) − (1.30) liefert

$$y(x) - v(x) = -\int\limits_a^b G(x, \xi)\, h_v(\xi)\, d\xi +$$

$$+ \int\limits_a^b G(x, \xi)\, \{H(\xi, y(\xi), y'(\xi)) - H(\xi, v(\xi), v'(\xi)\}\, d\xi$$

bzw.
$$y'(x) - v'(x) = -\int\limits_a^x G_x(x, \xi)\, h_v(\xi)\, d\xi - \int\limits_x^b G_x(x, \xi)\, h_v(\xi)\, d\xi +$$

$$+ \int\limits_a^x G_x(x, \xi)\, \{H(\xi, y(\xi), y'(\xi)) - H(\xi, v(\xi), v'(\xi))\}\, d\xi +$$

$$+ \int\limits_x^b G_x(x, \xi)\, \{H(\xi, y(\xi), y'(\xi)) - H(\xi, v(\xi), v'(\xi))\}\, d\xi.$$

Unter Berücksichtigung von (1.26) ergibt sich damit

$$\|y - v\| \leq \max_{x \in [a,b]} \int_a^b G(x, \xi)\, d\xi\, \|h_v\| +$$

$$+ \max_{x \in [a,b]} \int_a^b G(x, \xi) \{L_1(\xi) + L_2(\xi)\}\, d\xi \max \{\|y - v\|, \|y' - v'\|\},$$

$$\|y' - v'\| \leq \max_{x \in [a,b]} [\int_a^x |G_x(x, \xi)|\, d\xi + \int_x^b |G_x(x, \xi)|\, d\xi]\|h_v\| +$$

$$+ \max_{x \in [a,b]} [\int_a^x |G_x(x, \xi)| \{L_1(\xi) + L_2(\xi)\}\, d\xi +$$

$$+ \int_x^b |G_x(x, \xi)| \{L_1(\xi) + L_2(\xi)\}\, d\xi] \max \{\|y - v\|, \|y' - v'\|\}\,.$$

Dabei bezeichnet $\| \cdot \|$ die Maximum-Norm in $C[a, b]$.
Nun ist

$$\max_{x \in [a,b]} \int_a^b G(x, \xi)\, d\xi = \frac{1}{8}\, (b - a)^2$$

und $\quad \max_{x \in [a,b]} [\int_a^x |G_x(x, \xi)|\, d\xi + \int_x^b |G_x(x, \xi)|\, d\xi] = \frac{1}{2}\, (b - a).$

Wir machen jetzt die Annahme

$$\max_{x \in [a,b]} \int_a^b G(x, \xi) \{L_1(\xi) + L_2(\xi)\}\, d\xi \leq \alpha < 1 \tag{1.31a}$$

und $\quad \max_{x \in [a,b]} [\int_a^x |G_x(x, \xi)| \{L_1(\xi) + L_2(\xi)\}\, d\xi +$

$$+ \int_x^b |G_x(x, \xi)| \{L_1(\xi) + L_2(\xi)\}\, d\xi] \leq \beta < 1. \tag{1.31b}$$

Dann ergibt sich mit $c = \max \left\{\frac{1}{8}\, (b - a)^2, \frac{1}{2}\, (b - a)\right\}$ die Abschätzung

$$\max \{\|y - v\|, \|y' - v'\|\} \leq c\|h_v\| + \max \{\alpha, \beta\} \max \{\|y - v\|, \|y' - v'\|\}$$

und daraus schließlich

$$\max \{\|y - v\|, \|y' - v'\|\} \leq \frac{c}{1 - \max \{\alpha, \beta\}} \|h_v\|\,. \tag{1.32}$$

Hängt H nicht explizit von z ab, so ist $L_2 \equiv 0$ wählbar und man kann auf die Berücksichtigung der Ableitungen verzichten, was zu der Abschätzung

$$\|y - v\| \leq \frac{1}{8} \frac{(b - a)^2}{1 - \alpha} \|h_v\| \tag{1.33}$$

führt, wenn die Voraussetzung (1.31a) erfüllt ist. Die beiden Abschätzungen (1.32), (1.33) legen nahe, die Näherung v eine Klasse V von Funktionen in $C^2[a, b]$ mit (1.28) durchlaufen zu lassen und so zu wählen, daß die Norm $\|h_v\|$ des Defektes minimiert wird (vgl. dazu die Bemerkung am Ende von Abschn. 1.2.1). Dazu könnte man wieder v_0 bzw. $v_1, \ldots, v_s \in C^2[a, b]$ mit (1.17) bzw. (1.18b) wählen. Die Klasse V besteht dann aus allen Funktionen $v = v(\beta)$ nach (1.19) mit (1.28), und wir erhalten das n i c h t l i n e a r e A p p r o x i m a t i o n s p r o b l e m, unter den Nebenbedingungen

$$v(\beta, x) \in D_1, \tag{1.28a}$$

$$\text{für alle } x \in [a, b]$$

$$v'(\beta, x) \in D_2 \tag{1.28b}$$

das Funktional $f(\beta) = \|v''(\beta) + H(\cdot, v(\beta), v'(\beta))\|$ zum Minimum zu machen. Hängt H nicht explizit von z ab, so entfällt die Nebenbedingung (1.28b). Als Beispiel betrachten wir wieder die Randwertaufgabe $(1.7')$, $(1.8')$. Diese besitzt genau eine nichtnegative Lösung $y \in C^2[0, 1]$, und auf Grund der Betrachtungen in Abschnitt 1.2.1 und 1.2.2 gilt

$$y(x) \leqslant 1 - 0.43(x - x^4) \leqslant 1 \qquad \text{für alle } x \in [0, 1],$$

so daß man $D_1 = [0, 1]$ wählen kann. Dann ergibt sich

$$|H(x, y) - H(x, \hat{y})| \leqslant 12x| y - \hat{y}| \qquad \text{für alle } x \in [0, 1] \text{ und } y, \hat{y} \in D_1,$$

d.h., (1.26) ist mit $L_1(x) = 12x$ und $L_2 \equiv 0$ erfüllt. Weiter ist nach (1.23)

$$G(x, \xi) = \begin{cases} (1 - x)\xi & \text{für } 0 \leqslant \xi \leqslant x \leqslant 1, \\ (1 - \xi)x & \text{für } 0 \leqslant x \leqslant \xi \leqslant 1 \end{cases}$$

$$\text{und} \qquad \max_{x \in [0,1]} \int_0^1 G(x, \xi) L_1(\xi) \, d\xi = \frac{4}{9} \sqrt{3} < 0.8,$$

so daß (1.31a) mit $\alpha = 0.8$ erfüllt ist. Für jedes $v \in C^2[0, 1]$ mit $v(0) = v(1) = 1$ und $0 \leqslant v(x) \leqslant 1$ für alle $x \in [0, 1]$ ergibt sich damit aus (1.33) die F e h l e r a b s c h ä t -
z u n g

$$\|y - v\| \leqslant \frac{5}{8} \max_{x \in [0,1]} |v''(x) - 6xv(x)^2| . \tag{1.33'}$$

Durchläuft etwa v alle Funktionen der Form

$$v(\beta, x) = 1 + \beta_1(x - x^3) + \beta_2(x - x^4),$$

$x \in [0, 1]$, $\beta_1, \beta_2 \in \mathbf{R}$, so ergibt sich das Approximationsproblem, unter den Nebenbedingungen

$$1 \geqslant 1 + \beta_1(x - x^3) + \beta_2(x - x^4) \geqslant 0 \qquad \text{für alle } x \in [0, 1] \tag{1.28'a}$$

das Funktional

$$\max_{x \in [0,1]} |6\beta_1 x + 12\beta_2 x^2 + 6x(1 + \beta_1(x - x^3) + \beta_2(x - x^4))^2|$$

zum Minimum zu machen.

2 Minimierung konvexer Funktionale auf beliebigen Mengen

In Abschn. 1.1 haben wir bereits darauf hingewiesen, daß das nichtlineare Approximationsproblem in einem normierten Vektorraum darin besteht, ein konvexes Funktional auf einer beliebigen Teilmenge des Raumes zu minimieren. Dieses Problem soll im folgenden genauer untersucht werden mit dem Ziel, n o t w e n d i g e B e d i n g u n - g e n f ü r M i n i m a l p u n k t e anzugeben, die dann beim Approximationsproblem zur v e r a l l g e m e i n e r t e n K o l m o g o r o f f - B e d i n g u n g führen (vgl. Abschn. 2.2.3). Als entscheidendes Hilfsmittel benötigen wir

2.1 Tangentialkegel in normierten Vektorräumen

Sei E ein normierter Vektorraum (über den reellen oder komplexen Zahlen), X eine nichtleere Teilmenge von E und $x \in X$ irgendein Punkt. Ein Vektor $h \in E$ heißt dann T a n g e n t e n v e k t o r in x an X, wenn es eine Folge $\{x_k\}$ von Elementen $x_k \in X$ und eine Folge $\{\lambda_k\}$ positiver reeller Zahlen λ_k gibt mit

$$\lim_{k \to \infty} x_k = x, \tag{2.1a}$$

$$\lim_{k \to \infty} \lambda_k(x_k - x) = h. \tag{2.1b}$$

Sei T(X, x) die Menge aller Tangentenvektoren in x an X. Da der Nullvektor Θ_E von E sicher zu T(X, x) gehört, ist T(X, x) nichtleer und hat weiter die Eigenschaft

$$h \in T(X, x), \ \lambda \geqslant 0 \ \Rightarrow \ \lambda h \in T(X, x),$$

d.h., T(X, x) ist ein Kegel mit Scheitel Θ_E (vgl. IV Abschn. 1.1). Wir nennen T(X, x) den T a n g e n t i a l k e g e l in x an X. Der Tangentialkegel in einem Punkte an eine Menge ist im allgemeinen nicht konvex (vgl. Fig. III 2.1). Es gilt aber

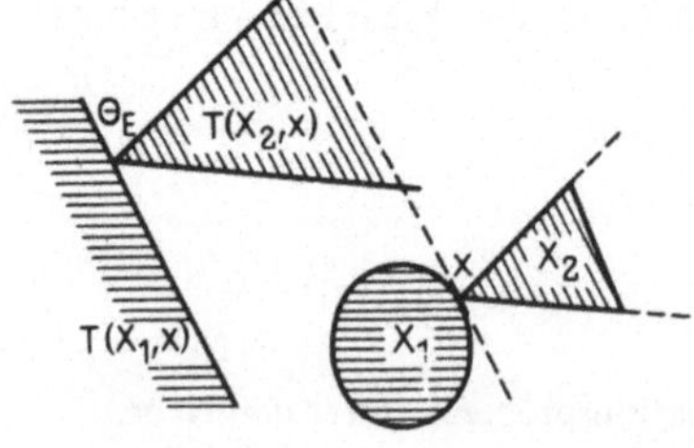

Fig. III 2.1 Beispiel für einen nicht konvexen Tangentialkegel
$X = X_1 \cup X_2$
$T(X, x) = T(X_1, x) \cup T(X_2, x)$

Lemma 2.1 Der Tangentialkegel T(X, x) in $x(\in X)$ an X ist abgeschlossen.

B e w e i s. Sei $\{h^m\}$ eine Folge in T(X, x) mit $\lim\limits_{m \to \infty} h^m = h$. Dann gibt es zu jedem m eine Folge $\{x_k^m\}$ in X und eine Folge $\{\lambda_k^m\}$ positiver reeller Zahlen mit

$$\lim_{k \to \infty} x_k^m = x \quad \text{und} \quad \lim_{k \to \infty} \lambda_k^m(x_k^m - x) = h^m.$$

Insbesondere gibt es für jedes $m \geqslant 1$ ein $k(m)$ mit

$$\|x_k^m - x\| \leqslant \frac{1}{m} \quad \text{und} \quad \|\lambda_k^m(x_k^m - x) - h^m\| \leqslant \frac{1}{m}$$

für alle $k \geqslant k(m)$. Definiert man daher $y_m = x_{k(m)}^m$ und $\mu_m = \lambda_{k(m)}^m$, so ist $\{y_m\}$ eine Folge in X und $\{\mu_m\}$ eine Folge positiver reeller Zahlen mit

$$\|y_m - x\| \leqslant \frac{1}{m} \quad \text{und} \quad \|\mu_m(y_m - x) - h\| \leqslant \frac{1}{m} + \|h^m - h\|,$$

woraus $\lim_{m \to \infty} y_m = x$ und $\lim_{m \to \infty} \mu_m(y_m - x) = h$,

d.h., $h \in T(X, x)$ folgt. ∎

Beispiele f ü r T a n g e n t i a l k e g e l . **1.** Sei X eine nichtleere offene Teilmenge von E und $x \in X$ beliebig. Gibt man sich $h \in E$ beliebig vor, so ist für ein passendes $\lambda_h > 0$ sicher $x + \lambda h \in X$ für alle $\lambda \in [0, \lambda_h]$. Wählt man k so groß, daß $1/k \leqslant \lambda_h$ ist, und definiert $x_k = x + (1/k) \cdot h$, so ist $x_k \in X$ für alle $k \geqslant 1/\lambda_h$, $\lim_{k \to \infty} x_k = x$ und $k(x_k - x) = h$ für alle k, mithin $\lim_{k \to \infty} k(x_k - x) = h$, d.h. $h \in T(X, x)$.
Damit ist

$$T(X, x) = E \qquad \text{für alle } x \in X \text{ (offen).} \tag{2.2}$$

2. Sei X eine nichtleere konvexe Teilmenge von E und $x \in X$ beliebig. Wählt man $y \in X$ beliebig, so ist

$$x + \frac{1}{k}(y - x) = \left(1 - \frac{1}{k}\right)x + \frac{1}{k}y \in X \qquad \text{für alle } k \geqslant 1.$$

Definiert man $x_k = x + (1/k)(y - x)$, so ist $\lim_{k \to \infty} x_k = x$ und $k(x_k - x) = y - x$, mithin

$\lim_{k \to \infty} k(x_k - x) = y - x$, d.h. $y - x \in T(X, x)$. Da $T(X, x)$ ein Kegel ist, gilt
$\lambda(y - x) \in T(X, x)$ für alle $\lambda \geqslant 0$. Daraus folgt

$$\bigcup_{\lambda \geqslant 0} \{\lambda(y - x) : y \in X\} \subseteq T(X, x)$$

und weiter

$$\overline{\bigcup_{\lambda \geqslant 0} \{\lambda(y - x) : y \in X\}} \subseteq T(X, x),$$

da $T(X, x)$ nach Lemma 2.1 abgeschlossen ist.
Nun sei $h \in T(X, x)$ vorgegeben. Dann gibt es eine Folge $\{x_k\}$ in X und eine Folge $\{\lambda_k\}$ positiver Zahlen mit (2.1a), (2.1b), was aber gerade

$$h \in \overline{\bigcup_{\lambda \geqslant 0} \{\lambda(y - x) : y \in X\}}$$

impliziert. Damit ist

$$T(X, x) = \overline{\bigcup_{\lambda \geqslant 0} \{\lambda(y - x) : y \in X\}} \qquad \text{für alle } x \in X \text{(konvex).} \tag{2.3}$$

B e m e r k u n g. Der durch II (6.15) definierte abgeschlossene konvexe Kegel $T(X, \hat{x})$ ist also der Tangentialkegel in $\hat{x}$ an die konvexe Menge X. Bei konvexen Mengen ist somit der Tangentialkegel in jedem ihrer Punkte ebenfalls konvex.

3. Sei speziell X eine lineare Mannigfaltigkeit in E (vgl. IV Abschn. 3.2), d.h. $X = x + V$, wobei V ein linearer Teilraum von E und von der Wahl von $x \in X$ unabhängig ist. Dann folgt aus (2.3) speziell

$$T(X, x) = \overline{V} \qquad \text{für alle } x \in X. \tag{2.4}$$

4. **Aufgabe 2.1** Man beweise die folgenden Aussagen:

a) Ist $x \in X \subseteq Y$ bzw. $x \in X \cap Y$, so gilt

$$T(X, x) \subseteq T(Y, x) \tag{2.5}$$

bzw. $\quad T(X \cap Y, x) \subseteq T(X, x) \cap T(Y, x).$ $\hspace{3cm}$ (2.6)

b) Sind E bzw. F normierte Vektorräume und X bzw. Y nichtleere Teilmengen von E bzw. F, so gilt für jedes $x \in X$ und $y \in Y$

$$T(X \times Y, (x, y)) \subseteq T(X, x) \times T(Y, y), \tag{2.7}$$

wenn man etwa in $E \times F$ die Norm $\|(x, y)\| = \|x\| + \|y\|$, $(x, y) \in E \times F$, einführt. Ist eine von den beiden Mengen X oder Y offen, so gilt in (2.7) das Gleichheitszeichen.

2.2 Notwendige Bedingungen für Minimalpunkte konvexer Funktionale auf beliebigen Mengen

2.2.1 Ein allgemeiner Satz Vorgegeben sei wieder ein normierter Vektorraum E (über **R** oder **C**), eine nichtleere Teilmenge X in E und ein stetiges Funktional $f : E \to \mathbf{R}$ (vgl. II Abschn. 2.1). Dann gilt

Satz 2.2 Ist $\hat{x} \in X$ ein Minimalpunkt von f auf X, d.h. gilt

$$f(\hat{x}) \leqslant f(x) \qquad \text{für alle } x \in X, \tag{2.8}$$

und ist f auf E konvex bezüglich $\hat{x}$ (vgl. II Abschn. 6.1), so folgt

$$f(\hat{x}) \leqslant f(\hat{x} + h) \qquad \text{für alle } h \in T(X, \hat{x}), \tag{2.9}$$

wobei $T(X, \hat{x})$ der Tangentialkegel in $\hat{x}$ an X ist.

B e w e i s. Nehmen wir an, es gebe ein $h \in T(X, \hat{x})$ mit

$$f(\hat{x}) - f(\hat{x} + h) > \delta > 0.$$

Nach Definition von h gibt es eine Folge $\{x_k\}$ von Elementen $x_k \in X$ und eine Folge $\{\lambda_k\}$ positiver Zahlen mit (2.1a), (2.1b). Wir setzen $h_k = \lambda_k(x_k - \hat{x})$ für jedes k. Aus (2.1b) und der Stetigkeit von f folgt dann

$$|f(\hat{x} + h_k) - f(\hat{x} + h)| \leqslant \delta \qquad \text{für alle genügend großen k.}$$

Weiterhin ist

$$\frac{1}{\lambda_k}\, h_k = x_k - x, \qquad \lim_{k\to\infty} \|h_k - h\| = 0 \Rightarrow \lim_{k\to\infty} \|h_k\| = \|h\|\,,$$

und aus (2.1a) sowie $\|h\| > 0$ folgt $\displaystyle\lim_{k\to\infty}\left(\frac{1}{\lambda_k}\right) = 0$, so daß für alle genügend großen k gilt $\eta_k = 1/\lambda_k \in (0, 1]$. Damit ist

$$f(x_k) = f((1 - \eta_k)\hat{x} + \eta_k(\hat{x} + h_k)) \leqslant (1 - \eta_k)\, f(\hat{x}) + \eta_k f(\hat{x} + h_k)$$

$$\leqslant (1 - \eta_k)\, f(\hat{x}) + \eta_k\,[f(\hat{x} + h) + \delta] < (1 - \eta_k)\, f(\hat{x}) + \eta_k f(\hat{x}) = f(\hat{x})$$

für genügend großes k, ein Widerspruch gegen (2.8).   ■

Ist X konvex, so folgt aus (2.3), daß $x - \hat{x} \in T(X, \hat{x})$ ist für alle $x \in X$, so daß (2.9) wiederum (2.8) impliziert und somit für stetige konvexe Funktionale $f : E \to \mathbf{R}$ beide Aussagen äquivalent sind.

2.2.2 Anwendung auf Approximation in normierten Räumen

Wir legen wieder die Situation wie in Abschn. 1.1 zugrunde. Sei also E ein normierter Vektorraum über $\mathbf{R}$ und V eine nichtleere Teilmenge von E sowie $x \in E$ ein beliebiger Punkt. Zu minimieren auf V ist das Funktional

$$f(y) = \|y - x\|, \qquad y \in V.$$

f ist stetig und konvex, so daß Satz 2.2 unmittelbar angewandt werden kann. Ist also $\hat{v} \in V$ eine beste Approximierende von x in V, d.h., gilt

$$\|\hat{v} - x\| \leqslant \|v - x\| \qquad \text{für alle } v \in V, \tag{2.10}$$

so folgt $\|\hat{v} - x\| \leqslant \|\hat{v} + h - x\| \qquad \text{für alle } h \in T(V, \hat{v}),$ (2.11)

wobei $T(V, \hat{v})$ den Tangentialkegel in $\hat{v}$ an V bezeichnet (vgl. auch Fig. III 2.2). Auf Grund der Bemerkung im Anschluß an Satz 2.2 sind die beiden Aussagen (2.10) und (2.11) äquivalent, wenn V eine konvexe Teilmenge von E ist.

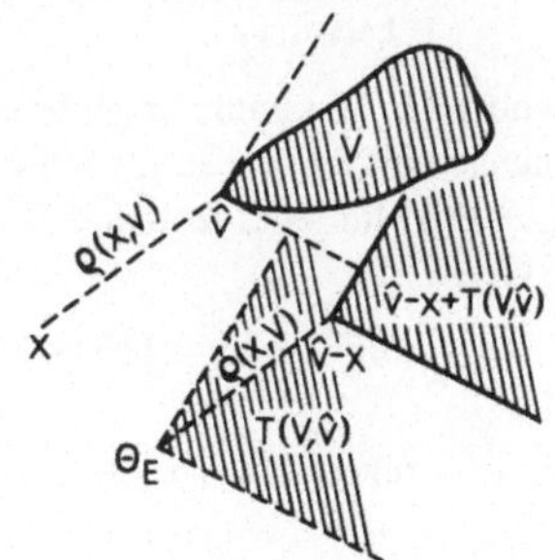

Fig. III 2.2 Zur Implikation (2.10) ⇒ (2.11)
$$\rho(x, V) = \rho(\Theta_E, \hat{v} - x + T(V, \hat{v}))$$

Allgemein ist also $h = \Theta_E$ eine beste Approximierende von $x - \hat{v}$ in $T(V, \hat{v})$, wenn $\hat{v}$ eine beste Approximierende von x in V ist.

Nach Abschn. 1.1.1 ist die Aussage (2.11) gleichbedeutend damit, daß das Paar $(\Theta_E, \|\hat{v} - x\|)$ unter den Nebenbedingungen

$$(h, \gamma) \in T(V, \hat{v}) \times \mathbf{R},$$
$$\gamma - L(h) - L(\hat{v} - x) \geqslant 0 \qquad \text{für alle } L \in B^* \tag{2.12}$$

das Funktional $f(h, \gamma) = \gamma$ zum Minimum macht (Beweis = Übung). Dabei ist B^* die durch II (1.6) definierte Einheitskugel des topologischen Dualraumes E^* von E (vgl. IV Abschn. 1.2). Versieht man E^* mit der schwachen Topologie, so ist B^* ein kompakter Hausdorff-Raum in E^*, und durch

$$g(y, \gamma, L) = \gamma - L(y) - L(\hat{v} - x), \qquad (y, \gamma) \in E \times \mathbf{R}, L \in B^* \tag{2.13}$$

wird eine affin-lineare und damit konkave Abbildung $g : E \times \mathbf{R} \to C(B^*)$ definiert (vgl. dazu z.B. K ö t h e [66] und II Abschn. 2.2), wobei $C(B^*)$ der Vektorraum der stetigen, reellwertigen Funktionen auf B^* ist.

Nach II Lemma 1.1 ist

$$\delta(\Theta_E, \|\hat{v} - x\|) = \min_{L \in B^*} \{\|\hat{v} - x\| - L(\hat{v} - x)\} = 0.$$

Wir setzen

$$I(\Theta_E, \|\hat{v} - x\|) = \{L \in B^* : g(\Theta_E, \|\hat{v} - x\|, L) = 0\}.$$

Dann ist

$$I(\Theta_E, \|\hat{v} - x\|) = E_{\hat{v}-x} = \{L \in B^* : L(\hat{v} - x) = \|\hat{v} - x\|\}. \tag{2.14}$$

Da nun $T(V, \hat{v}) \times \mathbf{R}$ bezüglich des Punktes $(\Theta_E, \|\hat{v} - x\|)$ sternförmig, die durch (2.13) definierte Abbildung g von $E \times \mathbf{R}$ in $C(B^*)$ konkav und $f(h, \gamma) = \gamma$, $(h, \gamma) \in E \times \mathbf{R}$, linear und somit konvex ist, ist auf Grund der Optimalität von $(\Theta_E, \|\hat{v} - x\|)$ II Satz 6.3 anwendbar und liefert die Implikation

$$\gamma - L(h) - L(\hat{v} - x) > 0 \qquad \text{für alle } L \in E_{\hat{v}-x} \Rightarrow \|\hat{v} - x\| \leqslant \gamma \tag{2.15}$$

für alle $(h, \gamma) \in T(V, \hat{v}) \times \mathbf{R}$. Aus dieser folgt weiter

$$\max_{L \in E_{\hat{v}-x}} L(h) \geqslant 0 \qquad \text{für alle } h \in T(V, \hat{v}), \tag{2.16}$$

wobei das Maximum angenommen wird, da $E_{\hat{v}-x}$ eine schwach-abgeschlossene Teilmenge von B^* und somit schwach kompakt (Beweis = Übung) und die Linearform $L \to L(h)$ für jedes feste $h \in E$ schwach-stetig auf E^* ist. Wäre nämlich für ein $h \in T(V, \hat{v})$

$$\delta = \max_{L \in E_{\hat{v}-x}} L(h) < 0,$$

so wäre für $\gamma = \|\hat{v} - x\| + \dfrac{\delta}{2} \ (< \|\hat{v} - x\|)$

$$\gamma - L(h) - L(\hat{v} - x) = \|\hat{v} - x\| + \frac{\delta}{2} - L(h) - \|\hat{v} - x\| \geqslant -\frac{\delta}{2} > 0$$

für alle $L \in E_{\hat{v}-x}$, ein Widerspruch gegen die Implikation (2.15). Als Ergebnis haben wir also

Satz 2.3 Ist $\hat{v} \in V$ eine beste Approximierende von x in V, d.h. gilt (2.10), so folgt notwendig (2.16), wobei $T(V, \hat{v})$ den Tangentialkegel in $\hat{v}$ an V bezeichnet und $E_{\hat{v}-x}$ durch (2.14) definiert ist.

Ist V eine konvexe Teilmenge von E, so ist (2.16) auch hinreichend dafür, daß $\hat{v} \in V$ eine beste Approximierende von x in V ist. Allgemein gilt nämlich

Satz 2.4 Ist $\hat{v} \in V$ derart vorgegeben, daß mit $E_{\hat{v}-x}$ nach (2.14)

$$\max_{L \in E_{\hat{v}-x}} L(v - \hat{v}) \geqslant 0 \qquad \text{für alle } v \in V \tag{2.17}$$

ist, so folgt (2.10).

B e w e i s. Für jedes $v \in V$ ist

$$\|v - x\| - \|\hat{v} - x\| \geqslant L(v - x) - L(\hat{v} - x) = L(v - \hat{v}),$$

wenn man $L \in E_{\hat{v}-x}$ beliebig wählt. Nach (2.17) gibt es ein $\hat{L} \in E_{\hat{v}-x}$ mit $\hat{L}(v - \hat{v}) \geqslant 0$, was $\|v - x\| \geqslant \|\hat{v} - x\|$ impliziert. Da $v \in V$ beliebig ist, ist damit (2.10) gezeigt. ∎

Für konvexe Mengen V sind die Bedingungen (2.16) und (2.17) gleichwertig (Beweis = Übung).

Man kann die Bedingungen (2.16) und (2.17) noch weiter verschärfen, indem man zeigt, daß sie auch noch gelten, wenn man $E_{\hat{v}-x}$ durch geeignete Teilmengen ersetzt (vgl. dazu z.B. B r o s o w s k i [69a]). Insbesondere trifft das zu für den Durchschnitt von $E_{\hat{v}-x}$ mit der Menge der sog. Extremalpunkte von B*, was im Spezialfall der gleichmäßigen Approximation von Funktionen zu einem bekannten Kriterium von Kolmogoroff führt. Wir wollen das hier jedoch nicht weiter ausführen (vgl. dazu Abschn. 2.2.3).

2.2.3 Anwendung auf gleichmäßige Approximation von Funktionen Wir legen die gleiche Problemstellung wie in Abschn. 1.1.2 zugrunde. Zu minimieren ist also das stetige, konvexe Funktional $f(y) = \|y - x\|$, $x \in E = C(M)$, auf der nichtleeren Teilmenge V von C(M), wobei wieder $x \in C(M)$ fest vorgegeben ist und $\|\cdot\|$ die Maximum-Norm I (2.1) bezeichnet. Wiederum ergibt sich für jede beste Approximierende $\hat{v} \in V$ von x in V mit Satz 2.2 die Aussage (2.11), welche besagt, daß $(\Theta_E, \|\hat{v} - x\|^2)$ unter den Nebenbedingungen

$$\begin{aligned} (h, \gamma) &\in T(V, \hat{v}) \times \mathbf{R}, \\ \gamma - (\hat{v}(t) - x(t) + h(t))^2 &\geqslant 0 \qquad \text{für alle } t \in M \end{aligned} \tag{2.18}$$

das Funktional $f(h, \gamma) = \gamma$ zum Minimum macht (Beweis = Übung). Durch

$$g(y, \gamma, t) = \gamma - (\hat{v}(t) - x(t) + y(t))^2,$$

$$(y, \gamma) \in C(M) \times \mathbf{R}, \qquad t \in M,$$

wird eine konkave Abbildung $g : C(M) \times \mathbf{R} \to C(M)$ definiert. Weiter ist

$$\delta(\Theta_E, \|\hat{v} - x\|^2) = \min_{t \in M} \{\|\hat{v} - x\|^2 - (\hat{v}(t) - x(t))^2\} = 0$$

und $I(\Theta_E, \|\hat{v} - x\|^2) = \hat{E}_{\hat{v}-x} = \{t \in M : |\hat{v}(t) - x(t)| = \|\hat{v} - x\|\}.$ (2.19)

Wiederum ist II Satz 6.3 anwendbar und liefert die Implikation

$$\gamma - (\hat{v}(t) - x(t) + h(t))^2 > 0 \quad \text{für alle } t \in \hat{E}_{\hat{v}-x} \Rightarrow \|\hat{v} - x\|^2 \leqslant \gamma \quad (2.20)$$

für alle $(h, \gamma) \in T(V, \hat{v}) \times \mathbf{R}$. Aus dieser folgt weiter

$$\max_{t \in \hat{E}_{\hat{v}-x}} (\hat{v}(t) - x(t)) h(t) \geqslant 0 \quad \text{für alle } h \in T(V, \hat{v}). \quad (2.21)$$

Wäre nämlich für ein $h \in T(V, \hat{v})$

$$\delta = \max_{t \in \hat{E}_{\hat{v}-x}} (\hat{v}(t) - x(t)) h(t) < 0,$$

so wäre $\|h\| > 0$ und $\gamma = \|\hat{v} - x\|^2 + \|h\|^2 \lambda^2 + \delta\lambda < \|\hat{v} - x\|^2$ für $0 < \lambda < \dfrac{-\delta}{\|h\|^2}$

und $\gamma - (\hat{v}(t) - x(t) + \lambda h(t))^2 \geqslant -\delta\lambda > 0 \quad \text{für alle } t \in \hat{E}_{\hat{v}-x},$

ein Widerspruch gegen die Implikation (2.20).

Damit ist also die Bedingung (2.21) notwendig dafür, daß $\hat{v} \in V$ eine beste Approximierende von x in V ist. Ist V konvex, so ist (2.21) auch hinreichend für (2.10); denn allgemein gilt die folgende

A u s s a g e: Ist $\hat{v} \in V$ derart vorgegeben, daß mit $\hat{E}_{\hat{v}-x}$ nach (2.19) gilt

$$\max_{t \in \hat{E}_{\hat{v}-x}} (\hat{v}(t) - x(t)) (v(t) - \hat{v}(t)) \geqslant 0 \quad \text{für alle } v \in V, \quad (2.22)$$

so ist $\hat{v}$ eine beste Approximierende von x in V.

Für jedes $v \in V$ ist nämlich für alle $t \in \hat{E}_{\hat{v}-x}$

$$\|v - x\|^2 - \|\hat{v} - x\|^2 \geqslant (v(t) - x(t))^2 - (\hat{v}(t) - x(t))^2$$
$$= (v(t) - \hat{v}(t) + \hat{v}(t) - x(t))^2 - (\hat{v}(t) - x(t))^2$$
$$= (v(t) - \hat{v}(t))^2 + 2(\hat{v}(t) - x(t)) (v(t) - \hat{v}(t)),$$

so daß sich $\|v - x\|^2 \geqslant \|\hat{v} - x\|^2$ aus (2.22) ergibt, was (2.10) beweist.   ∎

Für konvexe Mengen V sind die Aussagen (2.21) und (2.22) äquivalent.

Die Bedingung (2.22) ist eine von M e i n a r d u s und S c h w e d t [64] angegebene Verallgemeinerung eines Kriteriums von K o l m o g o r o f f [48], von dem dieser gezeigt hat, daß es im Falle linearer Approximation notwendig und hinreichend für beste Approximierende ist. Die Frage nach der Notwendigkeit von (2.22) für beste Approximierende hat Meinardus zum Begriff der asymptotischen Konvexität geführt (vgl. z.B. M e i n a r d u s [64] oder auch M e i n a r d u s / S c h w e d t [64]). Wir wollen darauf hier nicht näher eingehen und betrachten als Repräsentanten für eine a s y m p - t o t i s c h   k o n v e x e   F u n k t i o n e n f a m i l i e   V in C(M) die durch (1.5) definierte Menge V von Quotienten stetiger Funktionen aus endlich-dimensionalen Unterräumen U und W von C(M) mit positiver Nennerfunktion.

B e h a u p t u n g. Für jede Funktion $\hat{v} = \hat{u}/\hat{w} \in V$ gilt

$$\left\{ \frac{u\hat{w} - w\hat{u}}{\hat{w}^2} : u \in U, \ w \in W \right\} \subseteq T(V, \hat{v}). \tag{2.23}$$

B e w e i s. Setzt man für $k \geqslant 1$

$$u^k = \hat{u} + \frac{1}{k}\, u, \qquad w^k = \hat{w} + \frac{1}{k}\, w,$$

wobei $u \in U$ und $w \in W$ beliebig, aber fest vorgegeben sind, so folgt

$$u^k \in U \quad \text{und} \quad w^k \in W^+ \qquad \text{für alle genügend großen k.}$$

Weiterhin ist für genügend großes k

$$\frac{u^k}{w^k} - \frac{\hat{u}}{\hat{w}} = \frac{\dfrac{1}{k}(\hat{w}u - \hat{u}w)}{(\hat{w} + \dfrac{1}{k}\, w)\, \hat{w}} \ ,$$

mithin $\displaystyle \lim_{k \to \infty} \left\| \frac{u^k}{w^k} - \frac{\hat{u}}{\hat{w}} \right\| = 0.$

Schließlich ist für genügend großes k

$$k\left(\frac{u^k}{w^k} - \frac{\hat{u}}{\hat{w}} \right) = \frac{\hat{w}u - \hat{u}w}{(\hat{w} + \dfrac{1}{k}\, w)\, \hat{w}} \ ,$$

mithin $\displaystyle \lim_{k \to \infty} \left\| k\left(\frac{u^k}{w^k} - \frac{\hat{u}}{\hat{w}} \right) - \frac{u\hat{w} - w\hat{u}}{\hat{w}^2} \right\| = 0,$

was $(u\hat{w} - w\hat{u})/\hat{w}^2 \in T(V, \hat{v})$ und damit (2.23) beweist. ∎

Unter Berücksichtigung von

$$\frac{w}{\hat{w}}\left(\frac{u}{w} - \frac{\hat{u}}{\hat{w}} \right) = \frac{u\hat{w} - w\hat{u}}{\hat{w}^2} \qquad \text{für alle } u \in U \text{ und } w \in W^+$$

ergibt sich als notwendige Bedingung für eine beste Approximierende $\hat{v} = \dfrac{\hat{u}}{\hat{w}} \in V$ von x in V aus (2.21) die Bedingung

$$\max_{t \in \hat{E}_{\hat{v} - x}} \left(\frac{\hat{u}(t)}{\hat{w}(t)} - x(t) \right)\left(\frac{u(t)}{w(t)} - \frac{\hat{u}(t)}{\hat{w}(t)} \right) \geqslant 0 \qquad \text{für alle } u \in U \text{ und } w \in W^+, \tag{2.24}$$

die, wie wir oben gesehen haben, zugleich auch hinreichend ist (vgl. dazu (2.22)).

2.2.4 Anwendung auf L_1-Approximation Man kann Satz 2.2 auch direkt anwenden, um zu notwendigen Bedingungen für beste Approximierende zu gelangen. Das soll jetzt am Fall der Approximation einer Funktion im Sinne der L_1-Norm demonstriert werden. Wir betrachten zu dem Zweck den Vektorraum C[a, b] der auf einem endlichen abgeschlossenen Intervall [a, b] stetigen reellwertigen Funktionen, versehen mit der L_1-Norm

$$\|g\|_1 = \int_a^b |g(t)|\, dt, \qquad g \in C[a, b]. \tag{2.25}$$

Eine Funktion $x \in C[a, b]$ mit Funktionen v aus einer Teilmenge V von C[a, b] möglichst gut im Sinne der L_1-Norm zu approximieren bedeutet also, das Funktional $f(y) = \|y - x\|_1$ auf V zum Minimum zu machen. f ist wiederum stetig und konvex, so daß Satz 2.2 angewandt werden kann:

Ist $\hat{v} \in V$ eine beste Approximierende von x in V, so gilt

$$\|\hat{v} - x\|_1 \leqslant \|\hat{v} - x + h\|_1 \qquad \text{für alle } h \in T(V, \hat{v}), \tag{2.26}$$

wobei $T(V, \hat{v})$ der Tangentialkegel in $\hat{v}$ an V ist. Wir setzen

$$N_0(\hat{v} - x) = \{t \in [a, b] : \hat{v}(t) - x(t) = 0\}. \tag{2.27}$$

Dann gilt

Satz 2.5 Ist $\hat{v} \in V$ eine beste Approximierende von x in V im Sinne der L_1-Norm (2.25), dann folgt

$$\int_a^b h(t)\, \mathrm{sgn}(\hat{v}(t) - x(t))\, dt + \int_{N_0(\hat{v}-x)} |h(t)|\, dt \geqslant 0 \qquad \text{für alle } h \in T(V, \hat{v}), \tag{2.28}$$

wobei $\mathrm{sgn}(0) = 0$ gesetzt wird.

B e w e i s. Wir nehmen an, es gäbe ein $\hat{h} \in T(V, \hat{v})$ mit

$$\int_a^b \hat{h}(t)\, \mathrm{sgn}(\hat{v}(t) - x(t))\, dt + \int_{N_0(\hat{v}-x)} |\hat{h}(t)|\, dt < 0. \tag{2.29}$$

Für jede positive Zahl λ definieren wir mit $\|\hat{h}\| = \max_{a \leqslant t \leqslant b} |\hat{h}(t)|\ (> 0)$ die Menge

$$M_\lambda = \{t \in [a, b] : |\hat{v}(t) - x(t)| \leqslant \lambda \cdot \|\hat{h}\|\}.$$

Dann ist für alle $t \in \complement M_\lambda = [a, b] \setminus M_\lambda$

$$|\hat{v}(t) - x(t) + \lambda\hat{h}(t)| = (\hat{v}(t) - x(t) + \lambda\hat{h}(t))\, \mathrm{sgn}(\hat{v}(t) - x(t))$$

und somit

$$\int_a^b |\hat{v}(t) - x(t) + \lambda\hat{h}(t)|\, dt$$

$$= \int_{\complement M_\lambda} (\hat{v}(t) - x(t) + \lambda\hat{h}(t))\, \mathrm{sgn}(\hat{v}(t) - x(t))\, dt + \int_{M_\lambda} |\hat{v}(t) - x(t) + \lambda\hat{h}(t)|\, dt$$

$$= \int_{C M_\lambda} |\hat{v}(t) - x(t)|\, dt + \lambda \int_{C M_\lambda} \hat{h}(t)\, sgn(\hat{v}(t) - x(t))\, dt + \int_{M_\lambda} |\hat{v}(t) - x(t)|\, dt -$$

$$- \int_{M_\lambda} |\hat{v}(t) - x(t)|\, dt + \int_{M_\lambda} \lambda \hat{h}(t)\, sgn(\hat{v}(t) - x(t))\, dt -$$

$$- \int_{M_\lambda} \lambda \hat{h}(t)\, sgn(\hat{v}(t) - x(t))\, dt + \int_{M_\lambda} |\hat{v}(t) - x(t) + \lambda \hat{h}(t)|\, dt$$

$$= \int_a^b |\hat{v}(t) - x(t)|\, dt + \lambda \int_a^b \hat{h}(t)\, sgn(\hat{v}(t) - x(t))\, dt +$$

$$+ \int_{M_\lambda} (\hat{v}(t) - x(t) + \lambda \hat{h}(t))\, \{sgn(\hat{v}(t) - x(t) + \lambda \hat{h}(t)) - sgn(\hat{v}(t) - x(t))\}\, dt.$$

Wegen
$$|\hat{v}(t) - x(t) + \lambda \hat{h}(t)| \leqslant 2\lambda \|\hat{h}\| \qquad \text{für alle } t \in M_\lambda$$

folgt
$$\int_a^b |\hat{v}(t) - x(t) + \lambda \hat{h}(t)|\, dt - \int_a^b |\hat{v}(t) - x(t)|\, dt$$

$$\leqslant \lambda\, \{\int_{N_0(\hat{v} - x)} |\hat{h}(t)|\, dt + \int_a^b \hat{h}(t)\, sgn(\hat{v}(t) - x(t))\, dt + 4\|\hat{h}\|\, \mu(M_\lambda \backslash N_0(\hat{v} - x))\},$$

wobei μ das Lebesgue-Maß bezeichnet. Aus $\lim_{\lambda \to 0} \mu(M_\lambda \backslash N_0(\hat{v} - x)) = 0$ folgt mit der Annahme (2.29) die Existenz einer Zahl $\hat{\lambda} > 0$ mit

$$\|\hat{v} - x + \hat{\lambda}\hat{h}\|_1 - \|\hat{v} - x\|_1 < 0,$$

was wegen $\hat{\lambda}\hat{h} \in T(V, \hat{v})$ der notwendigen Bedingung (2.26) für die Optimalität von $\hat{v}$ widerspricht. Damit ist die Annahme (2.29) falsch und die Behauptung (2.28) bewiesen. ∎

Aufgabe 2.2 Sei $E = \mathbf{R}^m$, versehen mit der L_1-Norm

$$\|g\|_1 = \sum_{i=1}^m |g_i|, \qquad g \in E.$$

Man zeige: Ist zu vorgegebener nichtleerer Teilmenge V von E und $x \in E$ ein Vektor $\hat{v} \in V$ beste Approximierende von x in V, so gilt

$$\sum_{i=1}^m h_i\, sgn(\hat{v}_i - x_i) + \sum_{\hat{v}_i - x_i = 0} |h_i| \geqslant 0 \qquad \text{für alle } h \in T(V, \hat{v}),$$

wobei $sgn(0) = 0$ gesetzt wird.

Für einen linearen Teilraum V von $C[a, b]$ wird bei C h e n e y [66] unter der zusätzlichen Annahme, daß $N_0(\hat{v} - x)$ (2.27) eine endliche Menge ist, die Notwendigkeit und Hinlänglichkeit von (2.28) dafür gezeigt, daß $\hat{v}$ eine beste Approximierende von x in V ist. Die Bedingung (2.28) geht in diesem Spezialfall über in

$$\int_a^b h(t)\, sgn(\hat{v}(t) - x(t))\, dt = 0 \qquad \text{für alle } h \in V.$$

Die Idee zum Beweis von Satz 2.5 wurde der Arbeit von C a r r o l l und M c -
L a u g h l i n [73] entnommen.

2.3 Bibliographische Bemerkungen

Der in Abschn. 2.1 eingeführte Begriff des Tangentialkegels wurde von H e s t e n e s
[66] übernommen, der ihn systematisch bei der Behandlung von Optimierungs- und
Kontrollproblemen verwendet. Auch A b a d i e [67], V a r a i y a [67] und G u i g -
n a r d [69] benutzen diesen Begriff, um bei finiten und infiniten nichtlinearen Optimierungsproblemen zu notwendigen Bedingungen für Minimalpunkte zu gelangen.
D u b o v i t s k i / M i l y u t i n [63, 65] haben als erste eine Definition des Tangentialkegels verwendet, die von zahlreichen Autoren herangezogen wird (vgl. z.B.
L a u r e n t [67], [72] und L o b r y [67]). In der kürzlich erschienenen Arbeit [74]
von B a z a r a a / G o o d e / N a s h e d über Tangentialkegel mit Anwendungen auf
Optimierung werden ebenfalls drei gleichwertige Definitionen des Tangentialkegels zugrundegelegt. B r o s o w s k i bezieht sich in [69a] auf die Definition von D u b o -
v i t s k i i und M i l y u t i n und gibt mit ihr die Implikation $(2.10) \Rightarrow (2.11)$ an.
Als allgemeine hinreichende Bedingungen dafür, daß ein Element $\hat{v}$ aus einer nichtleeren
Teilmenge V eines normierten Vektorraumes E über $\mathbf{R}$ eine beste Approximierende
eines Elementes $x \in E$ in V ist, werden bei B r o s o w s k i [69a] die beiden folgenden
äquivalenten Aussagen angeben:

$$\min_{L \in E_{\hat{v}-x} \cap \Gamma} L(\hat{v} - v) \leqslant 0 \qquad \text{für alle } v \in V \tag{2.17a}$$

und

$$\min_{L \in E_{\hat{v}-x} \cap Ep(\Gamma)} L(\hat{v} - v) \leqslant 0 \qquad \text{für alle } v \in V \tag{2.17b}$$

Dabei ist $E_{\hat{v}-x}$ durch (2.14) definiert, Γ ein (geeignet definiertes) sog. Fundamentalsystem von stetigen Linearformen auf E, und Ep(A) bezeichnet für irgendeine Menge A
in einem Vektorraum die Menge der Extremalpunkte von A (vgl. z.B. K ö t h e [66]).
Wichtige Beispiele für Γ sind die Einheitskugel B* des Dualraumes E* von E und die
schwach abgeschlossene Hülle $\overline{Ep(B^*)}$ der Extremalpunkte von B*. Der Begriff des
Fundamentalsystems geht auf N i k o l s k i [65] zurück, der in [61], [65] auch beweist, daß (2.17a) allgemein hinreichend und im Falle einer konvexen Menge auch
notwendig für eine beste Approximierende ist. Speziell für $\Gamma = $ B* geht wegen
$E_{\hat{v}-x} \cap Ep(\Gamma) = Ep(E_{\hat{v}-x})$ die Bedingung (2.17b) über in

$$\min_{L \in Ep(E_{\hat{v}-x})} L(\hat{v} - v) \leqslant 0 \qquad \text{für alle } v \in V. \tag{2.17'}$$

Von dieser hat S i n g e r [62] für gewisse und C h o q u e t [63] für beliebige normierte Räume E gezeigt, daß sie im Falle eines linearen Teilraumes V von E charakteristisch für beste Approximierende ist. Diese Ergebnisse wurden von G a r k a v i
[64], H a v i n s o n [67] und D e u t s c h / M a s e r i c k [67] auf konvexe Mengen
V übertragen.

Die Frage nach der Notwendigkeit des sog. g l o b a l e n K o l m o g o r o f f -
K r i t e r i u m s (2.17a) oder (2.17b) für beste Approximierende wird von B r o -
s o w s k i in [69a] auch noch für eine allgemeinere Klasse von Teilmengen V von E
positiv beantwortet, und zwar für sog. α - S o n n e n (die von K l e e [65] einge-
führt worden sind). Diese lassen sich umgekehrt geradezu durch die Notwendigkeit des
globalen Kolmogoroff-Kriteriums für beste Approximierende für jedes $x \in E$ kennzeich-
nen. Solche Teilmengen V von E nennt B r o s o w s k i K o l m o g o r o f f - M e n -
g e n e r s t e r A r t. Als hinreichende Bedingung für das Vorliegen einer solchen
Menge gibt B r o s o w s k i in [69a] die Gültigkeit der Implikation $(2.11) \Rightarrow (2.10)$
für alle $x \in E$ an. Man überlegt sich nun leicht, daß die in Abschn. 2.2.2 hergeleitete
notwendige Bedingung (2.16) auch hinreichend für (2.11) ist, und mit den gleichen
Argumenten wie bei dem Äquivalenznachweis von (2.17a) und (2.17b) läßt sich weiter
einsehen, daß (2.16) wiederum gleichbedeutend ist mit dem sog. l o k a l e n K o l m o -
g o r o f f - K r i t e r i u m

$$\min_{L \in Ep(E\hat{v}-x)} - L(h) \leqslant 0 \qquad \text{für alle } h \in T(V, \hat{v}). \tag{2.16'}$$

Dieses ist somit äquivalent mit (2.11) und notwendig für beste Approximierende. Ist es
für jedes $x \in E$ auch hinreichend dafür, daß $\hat{v} \in V$ eine beste Approximierende von x in
V ist, so nennt B r o s o w s k i V eine K o l m o g o r o f f - M e n g e z w e i t e r
A r t. Auf Grund der obigen Ausführungen ist jede Kolmogoroff-Menge zweiter Art
auch eine solche erster Art.

In [69] geben B r o s o w s k i und W e g m a n n charakterisierende Bedingungen
für Kolmogoroff-Mengen erster und zweiter Art an. Zur Kennzeichnung von Kolmogoroff-Mengen erster Art wurden auch in früheren Arbeiten [69a, b] von B r o s o w s -
k i und von B r e c k n e r / K o l u m b a n [68a] und [68b] Bedingungen angegeben,
die jedoch insofern schwächer waren, als sie entsprechende Bedingungen in Spezialfällen
nicht erfaßten.

3 Nichtlineare Optimierung mit unendlich vielen Nebenbedingungen

3.1 Notwendige Bedingungen für Minimalpunkte

3.1.1 Der allgemeine Fall Wir gehen von der gleichen Situation aus wie in II Abschn.
6.1 und betrachten einen normierten Vektorraum E (dort war E sogar nur ein Vektorraum), eine nichtleere Teilmenge X von E, ein Funktional $f : X \to \mathbf{R}$ und eine Abbildung
$g : X \to C(T)$, wobei C(T) der Vektorraum der stetigen reellwertigen Funktionen auf T
und T ein kompakter Hausdorff-Raum ist.

Damit betrachten wir das Problem, unter den Nebenbedingungen

$$x \in X, \quad g(x, t) \geqslant 0 \qquad \text{für alle } t \in T \tag{3.1}$$

das Funktional $f = f(x)$ zum Minimum zu machen. Bezeichnet man den natürlichen
Ordnungskegel von C(T) mit Y (vgl. IV Abschn. 1.1) und setzt

$$S = \{x \in X : g(x) \in Y\}, \tag{3.2}$$

so liegt das Problem vor, f auf S zum Minimum zu machen. Gesucht ist also ein $\hat{x} \in S$ mit

$$f(\hat{x}) \leqslant f(x) \qquad \text{für alle } x \in S. \tag{3.3}$$

Jedes solche $\hat{x} \in S$ nennen wir einen M i n i m a l p u n k t von f auf S. Wir setzen die Existenz solcher Minimalpunkte voraus und suchen zunächst nach n o t w e n d i g e n B e d i n g u n g e n für diese. Dazu sind natürlich Voraussetzungen an X, f und g erforderlich. In II Abschn. 6.1 haben wir uns ausführlich mit dem Fall befaßt, daß X eine konvexe Menge (IV Abschn. 3), f ein konvexes Funktional (II Abschn. 2.1) und g eine konkave Abbildung (II Abschn. 2.2) ist.

Ist f auf ganz E definiert, stetig und konvex bezüglich eines Minimalpunktes $\hat{x} \in S$ und sind X und g beliebig, so liefert der Satz 2.2 eine allgemeine notwendige Bedingung für einen Minimalpunkt $\hat{x} \in S$ in der Form

$$f(\hat{x}) \leqslant f(\hat{x} + h) \qquad \text{für alle } h \in T(S, \hat{x}), \tag{3.4}$$

wobei $T(S, \hat{x})$ den Tangentialkegel in $\hat{x}$ an S bezeichnet (vgl. Abschn. 2.1). Die Aussage (3.4) ist aber sehr grob und geht gar nicht auf die genauere Struktur der Menge S ein. In diesem Zusammenhang ist das Verhältnis der beiden Tangentialkegel $T(X, \hat{x})$ und $T(S, \hat{x})$ zueinander interessant. Auf Grund von (2.5) gilt zunächst einmal $T(S, \hat{x}) \subseteq T(X, \hat{x})$, und im allgemeinen ist das Enthaltensein auch echt. Unter Umständen gilt aber auch Übereinstimmung. Um das einzusehen, ordnen wir jedem $x \in S$ die Menge

$$I(x) = \{t \in T : g(x, t) = 0\} \tag{3.5}$$

zu. Dann gilt

Satz 3.1 Ist für ein $x \in S$ die durch (3.5) definierte Menge I(x) leer, d.h., gilt

$$g(x, t) > 0 \qquad \text{für alle } t \in T, \tag{3.6}$$

und ist die Abbildung $g : X \to C(T)$ bezüglich der Maximum-Norm $\|\cdot\|$ von $C(T)$ stetig, so folgt

$$T(S, x) = T(X, x).$$

B e w e i s. Sei $h \in T(X, x)$ vorgegeben. Dann gibt es eine Folge $\{x_k\}$ von Elementen $x_k \in X$ und eine Folge $\{\lambda_k\}$ positiver Zahlen λ_k mit

$$x = \lim_{k \to \infty} x_k \quad \text{und} \quad h = \lim_{k \to \infty} \lambda_k(x_k - x).$$

Aus (3.6) folgt wegen der Stetigkeit von $g : X \to C(T)$, daß für alle genügend großen k gilt

$$g(x_k, t) > 0 \qquad \text{für alle } t \in T, \qquad \text{d.h. } x_k \in S,$$

was $h \in T(S, x)$ impliziert.   ∎

Eine einfache Folgerung aus Satz 3.1 ist

Satz 3.2 Seien $f : E \to \mathbf{R}$ und $g : X \to C(T)$ stetig. Sei ferner $\hat{x} \in S$ ein Minimalpunkt von f auf S derart, daß die durch (3.5) definierte Menge $I(\hat{x})$ leer ist. Ist dann f auf E konvex und X sternförmig bezüglich $\hat{x}$, so ist $\hat{x}$ auch Minimalpunkt von f auf X, d.h., es gilt

$$f(\hat{x}) \leqslant f(x) \qquad \text{für alle } x \in X. \tag{3.7}$$

B e w e i s. Nach Satz 2.2 und Satz 3.1 ist

$$f(\hat{x}) \leqslant f(\hat{x} + h) \qquad \text{für alle } h \in T(S, \hat{x}) = T(X, \hat{x}). \tag{3.8}$$

Wegen der Sternförmigkeit von X bezüglich $\hat{x}$ ist $X - \hat{x} \subseteq T(X, \hat{x})$ (vgl. Beweis von (2.3)) und somit (3.7) eine direkte Folge von (3.8). ∎

Nach II Satz 6.7 gilt die gleiche Aussage, wenn man die Stetigkeit von g durch die Konkavität bezüglich $\hat{x}$ ersetzt. f braucht dann nur auf X definiert und nicht notwendig stetig zu sein.

Für den Fall, daß die durch (3.5) definierte Menge $I(\hat{x})$ eines Minimalpunktes von f auf S nichtleer ist, haben wir in II Abschn. 6.1 ebenfalls notwendige Bedingungen für $\hat{x}$ hergeleitet für den Fall, daß f bzw. g konvex bzw. konkav bezüglich $\hat{x}$ sind. Verzichtet man auf diese Annahme, so muß man, um Aussagen machen zu können, im allgemeinen geeignete Differenzierbarkeitsvoraussetzungen treffen.

3.1.2 Der differenzierbare Fall Im folgenden sei $\hat{X}$ eine offene Obermenge von X. Ferner sei f auf $\hat{X}$ definiert und Fréchet-differenzierbar, d.h., zu jedem $x \in \hat{X}$ existiere eine stetige Linearform (vgl. IV Abschn. 1.2) $f'_x : E \to \mathbf{R}$, die sog. Fréchet-Ableitung von f in x, mit

$$|f(x + h) - f(x) - f'_x(h)| \leqslant \|h\| \cdot \epsilon(\|h\|)$$

für alle $h \in E$ mit $x + h \in \hat{X}$, wobei

$$\lim_{\|h\| \to 0} \epsilon(\|h\|) = 0.$$

Dann gilt zunächst

Satz 3.3 Ist f auf $\hat{X}$ definiert und Fréchet-differenzierbar und ist $\hat{x} \in S$ ein Minimalpunkt von f auf S, so folgt

$$f'_x(h) \geqslant 0 \qquad \text{für alle } h \in T(S, \hat{x}). \tag{3.9}$$

B e w e i s. Wir machen die Annahme

$$f'_x(h) < 0 \qquad \text{für ein } h \in T(S, \hat{x}).$$

Sei $\{x_k\}$ eine Folge aus S und $\{\lambda_k\}$ eine Folge positiver Zahlen mit

$$\hat{x} = \lim_{k \to \infty} x_k \quad \text{und} \quad h = \lim_{k \to \infty} \lambda_k(x_k - \hat{x}).$$

Dann folgt

$$\lambda_k(f(x_k) - f(\hat{x})) \leqslant f'_x(\lambda_k(x_k - \hat{x})) + \|\lambda_k(x_k - \hat{x})\| \cdot \epsilon(\|x_k - \hat{x}\|)$$

mit $\quad \lim_{k \to \infty} \epsilon(\|x_k - \hat{x}\|) = 0.$

Daraus ergibt sich aber $f(x_k) < f(\hat{x})$ für genügend großes k, ein Widerspruch gegen die Optimalität von $\hat{x}$. ■

Ist über die Voraussetzung von Satz 3.3 hinaus die Abbildung $g : X \to C(T)$ stetig und die durch (3.5) definierte Menge $I(\hat{x})$ leer, so ergibt sich aus der Optimalität von $\hat{x} \in S$ mit Satz 3.1 notwendig

$$f_{\hat{x}}'(h) \geqslant 0 \qquad \text{für alle } h \in T(X, \hat{x}). \tag{3.10}$$

Um nun auch zu Aussagen zu gelangen für den Fall, daß $I(\hat{x})$ nichtleer ist, nehmen wir für das Folgende an, daß auch g auf $\hat{X}$ definiert und Fréchet-differenzierbar ist, d.h., daß zu jedem $x \in \hat{X}$ eine stetige lineare Abbildung $g_x' : E \to C(T)$, versehen mit der Maximum-Norm $\| \cdot \|_\infty$ aus I (2.1) (vgl. IV Abschn. 1.3), die sog. Fréchet-Ableitung von g in x, existiert mit

$$\|g(x + h) - g(x) - g_x'(h)\|_\infty \leqslant \|h\| \cdot \alpha(\|h\|) \tag{3.11}$$

für alle $h \in E$ mit $x + h \in \hat{X}$, wobei

$$\lim_{\|h\| \to 0} \alpha(\|h\|) = 0. \tag{3.12}$$

Lemma 3.4 Die Abbildung $g : \hat{X} \to C(T)$ ist genau dann Fréchet-differenzierbar, wenn zu jedem $x \in \hat{X}$ und $t \in T$ eine Linearform $g_{t,x}' : E \to \mathbf{R}$ existiert derart, daß gilt

$$\max_{t \in T} |g(x + h, t) - g(x, t) - g_{t,x}'(h)| \leqslant \|h\| \, \alpha(\|h\|) \tag{3.13}$$

für alle $h \in E$ mit $x + h \in \hat{X}$, wobei wieder (3.12) erfüllt und für jedes feste $x \in \hat{X}$ die Abbildung $(t, h) \to g_{t,x}'(h)$ von $T \times E \to \mathbf{R}$ stetig ist.

B e w e i s. 1. Sei $g : \hat{X} \to C(T)$ Fréchet-differenzierbar. Definiert man dann für jedes $x \in \hat{X}$ und $t \in T$

$$g_{t,x}'(h) = g_x'(h, t), \qquad h \in E, \tag{3.14}$$

wobei $g_x' : E \to C(T)$ die Fréchet-Ableitung von g in x ist, so folgt (3.13) aus (3.11). Ferner ergibt sich aus

$$|g_{t,x}'(h) - g_{\hat{t},x}'(\hat{h})| \leqslant |g_{t,x}'(h) - g_{\hat{t},x}'(h)| + |g_{\hat{t},x}'(h) - g_{\hat{t},x}'(\hat{h})|$$
$$\leqslant |g_x'(h, t) - g_x'(h, \hat{t})| + \|g_x'\| \cdot \|h - \hat{h}\|,$$

$(t, h), (\hat{t}, \hat{h}) \in T \times E, x \in \hat{X}$, direkt die Stetigkeit der Abbildung $(t, h) \to g_{t,x}'(h)$.

2. Umgekehrt gebe es zu jedem $x \in \hat{X}$ und $t \in T$ eine Linearform $g_{t,x}' : E \to \mathbf{R}$ mit den im Lemma angegebenen Eigenschaften. Wir definieren dann eine Abbildung $g_x' : E \to C(T)$ durch

$$g_x'(h, t) = g_{t,x}'(h), \qquad h \in E, t \in T.$$

Sicher ist g_x' linear und erfüllt (3.11). Zu zeigen ist noch die Stetigkeit, d.h.

$$\|g_x'(h, \cdot)\|_\infty \leqslant \epsilon \qquad \text{für alle } h \in E \text{ mit } \|h\| \leqslant \delta(\epsilon). \tag{3.15}$$

Nach Voraussetzung gibt es zu jedem $t \in T$ ein $\delta_t(\epsilon)$ mit

$$|g'_x(h, t)| \leqslant \frac{\epsilon}{2} \qquad \text{für alle } h \in E \text{ mit } \|h\| \leqslant \delta_t(\epsilon),$$

somit $\quad |g'_x(h, \tau)| \leqslant \epsilon \qquad \text{für alle } h \in E \text{ mit } \|h\| \leqslant \delta_t(\epsilon)$

und alle τ aus einer geeigneten Umgebung V_t von t in T. Da T ein kompakter Hausdorff-Raum ist, läßt sich T durch endlich viele V_{t_i}, $i = 1, \ldots, r$, überdecken. Wählt man dann $\delta(\epsilon) = \min\limits_{i=1, \ldots, r} \delta_{t_i}(\epsilon)$, so ist (3.15) erfüllt. ∎

Für jedes $x \in S$ definieren wir nun die Menge

$$\ell(S, x) = \begin{cases} T(X, x), & \text{falls } I(x) \text{ (nach (3.5)) leer ist,} \\[2mm] \bigcap\limits_{t \in I(x)} \{h \in T(X, x) : g'_{t,x}(h) > 0\} \text{ sonst,} \end{cases} \qquad (3.16)$$

wobei wieder g auf $\hat{X}$ Fréchet-differenzierbar angenommen und $g'_{t,x}(h)$ für jedes $t \in T$ und $h \in E$ durch (3.14) definiert wird.

In Verallgemeinerung der Aussage (3.10) gilt dann

Satz 3.5 Sind f und g auf $\hat{X}$ Fréchet-differenzierbar, so folgt für jeden Minimalpunkt $\hat{x} \in S$ von f auf S notwendig

$$f'_x(h) \geqslant 0 \qquad \text{für alle } h \in \ell(S, \hat{x}) \qquad (3.17)$$

mit $\ell(S, \hat{x})$ nach (3. 16).

B e w e i s. Ist $I(\hat{x})$ leer, so ist wegen der Stetigkeit von g auf X, die aus der Fréchet-Differenzierbarkeit von g auf $\hat{X}$ folgt (Beweis = Übung), die Aussage (3.17) identisch mit der bereits bewiesenen Aussage (3.10).

Ist $I(\hat{x})$ nichtleer, so ist für den Fall, daß $\ell(S, \hat{x})$ leer ist, nichts zu zeigen. Andernfalls ergibt sich (3.17) aus Satz 3.3 in Verbindung mit

Satz 3.6 Für jedes $x \in S$ derart, daß die durch (3.16) definierte Menge $\ell(S, x)$ nichtleer ist, gilt

$$\ell(S, x) \subseteq T(S, x), \qquad (3.18)$$

und es gibt eine Folge $\{x_k\}$ von Punkten $x_k \in S$ mit $x = \lim\limits_{k \to \infty} x_k$ derart, daß die zugehörigen Mengen $I(x_k)$ (nach (3.5)) leer sind, d.h.

$$g(x_k, t) > 0 \qquad \text{für alle } t \in T \text{ und für alle } k.$$

B e w e i s. Ist $I(x)$ leer, so ist nach Satz 3.1 nichts zu zeigen. Sei daher $I(x)$ nichtleer. Sei $h \in \ell(S, x)$ vorgegeben. Dann ist notwendig $h \neq \Theta_E = $ Nullelement von E. Weiter gibt es eine Folge $\{x_k\}$ in X und eine Folge $\{\lambda_k\}$ positiver Zahlen mit

$$x = \lim\limits_{k \to \infty} x_k, \quad h = \lim\limits_{k \to \infty} \lambda_k(x_k - x), \quad g'_{t,x}(h) > 0 \qquad \text{für alle } t \in I(x).$$

Setzt man $h_k = \lambda_k(x_k - x)$, so ergibt sich

$$x_k = x + \frac{1}{\lambda_k}\, h_k, \quad \lim_{k\to\infty} \frac{1}{\lambda_k}\, h_k = \Theta_E \quad \text{und} \quad \lim_{k\to\infty} \lambda_k = \infty.$$

Da $I(x)$ kompakt ist, gibt es ein δ mit

$$g'_{t,x}(h) \geqslant \delta > 0 \qquad \text{für alle } t \in I(x).$$

Damit setzen wir

$$I(x, h) = \left\{ t \in T : g'_{t,x}(h) > \frac{\delta}{2} \right\}.$$

Für jedes genügend große k ist auf Grund der Fréchet-Differenzierbarkeit von g auf $\hat{X}$

$$g(x_k, t) \geqslant g(x, t) + \frac{1}{\lambda_k} \left\{ g'_{t,x}(h_k) - \|h_k\|\, \alpha \left(\frac{1}{\lambda_k}\, \|h_k\| \right) \right\} \tag{3.19}$$

für alle $t \in T$, wobei gilt

$$\lim_{k\to\infty} \alpha \left(\frac{1}{\lambda_k}\, \|h_k\| \right) = 0.$$

Wegen der Stetigkeit von $g'_x : E \to C(T)$ gibt es ein k_0 mit

$$g'_{t,x}(h_k) > \frac{\delta}{4} \qquad \text{für alle } t \in I(x, h) \text{ und } k \geqslant k_0,$$

und wir können ferner noch

$$\|h_k\| \cdot \alpha \left(\frac{1}{\lambda_k}\, \|h_k\| \right) \leqslant \frac{\delta}{4} \qquad \text{für alle } k \geqslant k_0$$

annehmen. Damit folgt aus (3.19) für alle $k \geqslant k_0$

$$g(x_k, t) > 0 \qquad \text{für alle } t \in I(x, h).$$

Ist $I(x, h) = T$, so folgt daraus $x_k \in S$ und $I(x_k) = \emptyset$ für alle $k \geqslant k_0$, was $h \in T(S, x)$ impliziert und alles beweist. Ist $I(x, h) \neq T$, so ist $T - I(x, h)$ kompakt, und es gibt Zahlen $\beta, \gamma > 0$ mit

$$g(x, t) \geqslant \beta \qquad \text{für alle } t \in T - I(x, h)$$

$$\text{und} \qquad g'_{t,x}(h_k) - \|h_k\|\, \alpha \left(\frac{1}{\lambda_k}\, \|h_k\| \right) \geqslant -\gamma \qquad \text{für alle } t \in T - I(x, h) \text{ und alle } k.$$

Daher folgt für alle genügend großen $k \geqslant k_0$ aus (3.19)

$$g(x_k, t) \geqslant \beta - \frac{1}{\lambda_k}\, \gamma > 0 \qquad \text{für alle } t \in T - I(x, h),$$

insgesamt also $x_k \in S$ und $I(x_k) = \emptyset$, was wiederum $h \in T(S, x)$ impliziert. $\blacksquare$

Definiert man ein Funktional $g_0 : \hat{X} \to \mathbf{R}$ durch

$$g_0(x) = -f(x), \qquad x \in \hat{X}, \tag{3.20}$$

so ist mit f auch g_0 Fréchet-differenzierbar, und die Fréchet-Ableitung lautet für alle $x \in \hat{X}$

$$g'_{0,x}(h) = - f'_x(h), \quad h \in E. \tag{3.21}$$

Setzt man noch für jedes $x \in S$

$$I_0(x) = I(x) \cup \{0\} \tag{3.22}$$

mit $I(x)$ nach (3.5), so kann man für (3.17) auch schreiben:

$$\min_{t \in I_0(\hat{x})} g'_{t,\hat{x}}(h) \leq 0 \quad \text{für alle } h \in T(X, \hat{x}). \tag{3.23}$$

Offenbar ist (3.17) eine unmittelbare Folge von (3.23). Ist umgekehrt (3.17) erfüllt und $h \in T(X, \hat{x})$ vorgegeben, so ergibt sich (3.23) direkt, wenn $h \in \mathcal{L}(S, \hat{x})$ ist. Ist jedoch $h \notin \mathcal{L}(S, \hat{x})$, so ist $g'_{t,\hat{x}}(h) \leq 0$ für mindestens ein $t \in I(\hat{x})$, was ebenfalls (3.23) impliziert. Unter den Voraussetzungen von Satz 3.5 ist also auch (3.23) eine notwendige Bedingung dafür, daß $\hat{x} \in S$ ein Minimalpunkt von f auf S ist.

3.2 Hinreichende Bedingungen für Minimalpunkte

Wir definieren für jedes $t \in T$ ein Funktional $g_t : \hat{X} \to \mathbf{R}$ durch

$$g_t(x) = g(x, t), \quad x \in \hat{X}. \tag{3.24}$$

Nach Lemma 3.4 sind alle g_t auf $\hat{X}$ Fréchet-differenzierbar und die Abbildung $(t, h) \to g'_{t,x}(h)$ stetig, wenn g auf $\hat{X}$ Fréchet-differenzierbar ist. Die Fréchet-Ableitungen $g'_{t,x}$ sind durch (3.14) gegeben.

In Analogie zu Satz II 6.1 und II 6.4 gilt

Satz 3.7 Sei $f : X \to \mathbf{R}$ stetig. Ferner sei die Menge

$$S_0 = \{x \in X : g_t(x) = g(x, t) > 0 \quad \text{für alle } t \in T\} \tag{3.25}$$

nichtleer, und es gelte

$$S \subseteq \overline{S}_0 = \text{abgeschlossene Hülle von } S_0 \tag{3.26}$$

mit S nach (3.2). Ist dann $\hat{x} \in S$ derart vorgegeben, daß gilt

$$\min_{t \in I_0(\hat{x})} \{g_t(x) - g_t(\hat{x})\} \leq 0 \quad \text{für alle } x \in X, \tag{3.27}$$

wobei $I_0(\hat{x})$ durch (3.22) und g_0 durch (3.20) definiert sind, so ist $\hat{x}$ ein Minimalpunkt von f auf S.

B e w e i s. Sei $x \in S$ vorgegeben. Ist $I(\hat{x})$ leer, so folgt aus (3.27) direkt $f(x) \geq f(\hat{x})$. Ist $I(\hat{x})$ nichtleer, so betrachten wir eine Folge $\{x_k\}$ von Punkten $x_k \in X$ mit $x = \lim_{k \to \infty} x_k$ und

$$g(x_k, t) > 0 \quad \text{für alle } t \in I(\hat{x}) \text{ und alle } k,$$

die nach (3.26) existiert. Aus (3.27) folgt dann aber

$$f(x_k) \geqslant f(\hat{x}) \qquad \text{für alle } k,$$

woraus sich $f(x) \geqslant f(\hat{x})$ auf Grund der Stetigkeit von f ergibt. ∎

Mit Satz 3.6 ergibt sich unmittelbar

Lemma 3.8 Ist g auf $\hat{X}$ (offen, $\supseteq X$) Fréchet-differenzierbar, S (3.2) nichtleer und ist für jedes $x \in S$ die durch (3.16) definierte Menge $\ell(S, x)$ nichtleer, so ist die durch (3.25) definierte Menge S_0 nichtleer, und es gilt die Aussage (3.26).

Wir nennen im folgenden einen Punkt $x \in S$, für den $\ell(S, x)$ (vgl. 3.16) nichtleer ist, r e g u l ä r.

Sind f und g auf $\hat{X}$ Fréchet-differenzierbar, so definieren wir weiter: Die Abbildung

$$\hat{g}(x) = (g_0(x), g(x)), \qquad x \in \hat{X} \tag{3.28}$$

(mit g_0 nach (3.20)), von $\hat{X}$ in $\mathbf{R} \times C(T)$ heißt auf X f a s t p s e u d o - k o n k a v, wenn zu jeder abgeschlossenen Teilmenge Q von T und zu jedem Paar x, $\hat{x} \in X$ mit

$$\min_{t \in Q \cup \{0\}} \{g_t(x) - g_t(\hat{x})\} > 0$$

(mit g_t nach (3.24) für $t \in T$) ein $h \in T(X, \hat{x})$ existiert mit

$$\min_{t \in Q \cup \{0\}} g'_{t,\hat{x}}(h) > 0.$$

Aus den Sätzen 3.5, 3.7 und Lemma 3.8 ergibt sich zusammenfassend

Satz 3.9 f und g seien auf $\hat{X}$ Fréchet-differenzierbar. Ferner seien alle Punkte $x \in S$ regulär, und die durch (3.28) gegebene Abbildung $\hat{g}$ von $\hat{X}$ in $\mathbf{R} \times C(T)$ sei auf X fast pseudo-konkav. Dann sind die Bedingungen (3.23) und (3.27) beide notwendig und hinreichend dafür, daß $\hat{x} \in S$ ein Minimalpunkt von f auf S ist.

Der B e w e i s ergibt sich unmittelbar aus der Implikation (3.23) $\Rightarrow$ (3.27), die direkt aus der Fast-Pseudo-Konkavität von $\hat{g}$ (3.28) folgt. ∎

Hinreichend für die Fast-Pseudo-Konkavität von $\hat{g}$ sind über die Fréchet-Differenzierbarkeit von f und g hinaus die folgenden Annahmen:

Die Menge X sei konvex, f sei auf X p s e u d o - k o n v e x und jedes g_t, $t \in T$ nach (3.24) auf X p s e u d o - k o n k a v, d.h., es gelten für jedes Paar von Punkten x, $\hat{x} \in X$ und für jedes $t \in T$ die Implikationen (vgl. M a n g a s a r i a n [69])

$$f'_x(x - \hat{x}) \geqslant 0 \Rightarrow f(x) - f(\hat{x}) \geqslant 0,$$

$$g'_{t,\hat{x}}(x - \hat{x}) \leqslant 0 \Rightarrow g_t(x) - g_t(\hat{x}) \leqslant 0.$$

Aufgabe 3.1 Man beweise die Hinlänglichkeit dieser Annahmen für die Fast-Pseudo-Konkavität von $\hat{g}$ (3.28).

Weiterhin gilt

Lemma 3.10 Sei g auf $\hat{X}$ Fréchet-differenzierbar und auf X pseudo-konkav. Ist dann die durch (3.25) definierte Menge S_0 nichtleer, so sind alle Punkte $x \in S$ regulär.

B e w e i s. Sei $x \in S$ vorgegeben. Ist $I(x)$ leer, so ist nichts zu zeigen. Ist $I(x)$ nichtleer, so wählen wir ein $x_0 \in S_0$. Dann folgt $g_t(x_0) - g_t(x) > 0$ für alle $t \in I(x)$ und somit $g'_{t,x}(x_0 - x) > 0$ für alle $t \in I(x)$. Wegen (2.3) ist $x_0 - x \in T(X, x)$ und somit $\mathscr{L}(S, x)$ (3.16) nichtleer. ∎

3.3 Anwendung auf nichtlineare gleichmäßige Approximation

Wir wollen hier einen wichtigen Spezialfall der in Abschn. 1.1.2 beschriebenen Situation zugrundelegen. Zu dem Zweck betrachten wir eine nichtleere Teilmenge Y des $\mathbf{R}^n$ und eine offene Obermenge $\hat{Y}$ von Y in $\mathbf{R}^n$. Ferner sei eine Abbildung F von $\hat{Y}$ in den Vektorraum C(T) der auf dem kompakten Hausdorff-Raum T stetigen reellwertigen Funktionen derart vorgegeben, daß für jedes $t \in T$ und $y \in \hat{Y}$ die partiellen Ableitungen $\frac{\partial F}{\partial y_j}$ (y, t) für $j = 1, \ldots, n$ existieren und die Abbildung

$$(y, t) \to \text{grad } F(y, t) = \left(\frac{\partial F}{\partial y_1} (y, t), \ldots, \frac{\partial F}{\partial y_n} (y, t) \right)$$

von $\hat{Y} \times T$ in $\mathbf{R}^n$ stetig ist.

Legt man in C(T) wiederum die Maximum-Norm $\| \cdot \|_\infty$ (I (2.1)) zugrunde, so ist die Abbildung $F : \hat{Y} \to C(T)$ nach C o l l a t z / K r a b s [73], II Satz 4.6, Fréchet-diffe-renzierbar, und die Fréchet-Ableitung ist gegeben durch

$$F'_y(k, t) = \langle \text{grad } F(y, t), k \rangle = \sum_{j=1}^{n} \frac{\partial F}{\partial y_j} (y, t) k_j \tag{3.29}$$

für alle $y \in \hat{Y}$ und alle $k \in \mathbf{R}^n$.

Nun sei eine Funktion $b \in C(T)$ vorgegeben. Dann betrachten wir das Approximationsproblem, ein $\hat{y} \in Y$ anzugeben derart, daß gilt

$$\|F(\hat{y}) - b\|_\infty \leq \|F(y) - b\|_\infty \qquad \text{für alle } y \in Y, \tag{3.30}$$

d.h. die Funktion b soll durch eine Funktion $F(\hat{y})$ aus der Familie $V = \{F(y) : y \in Y\} \subseteq C(T)$ gleichmäßig so gut wie möglich approximiert werden.

Definiert man $\hat{X} = \hat{Y} \times \mathbf{R}$ und eine Abbildung $g : \hat{X} \to C(T)$ durch

$$g(y, \gamma, t) = \gamma - (F(y, t) - b(t))^2, \qquad t \in T, (y, \gamma) \in \hat{X}, \tag{3.31}$$

und ein Funktional $f : \hat{X} \to \mathbf{R}$ durch

$$f(y, \gamma) = \gamma, \qquad (y, \gamma) \in \hat{X}, \tag{3.32}$$

so ist das Problem (3.30) gleichbedeutend mit der Optimierungsaufgabe (wie in Abschn. 3.1), unter den Nebenbedingungen

$$(y, \gamma) \in X = Y \times \mathbf{R}, \quad g(y, \gamma, t) \geq 0 \qquad \text{für alle } t \in T,$$

das Funktional $f = f(y, \gamma)$ zum Minimum zu machen.

Die durch (3.31) definierte Abbildung g und das durch (3.32) definierte Funktional f sind auf $\hat{X}$ Fréchet-differenzierbar, und für die Fréchet-Ableitungen gilt (Beweis = Übung)

$$g'_{(y,\gamma)}(k, \lambda, t) = \lambda - 2(F(y, t) - b(t))\, F'_y(k, t), \tag{3.33}$$

$t \in T, k \in \mathbf{R}^n, \lambda \in \mathbf{R}$, mit $F'_y(k, t)$ nach (3.29) und

$$f'_{(y,\gamma)}(k, \lambda) = \lambda, \qquad (k, \lambda) \in \mathbf{R}^{n+1} \tag{3.34}$$

Aufgabe 3.2 Man zeige, daß für jedes $x = (y, \gamma) \in X = Y \times \mathbf{R}$ der Tangentialkegel $T(X, x)$ gegeben ist durch (vgl. Aufgabe 2.1b)

$$T(X, x) = T(Y, y) \times \mathbf{R}. \tag{3.35}$$

Lemma 3.11 Jeder Punkt x der durch (3.2) definierten Menge S mit $X = Y \times \mathbf{R}$ und g nach (3.31) ist regulär.

B e w e i s. Sei $x = (y, \gamma) \in S$ vorgegeben. Dann sind zwei Fälle möglich:

1. $\gamma > \|F(y) - b\|_\infty^2$. Dann ist die Menge

$$I(x) = I(y, \gamma) = \{t \in T : \gamma = (F(y, t) - b(t))^2 \} \tag{3.36}$$

leer und nichts zu zeigen.

2. $\gamma = \|F(y) - b\|_\infty^2$. Dann ist $I(y, \gamma)$ nichtleer, und zu jedem $k \in T(Y, y)$ existiert ein genügend großes $\lambda \in \mathbf{R}$, d.h. $(k, \lambda) \in T(X, x)$ (auf Grund von (3.35)), mit

$$g'_{(y,\gamma)}(k, \lambda, t) = \lambda - 2(F(y, t) - b(t))\, F'_y(k, t) > 0 \qquad \text{für alle } t \in I(y, \gamma)$$

(vgl. 3.29)), d.h., es ist $\mathscr{L}(S, x)$ (3.16) nichtleer. ∎

Für jedes $y \in Y$ definieren wir

$$I^*(y) = \{t \in T : |F(y, t) - b(t)| = \|F(y) - b\|_\infty \} \tag{3.37}$$

Offenbar gilt mit $I(y, \gamma)$ nach (3.36)

$$I^*(y) = I(y, \gamma) \qquad \text{für } \gamma = \|F(y) - b\|_\infty. \tag{3.38}$$

Ist $\hat{y} \in Y$ eine Lösung des Approximationsproblems (3.30) und $\hat{\gamma} = \|F(\hat{y}) - b\|_\infty$, so ist $(\hat{y}, \hat{\gamma}) \in S$ ein Minimalpunkt von f (3.32) auf S, $I(\hat{y}, \hat{\gamma}) = I^*(\hat{y})$ nichtleer, und wir erhalten

Satz 3.12 Ist $\hat{y} \in Y$ eine Lösung des Approximationsproblems (3.30), so folgt mit $I^*(\hat{y})$ nach (3.37)

$$\min_{t \in I^*(\hat{y})} (b(t) - F(\hat{y}, t)) \langle \operatorname{grad} F(\hat{y}, t), k \rangle \leqslant 0 \qquad \forall k \in T(Y, \hat{y}). \tag{3.39}$$

B e w e i s. Aus Satz 3.5 folgt unter Benutzung der Äquivalenz von (3.17) mit (3.23)

$$\min \{ \min_{t \in I^*(\hat{y})} \{\lambda - 2(F(\hat{y}, t) - b(t)) \langle \operatorname{grad} F(\hat{y}, t), k \rangle\}, -\lambda \} \leqslant 0 \tag{3.40}$$

für alle $k \in T(Y, \hat{y})$ und alle $\lambda \in \mathbf{R}$, wenn man die Fréchet-Ableitungen nach (3.33) und

(3.34) einsetzt und (3.35) sowie (3.38) berücksichtigt. Wäre nun (3.39) für ein $k \in T(Y, \hat{y})$ verletzt, so wäre (3.40) für

$$-\lambda = \min_{t \in I^*(\hat{y})} \; (b(t) - F(\hat{y}, t)) \, \langle \mathrm{grad}\, F(\hat{y}, t), k \rangle > 0$$

ebenfalls verletzt. Damit gilt (3.40) $\Rightarrow$ (3.39). ∎

Die umgekehrte Implikation (3.39) $\Rightarrow$ (3.40) ist trivial. Damit ist die Bedingung (3.39) äquivalent mit der Bedingung (3.23) für den vorliegenden Spezialfall. Die Bedingung (3.39) ist die bekannte l o k a l e K o l m o g o r o f f - B e d i n g u n g für beste Approximierende $F(\hat{y})$ von b in $V = F(Y)$ (vgl. z.B. C o l l a t z / K r a b s [73]).

In Abschn. 2.2.3 haben wir mit (2.22) eine hinreichende Bedingung für beste Approximierende $F(\hat{y})$ von b in $V = F(Y)$, die in der Bezeichnungsweise dieses Abschnitts folgendermaßen lautet:

$$\min_{t \in I^*(\hat{y})} \; (b(t) - F(\hat{y}, t)) \, (F(y, t) - F(\hat{y}, t)) \leqslant 0 \qquad \text{für alle } y \in Y \qquad (3.41)$$

mit $I^*(\hat{y})$ nach (3.37). Diese Aussage impliziert die Bedingung (3.27), die hier folgendermaßen lautet:

$$\min \{ \min_{t \in I^*(\hat{y})} \; [\gamma - \hat{\gamma} - (F(y, t) - b(t))^2 + (F(\hat{y}, t) - b(t))^2], \hat{\gamma} - \gamma \} \leqslant 0$$
$$(3.42)$$
$$\text{für alle } y \in Y \text{ und alle } \gamma \in \mathbf{R}.$$

Um das einzusehen, bemerken wir zunächst, daß (3.42) gleichbedeutend ist mit

$$\min_{t \in I^*(\hat{y})} \; \{(F(\hat{y}, t) - b(t))^2 - (F(y, t) - b(t))^2\} \leqslant 0 \qquad \text{für alle } y \in Y, \qquad (3.43)$$

was man genauso wie die Äquivalenz von (3.39) und (3.40) einsieht. Unter Berücksichtigung der Identität

$$(F(\hat{y}, t) - b(t))^2 - (F(y, t) - b(t))^2$$
$$= [2(b(t) - F(\hat{y}, t)) - (F(y, t) - F(\hat{y}, t))] \, (F(y, t) - F(\hat{y}, t)) \qquad (3.44)$$

sieht man schließlich, daß (3.43) und damit auch (3.42) eine Folge von (3.41) ist.

Bei C o l l a t z / K r a b s [73] wird nun eine sog. Vorzeichenbedingung angegeben, die sicherstellt, daß die Implikation (3.39) $\Rightarrow$ (3.41) gilt, so daß unter dieser Vorzeichenbedingung beide Aussagen notwendig und hinreichend dafür sind, daß $\hat{y} \in Y$ das Approximationsproblem (3.30) löst.

Definition Die Abbildung $F : \hat{X} \to C(T)$ genügt auf X der V o r z e i c h e n b e d i n - g u n g, wenn zu jeder abgeschlossenen Teilmenge Q von T und zu jedem Paar $y, \hat{y} \in Y$ mit

$$\min_{t \in Q} \; |F(y, t) - F(\hat{y}, t)| > 0 \qquad (3.45)$$

ein $k \in T(Y, \hat{y})$ existiert mit

$$\min_{t \in Q} \; (F(y, t) - F(\hat{y}, t)) \, \langle \mathrm{grad}\, F(\hat{y}, t), k \rangle > 0. \qquad (3.46)$$

Um einzusehen, daß die Vorzeichenbedingung die Implikation (3.39) $\Rightarrow$ (3.41) nach sich zieht, nehmen wir an, (3.41) sei für ein $y \in Y$ verletzt. Dann gilt sicher (3.45) und damit (3.46) mit $Q = I^*(\hat{y})$ für ein $k \in T(Y, \hat{y})$. Wegen

$$\min_{t \in I^*(\hat{y})} (b(t) - F(\hat{y}, t)) \, (F(y, t) - F(\hat{y}, t)) > 0$$

folgt aus (3.46) mit $Q = I^*(\hat{y})$ weiter

$$\min_{t \in I^*(\hat{y})} (b(t) - F(\hat{y}, t)) \, \langle \operatorname{grad} F(\hat{y}, t), k \rangle > 0,$$

d.h., auch (3.39) ist verletzt, was alles beweist.   ∎

Schließlich gilt noch

Lemma 3.13 Genügt F auf X der Vorzeichenbedingung, so ist die Abbildung $\hat{g}(y, \gamma) = (-\gamma, g(y, \gamma))$ mit g nach (3.31) (vgl. 3.28)) fast pseudo-konkav.

B e w e i s. Sei Q eine abgeschlossene Teilmenge von T und (y, γ), $(\hat{y}, \hat{\gamma}) \in X = Y \times \mathbf{R}$ ein Paar mit

$$\min \{ \min_{t \in Q} [\gamma - \hat{\gamma} - (F(y, t) - b(t))^2 + (F(\hat{y}, t) - b(t))^2], \hat{\gamma} - \gamma \} > 0. \quad (3.47)$$

Zu zeigen ist die Existenz eines $h = (k, \lambda) \in T(X, \hat{x}) = T(Y, \hat{y}) \times \mathbf{R}$ (vgl. (3.35)) mit

$$\min \{ \min_{t \in Q} [\lambda - 2(F(\hat{y}, t) - b(t)) \, \langle \operatorname{grad} F(\hat{y}, t), k \rangle], -\lambda \} > 0. \quad (3.48)$$

Aus (3.47) folgt

$$\min_{t \in Q} \{ (F(\hat{y}, t) - b(t))^2 - (F(y, t) - b(t))^2 \} > 0 \quad (3.49)$$

und mit (3.44) weiter

$$\min_{t \in Q} (b(t) - F(\hat{y}, t)) \, (F(y, t) - F(\hat{y}, t)) > 0, \quad (3.50)$$

was (3.45) und auf Grund der Vorzeichenbedingung (3.46) für ein $k \in T(Y, \hat{y})$ impliziert. (3.46) und (3.50) ergeben zusammen

$$-\lambda = \min_{t \in Q} (b(t) - F(\hat{y}, t)) \, \langle \operatorname{grad} F(\hat{y}, t), k \rangle > 0, \quad (3.51)$$

so daß für dieses λ auch (3.48) erfüllt ist.   ∎

Die Vorzeichenbedingung erfaßt eine ganze Reihe spezieller Approximationsprobleme, z.B. lineare, allgemeine rationale Approximation (vgl. Abschn. 1.1.3 und 2.2.3) und Exponentialapproximation. Sie ist charakteristisch dafür, daß die lokale Kolmogoroff-Bedingung (3.39) für alle $b \in C(T)$ hinreichend dafür ist, daß $\hat{y} \in Y$ das Approximationsproblem (3.30) löst (vgl. dazu C o l l a t z / K r a b s [73]).

Auch die Fast-Pseudo-Konkavität der Abbildung $\hat{g}$ (3.28) läßt sich dadurch charakterisieren, daß die Bedingung (3.23) für eine gewisse Klasse von Optimierungsproblemen (3.3) hinreichend dafür ist, daß $\hat{x} \in S$ (3.2) das Problem löst (vgl. dazu K r a b s [73]).

Sie besagt für das vorliegende Approximationsproblem (3.30), daß zu jeder abgeschlossenen Teilmenge Q von T und zu jedem Paar y, ŷ ∈ Y mit (3.49) ein k ∈ T(Y, ŷ) existiert mit (3.51) (Beweis = Übung).

3.4 Semi-infinite nichtlineare Optimierung

Das in Abschn. 3.3 behandelte nichtlineare Approximationsproblem (3.30) ist in seiner äquivalenten Form als Optimierungsproblem (3.3) mit g nach (3.31) und f nach (3.32) ein Spezialfall des allgemeinen Problems der semi-infiniten nichtlinearen Optimierung. Dieses erhält man, indem man bei dem Problem (3.3) in Abschn. 3.1.1 als normierten Vektorraum E den $\mathbf{R}^n$ zugrundelegt. Wir nehmen weiter an, daß $\hat{X}$ eine offene Obermenge von X in $\mathbf{R}^n$ ist und g : $\hat{X} \to C(T)$ eine Abbildung derart, daß für jedes t ∈ T und x ∈ $\hat{X}$ der Gradient grad g(x, t) existiert und die Abbildung (x, t) → grad g(x, t) von $\hat{X}$ x T in $\mathbf{R}^n$ stetig ist. Dann ist g auf $\hat{X}$ Fréchet-differenzierbar und die Fréchet-Ableitung gegeben durch

$$g'_x(h, t) = \langle \text{grad } g(x, t), h \rangle \tag{3.52}$$

für alle x ∈ $\hat{X}$, h ∈ $\mathbf{R}^n$ und t ∈ T (vgl. wieder C o l l a t z / K r a b s [73], II Satz 4.6). Das Funktional f : $\hat{X} \to \mathbf{R}$ besitze für jedes x ∈ $\hat{X}$ einen Gradienten grad f(x), der stetig von x abhängt. Dann ist f ebenfalls auf $\hat{X}$ Fréchet-differenzierbar und die Fréchet-Ableitung gegeben durch

$$f'_x(h) = \langle \text{grad } f(x), h \rangle \tag{3.53}$$

für alle x ∈ $\hat{X}$ und h ∈ $\mathbf{R}^n$.

Unter diesen Annahmen betrachten wir wieder das Optimierungsproblem (3.3) mit dem Ziel, die beiden äquivalenten notwendigen Bedingungen (3.17) und (3.23) für Minimalpunkte $\hat{x}$ ∈ S von f auf S durch eine weitere zu ergänzen, die für reguläre Minimalpunkte (d.h. solche, für die $\mathcal{L}(S, \hat{x})$ nach (3.16) nichtleer ist) mit diesen beiden gleichbedeutend ist und als eine verallgemeinerte Multiplikatorenregel angesehen werden kann.

Zunächst definieren wir für jedes x ∈ S den sog. l i n e a r i s i e r e n d e n   K e g e l

$$L(S, x) = \bigcap_{t \in I(x)} \{h \in T(X, x) : \langle \text{grad } g(x, t), h \rangle \geqslant 0\} \tag{3.54}$$

mit I(x) nach (3.5). Zunächst gilt

Lemma 3.14 Für jedes x ∈ S ist

$$T(S, x) \subseteq L(S, x), \tag{3.55}$$

wobei T(S, x) den Tangentialkegel in x an S bezeichnet.

B e w e i s. 1. Sei I(x) leer. Dann folgt aus (2.5)

$$T(S, x) \subseteq T(X, x) = L(S, x)$$

2. Sei I(x) nichtleer.

Annahme: Es gibt ein $h \in T(S, x)$ mit

$$\langle \operatorname{grad} g(x, t), h \rangle < 0 \qquad \text{für ein } t \in I(x). \tag{3.56}$$

Nun sei $\{x_k\}$ eine Folge in S und $\{\lambda_k\}$ eine Folge positiver Zahlen mit $x = \lim_{k \to \infty} x_k$ und $h = \lim_{k \to \infty} \lambda_k(x_k - x)$.

Dann folgt für das $t \in I(x)$ mit (3.56) für alle genügend großen k

$$\lambda_k g(x_k, t) = \lambda_k \{g(x_k, t) - g(x, t)\}$$

$$\leqslant \langle \operatorname{grad} g(x, t), \lambda_k(x_k - x) \rangle + \lambda_k \|x_k - x\| \, \epsilon(\|x_k - x\|)$$

mit $\lim_{k \to \infty} \epsilon(\|x_k - x\|) = 0$ (wobei $\| \cdot \|$ irgendeine Norm in $\mathbf{R}^n$ bezeichnet), was $g(x_k, t)$ < 0 impliziert, ein Widerspruch gegen $x_k \in S$ für alle k. ∎

Lemma 3.15 Ist $x \in S$ regulär, d.h. die durch (3.16) definierte Menge $\ell(S, x)$ nichtleer, und ist der Tangentialkegel $T(X, x)$ in x an X konvex (z.B. wenn X konvex oder offen ist), sofern $I(x)$ nach (3.5) nichtleer ist, so folgt

$$\overline{\ell(S, x)} = T(S, x) = L(S, x). \tag{3.57}$$

B e w e i s. Nach Satz 3.6 und Lemma 3.14 genügt es zu zeigen, daß $\overline{\ell(S, x)} = L(S, x)$ ist. Ist $I(x)$ leer, so ist nichts zu beweisen. Ist $I(x)$ nichtleer, so denken wir uns ein $h \in L(S, x)$ vorgegeben und wählen ein $h_0 \in \ell(S, x)$ beliebig. Dann ist für alle $\lambda \in [0,1)$

$$h_\lambda = \lambda h + (1 - \lambda) h_0 \in T(X, x)$$

und $\langle \operatorname{grad} g(x, t), h_\lambda \rangle > 0 \qquad$ für alle $t \in I(x)$,

d.h. $h_\lambda \in \ell(S, x) \quad$ und $\quad \lim_{\lambda \to 1-0} h_\lambda = h \Rightarrow h \in \overline{\ell(S, x)}$.

Damit ist $L(S, x) \subseteq \overline{\ell(S, x)}$. Das umgekehrte Enthaltensein folgt aus der Abgeschlossenheit von $L(S, x)$ und $\ell(S, x) \subseteq L(S, x)$. ∎

Das Hauptergebnis dieses Abschnittes ist

Satz 3.16 $x \in S$ sei ein regulärer Punkt, und für den Fall, daß $I(x)$ (nach (3.5)) nichtleer ist, sei der Tangentialkegel $T(X, x)$ in x an X konvex. Dann sind die beiden Bedingungen (3.17) und (3.23) gleichbedeutend mit der Aussage

$$\langle \operatorname{grad} f(x) - \sum_{t \in I_e(x)} \lambda_t \operatorname{grad} g(x, t), h \rangle \geqslant 0 \qquad \forall h \in T(X, x). \tag{3.58}$$

Dabei ist $I_e(x)$ eine endliche Teilmenge von $I(x)$, die λ_t sind gewisse nicht-negative Zahlen, und für den Fall, daß $I(x)$ leer ist, ist die Summe in (3.58) durch $\Theta_n = $ Nullelement von $\mathbf{R}^n$ zu ersetzen.

B e w e i s. Für eine leere Menge $I(x)$ ist nichts zu beweisen. Sei daher $I(x)$ nichtleer.
1. Wir nehmen an, (3.58) sei erfüllt. Dann folgt unmittelbar

$$\langle \operatorname{grad} f(x), h \rangle \geqslant 0 \qquad \text{für alle } h \in L(S, x) \tag{3.59}$$

mit $L(S, x)$ nach (3.54), und wegen $\ell(S, x) \subseteq L(S, x)$ ist somit auch (3.17) $\Longleftrightarrow$ (3.23) erfüllt.

2. Wir nehmen an, es sei (3.17) erfüllt. Mit Lemma 3.15 folgt dann (3.59) (Beweis = Übung). Definiert man

$$Q_x = \{\text{grad } g(x, t) : t \in I(x)\} ,$$

so ist Q_x eine nichtleere kompakte Teilmenge von $\mathbf{R}^n$ und somit die konvexe Hülle $H(Q_x)$ von Q_x nach IV Satz 3.2 ebenfalls kompakt. Weiterhin ist $\Theta_n \notin H(Q_x)$; denn sonst gäbe es endlich viele Punkte $t_1, \ldots, t_r \in I(x)$ und Zahlen $\lambda_1 \geqslant 0, \ldots, \lambda_r \geqslant 0$

mit $\sum\limits_{i=1}^{r} \lambda_i = 1$ und

$$\Theta_n = \sum_{i=1}^{r} \lambda_i \text{ grad } g(x, t_i).$$

Für jedes $h \in \ell(S, x)$ wäre aber dann

$$0 = \langle \Theta_n, h \rangle = \sum_{i=1}^{r} \lambda_i \langle \text{grad } g(x, t_i), h \rangle > 0,$$

ein Widerspruch. Sei $K(Q_x)$ der von $H(Q_x)$ erzeugte Kegel

$$K(Q_x) = \{\lambda \cdot k : k \in H(Q_x), \lambda \geqslant 0\}.$$

Dann ist $(- T(X, x)^\circ) \cap K(Q_x) = \{\Theta_n\}$, wobei für irgendeinen Kegel K in $\mathbf{R}^n$ der Kegel K° durch IV (2.14) definiert ist. Für jeden Vektor $y \in (- T(X, x)^\circ) \cap K(Q_x)$ gilt nämlich

$$y = \sum_{i=1}^{s} \lambda_{t_i} \text{ grad } g(x, t_i)$$

und $\quad \langle y, h \rangle = \sum\limits_{i=1}^{s} \lambda_{t_i} \langle \text{grad } g(x, t_i), h \rangle \leqslant 0 \qquad \forall h \in T(X, x),$

wobei $t_1, \ldots, t_s$ endlich viele Punkte aus $I(x)$ und $\lambda_{t_1}, \ldots, \lambda_{t_s}$ nicht-negative Zahlen sind. Da für jedes $h \in \ell(S, x)$ gilt

$$\langle \text{grad } g(x, t_i), h \rangle > 0 \qquad \forall i = 1, \ldots, s,$$

sind notwendig alle $\lambda_{t_i} = 0$ und somit $y = \Theta_n$.

Nach IV Satz 2.1 ist daher der Kegel $T(X, x)^\circ + K(Q_x)$ abgeschlossen. Die aus (3.17) folgende Bedingung (3.59) besagt nun nach Definition (3.54) von $L(S, x)$

$$\langle \text{grad } f(x), h \rangle \geqslant 0 \qquad \forall h \in T(X, x) \cap K(Q_x)^\circ \tag{3.60}$$

(Beweis = Übung). Da $T(X, x)$ nach Lemma 2.1 abgeschlossen ist, folgt aus IV (2.12') $T(X, x) = T(X, x)^{\circ\circ}$ und weiter aus IV (2.9')

$$T(X, x) \cap K(Q_x)^\circ = (T(X, x)^\circ)^\circ \cap K(Q_x)^\circ = (T(X, x)^\circ + K(Q_x))^\circ.$$

Unter nochmaliger Benutzung von IV (2.14) kann man daher für (3.60) auch schreiben

$$\text{grad } f(x) \in (T(X, x)^\circ + K(Q_x))^{\circ\circ}$$

und wegen der Abgeschlossenheit von $T(X, x)^\circ + K(Q_x)$ mit IV (2.12')

$$\text{grad } f(x) \in T(X, x)^\circ + K(Q_x), \tag{3.61}$$

was mit (3.58) gleichbedeutend ist. ∎

Ist speziell X eine offene Teilmenge von $\mathbf{R}^n$, so ist nach (2.2) $T(X, x) = \mathbf{R}^n$ und $T(X, x)^\circ = \{\Theta_n\}$, so daß (3.61) in

$$\text{grad } f(x) \in K(Q_x),$$

d.h.
$$\text{grad } f(x) = \sum_{i=1}^{r} \lambda_{t_i} \text{ grad } g(x, t_i) \tag{3.62}$$

für endlich viele $t_1, \ldots, t_r \in I(x)$ und $\lambda_{t_1} \geqslant 0, \ldots, \lambda_{t_r} \geqslant 0$ übergeht. Zusammenfassend haben wir also das

E r g e b n i s. Ist $\hat{x} \in S$ ein regulärer Minimalpunkt von f auf S derart, daß im Falle einer nichtleeren Menge $I(\hat{x})$ der Tangentialkegel $T(X, \hat{x})$ in $\hat{x}$ an X konvex ist, so gilt notwendig die Bedingung (3.58) mit $x = \hat{x}$ oder (3.62) für den Fall, daß X offen ist.

Die Aussage (3.62) ist für eine endliche Menge T die bekannte L a g r a n g e s c h e M u l t i p l i k a t o r e n r e g e l.

3.5 Bibliographische Bemerkungen

Für den Fall finiter Optimierungsprobleme, d.h. für endliches T, und unter den sonstigen Annahmen zu Beginn von Abschn. 3.4, hat F r i t z   J o h n [48] unter der weiteren Annahme $X = \mathbf{R}^n$ ohne jede Regularitätsvoraussetzung eine etwas schwächere Multiplikatorenregel als (3.62) aufgestellt. Unter den gleichen Voraussetzungen und unter Hinzunahme einer sog. „constraint qualification" haben dann K u h n   und   T u c k e r in der grundlegenden Arbeit [51] die Multiplikatorenregel (3.62) bewiesen. Diese „constraint qualification" wurde später von zahlreichen Autoren abgeschwächt und auf Probleme mit Ungleichungen und Gleichungen als Nebenbedingungen ausgedehnt, z.B. von A r r o w,   H u r w i c z   und   U z a w a [61], die für den Fall einer konvexen Menge S (3.2) die schwächste Regularitätsbedingung angegeben haben, von A b a d i e [67], E v a n s [69] und M a n g a s a r i a n   und   F r o m o v i t z [67] (vgl. auch M a n g a s a r i a n [69]). Die schwächste Regularitätsbedingung für den allgemeinen nichtlinearen Fall stammt von G o u l d   und   T o l l e [71]. Eine erste größere Übersicht über die „constraint qualification" und verwandte Bedingungen findet man bei E l s t e r / G ö t z [69], und kürzlich hat P e t e r s o n [73] in einem Übersichtsartikel eine zusammenfassende Darstellung aller Ergebnisse bis zum Jahre 1973 gegeben.

Eine Verallgemeinerung des Satzes von John in Form eines Maximum-Prinzips für nichtlineare infinite Optimierungsprobleme wurde in [72a] von L e m p i o angegeben (vgl. in diesem Zusammenhang auch [71c], [72b], [73], [74]).

Sehr allgemeine Multiplikatorenregeln ohne Regularitätsvoraussetzungen wurden von C a n n o n, C u l l u m und P o l a k [66], [70] und H e s t e n e s [66] hergeleitet und zur Gewinnung von Maximum-Prinzipien bei diskreten und kontinuierlichen Kontrollproblemen herangezogen. In diesen Zusammenhang gehören auch die Arbeiten von N e u s t a d t [66], [67] und H a l k i n [66a], [66b], [67] und H a l k i n / N e u - s t a d t [66].

Die in Abschn. 3.2 benutzte Regularitätsbedingung ist eine direkte Verallgemeinerung der von A b a d i e in [67], Theorem 3 für finite Optimierungsprobleme angegebenen hinreichenden Bedingung für die Kuhn-Tuckersche „constraint qualification" in einer geringfügig abgeschwächten Form. Sie wurde von K r a b s [73] benutzt, um notwendige und hinreichende Bedingungen für Minimalpunkte bei infiniten Optimierungsproblemen zu gewinnen. Abschn. 3.1, 3.2 und 3.3 basieren auf dieser Arbeit. Die Grundlage für die Gültigkeit der Multiplikatorenregel (3.58) ist die Übereinstimmung des linearisierenden Kegels $L(S, x)$ (3.54) in einem Minimalpunkt $\hat{x} \in S$ mit dem Tangentialkegel $T(S, \hat{x})$ in $\hat{x}$ an S. Im Falle dieser Übereinstimmung nennt A b a d i e in [67] den Punkt $\hat{x}$ sequentially qualified und beweist für solche Minimalpunkte eine Multiplikatorenregel der Form (3.62) für $x = \hat{x}$.

Mit der Gewinnung notwendiger und hinreichender Bedingungen für Minimalpunkte bei infiniten nichtlinearen Optimierungsproblemen wurde in den sechziger Jahren begonnen. Neben den oben genannten Beiträgen von N e u s t a d t und H a l k i n (die allerdings nur eine Auswahl darstellen) wurden zahlreiche weitere Arbeiten geschrieben, von denen sich die von D u b o v i t s k i i und M i l j u t i n [65] als grundlegend herausgestellt hat. Sie ist inzwischen auch in die Lehrbuchliteratur aufgenommen worden und bildet z.B. den Kern des Buches [72] von P s c h e n i t s c h n y über „Notwendige Optimalitätsbedingungen", das auch eine ganze Reihe von Anwendungen enthält. Bei H o l m e s [72] ist ebenfalls ein Abschnitt der Dubovitskii-Miljutin-Theorie gewidmet mit einer Anwendung auf das klassische Variationsproblem. Sie bildet ferner die Grundlage des Buches von G i r s a n o v [72] und wird hier konsequent auf Kontrollprobleme angewendet. Schließlich wird sie noch im ersten Kapitel des Buches [72] von L a u r e n t dargestellt, der in diesem Zusammenhang auf die Doktorarbeit [67] von L o b r y zurückgreift.

In [70] geht auch H a l k i n noch einmal auf diese Theorie ein. Neben der Dubovitskii-Miljutin-Theorie gibt es noch zahlreiche andere Zugänge zu notwendigen und hinreichenden Bedingungen für Minimalpunkte, bei denen zum Teil ähnliche Hilfsmittel benutzt werden. Wir nennen hier nur stellvertretend die folgenden Arbeiten: B a z a r a a / G o o d e [73], D e m ' y a n o v / M a l o z e m o v [71], G u i g n a r d [69], G i t t - l e m a n [71], H o f f m a n n [71], H o f f m a n n / K o l u m b a n [74], N a g a - h i s a / S a k a w a [69], R i t t e r [67], R u b i n o v [66], R u s s e l l [66], V a r a i y a [67].

IV Anhang: Hilfsmittel

An zahlreichen Stellen des Buches werden Hilfsmittel aus der Funktionalanalysis, insbesondere Eigenschaften konvexer Mengen, Darstellung stetiger Linearformen etc. benutzt, die hier im Anhang (zum Teil ohne Beweis) zusammengestellt werden sollen. Wir setzen dabei gewisse Grundtatsachen über normierte Räume, wie zum Beispiel Konvergenz, Vollständigkeit und topologische Begriffe als bekannt voraus, da diese in jedem Lehrbuch der Funktionalanalysis nachgelesen werden können. Aus dem gleichen Grunde werden wir auch auf die Beweise einschlägiger Sätze verzichten und stattdessen gezielt auf Lehrbücher verweisen.

1 Konvexe Kegel und lineare Abbildungen

Grundlegend für die in Kapitel I entwickelte lineare Optimierungstheorie sind der Begriff der H a l b o r d n u n g in einem linearen Vektorraum und der Begriff der s t e t i g e n   l i n e a r e n   A b b i l d u n g mit der dazu adjungierten Abbildung, deren Zusammenhang jetzt untersucht werden soll.

1.1 Konvexe Kegel und Halbordnungen

Sei E ein linearer Vektorraum über $\mathbf{R}$. Eine Teilmenge C von E heißt k o n v e x, wenn gilt

$$x, y \in C, 0 \leqslant \lambda \leqslant 1 \quad \Rightarrow \quad \lambda x + (1 - \lambda)y \in C.$$

Eine Teilmenge K von E heißt K e g e l (mit dem Scheitel Θ_E = Nullelement von E), wenn gilt

$$x \in K, \lambda \geqslant 0 \quad \Rightarrow \quad \lambda x \in K.$$

Eine Teilmenge K von E heißt k o n v e x e r   K e g e l, wenn K sowohl ein Kegel als auch konvex ist.

Lemma 1.1 Ein Kegel K ist genau dann konvex, wenn gilt

$$x, y \in K \Rightarrow x + y \in K. \tag{1.1}$$

B e w e i s. 1. Sei K ein konvexer Kegel. Sind $x, y \in K$ vorgegeben, so folgt $\frac{1}{2}(x + y)$ $= \frac{1}{2}x + \frac{1}{2}y \in K$, da K konvex ist, und $x + y = 2\left\{\frac{1}{2}(x + y)\right\} \in K$, da K ein Kegel ist.

2. Sei K ein Kegel mit (1.1). Sind $x, y \in K$ und $\lambda \in [0, 1]$ vorgegeben, so folgt $\lambda x \in K$ und $(1 - \lambda)y \in K$, da K ein Kegel ist, und (1.1) impliziert $\lambda x + (1 - \lambda)y \in K$. ∎

Ist K ein nichtleerer konvexer Kegel in E, so definieren wir in E eine O r d n u n g s - r e l a t i o n durch

$$x \geqslant y \; (\Longleftrightarrow y \leqslant x) \Longleftrightarrow x - y \in K. \tag{1.2}$$

Wegen $\Theta_E \in K$ gilt offenbar

$$x \geqslant x \qquad \text{für alle } x \in E \text{ (Reflexivität).} \tag{1.3}$$

Weiterhin gilt

$$x \geqslant y, y \geqslant z \Rightarrow x \geqslant z \text{ (Transitivität);} \tag{1.4}$$

denn nach (1.2) ist $x - y \in K$ und $y - z \in K$ und somit nach (1.1) $x - z = (x - y) + (y - z) \in K$.

Die Ordnungsrelation (1.2) ist auch mit der algebraischen Struktur von E verträglich, d.h., es gilt

$$x \geqslant \Theta_E, \lambda \geqslant 0 \Rightarrow \lambda x \geqslant \Theta_E, \tag{1.5}$$

$$x \geqslant y, z \in E \Rightarrow x + z \geqslant y + z. \tag{1.6}$$

(1.5) folgt unmittelbar aus

$$K = \{x \in E : x \geqslant \Theta_E\}, \tag{1.7}$$

und (1.6) ergibt sich unmittelbar aus (1.2).

Gibt man sich umgekehrt in E eine Ordnungsrelation mit den Eigenschaften (1.3) bis (1.6) vor und definiert K durch (1.7), so ist K ein nichtleerer konvexer Kegel, und es gilt (1.2) (Beweis = Übung).

Definition 1.1 Ein linearer Vektorraum E über **R**, in dem eine Ordnungsrelation $x \geqslant y \Longleftrightarrow y \leqslant x$ mit den Eigenschaften (1.3) bis (1.6) oder mit Hilfe eines nichtleeren konvexen Kegels K vermöge (1.2) definiert ist (wobei für K dann (1.7) gilt), heißt h a l b g e o r d n e t e r V e k t o r r a u m. K heißt der zugehörige O r d n u n g s - k e g e l.

Ein Kegel heißt s p i t z, wenn gilt

$$x \in K \quad \text{und} \quad -x \in K \Rightarrow x = \Theta_E.$$

Ist K ein nichtleerer konvexer Kegel in E, so gilt für die durch (1.2) gegebene Ordnungsrelation genau dann die Implikation ($x \geqslant y$ und $y \geqslant x \Rightarrow x = y$), wenn K spitz ist (Beweis = Übung).

Beispiele 1. $E = \mathbf{R}^n$; sei $0 \leqslant r \leqslant n$. Für $x = (x_1, \ldots, x_n)^T$ und $y = (y_1, \ldots, y_n)^T$ definieren wir:

$$x \geqslant y \Longleftrightarrow x_i \geqslant y_i \qquad \text{für } 1 \leqslant i \leqslant r. \tag{1.2'}$$

Der zugehörige Ordnungskegel nach (1.7) lautet

$$K = K_r^n = \{x = (x_1, \ldots, x_n)^T : x_i \geqslant 0, i = 1, \ldots, r\}. \tag{1.7'}$$

Insbesondere ist $K_0^n = \mathbf{R}^n$ und K_n^n der nichtnegative Orthant des $\mathbf{R}^n$. K_n^n ist spitz, nicht jedoch K_r^n für $0 \leqslant r < n$.

2. E = Vektorraum der reellwertigen Funktionen auf einer Menge B. Ist Q irgendeine Teilmenge von B (Q darf auch leer sein), so definieren wir für $x, y \in E$:

$$x \geqslant y \Longleftrightarrow x(t) \geqslant y(t) \qquad \text{für alle } t \in Q. \tag{1.2''}$$

Der zugehörige Ordnungskegel nach (1.7) ist gegeben durch

$$K = K_Q^B = \{x \in E : x(t) \geqslant 0 \text{ für alle } t \in Q\}. \tag{1.7''}$$

Insbesondere ist $K_\emptyset^B = E$ ($\emptyset$ = leere Menge). K_B^B ist spitz, nicht jedoch K_Q^B, wenn Q eine echte Teilmenge von B ist.

3. Sei E ein unitärer Raum (dessen Skalarprodukt wir stets mit $\langle \cdot, \cdot \rangle$ bezeichnen) und $\{a_i\}_{i \in I}$ eine nichtleere Familie von Elementen $a_i \in E$. Dann definieren wir in E eine Ordnungsrelation durch

$$x \geqslant y \Longleftrightarrow \langle a_i, x \rangle \geqslant \langle a_i, y \rangle \quad \text{für alle } i \in I. \tag{1.2'''}$$

Aufgabe 1.1 Man zeige, daß (1.2''') eine Ordnungsrelation mit den Eigenschaften (1.3) bis (1.6) ist. Frage: Wie läßt sich (1.2') aus (1.2''') gewinnen?

1.2 Der (topologische) Dualraum

Sei E ein normierter Vektorraum über **R**. Eine reellwertige Funktion g auf E heißt s t e t i g, wenn gilt

$$x_n \to x, \quad x_n, x \in E \quad \Rightarrow \quad \lim_{n \to \infty} g(x_n) = g(x).$$

Eine reellwertige Funktion c auf E heißt l i n e a r e s   F u n k t i o n a l (oder auch L i n e a r f o r m) auf E, falls gilt

$$c(\lambda x + \mu y) = \lambda c(x) + \mu c(y) \quad \text{für alle } x, y \in E, \lambda, \mu \in \mathbf{R}.$$

Satz 1.2 Eine Linearform c auf E ist genau dann stetig, wenn es eine Konstante $\alpha \geqslant 0$ gibt mit

$$|c(x)| \leqslant \alpha \|x\| \quad \text{für alle } x \in E. \tag{1.8}$$

Zum Beweis vgl. z.B. K ö t h e [66], S. 132.

Sei E* der Vektorraum der stetigen Linearformen auf E. Ordnet man jedem $c \in E^*$ die Zahl

$$\|c\| = \sup_{\|x\| \leqslant 1} |c(x)| \tag{1.9}$$

zu, so wird E* dadurch zu einem normierten Vektorraum, und $\|c\|$ ist die kleinste Zahl α mit (1.8) (Beweis = Übung).

Wir denken uns im folgenden E* immer auf diese Weise normiert, wodurch E* sogar zu einem Banachraum wird. Konvergenz und topologische Begriffe werden in E* immer im Sinne der Norm (1.9) verstanden.

Beispiele 1. Sei E ein n-dimensionaler normierter Vektorraum über **R**. E besitzt dann eine Basis $\{e_1, \ldots, e_n\} \subseteq E$ derart, daß jedes $x \in E$ eindeutig darstellbar ist als

$$x = \sum_{j=1}^{n} x_j e_j, \quad x_j \in \mathbf{R}, \quad j = 1, \ldots, n.$$

E* besteht in diesem Fall aus allen Linearformen auf E (Beweis = Übung), und E und E* sind isomorph zueinander. Ein Isomorphismus ist z.B. dadurch gegeben, daß man jedem $c \in E^*$ das $x \in E$ zuordnet, das die Darstellung $x = \sum\limits_{j=1}^{n} c(e_j)\, e_j$ hat (Beweis = Übung).

Aufgabe 1.2 Man zeige, daß diese Abbildung in beiden Richtungen stetig ist, d.h., daß gilt:

$$c_n,\, c \in E^*,\ c_n \to c \ (\text{im Sinne der Norm (1.9)}) \Longleftrightarrow x_n \to x.$$

2. Sei E ein unitärer Raum. Ist $y \in E$ fest gewählt, so wird durch $c(x) = \langle y, x\rangle$, $x \in E$, eine Linearform auf E definiert mit

$$|c(x)| \leqslant \|y\| \cdot \|x\| \qquad \text{für alle } x \in E$$

wegen der Cauchy-Schwarzschen Ungleichung. Damit ist c stetig und $\|c\| \leqslant \|y\|$. Ist $y = \Theta_E$, so ist c die Nullabbildung und $\|c\| = \|y\| = 0$. Andernfalls ist $\|y\| > 0$ und

$$|c(z)| \leqslant \|c\| \ \text{für } z = \frac{y}{\|y\|}, \text{ was } \|y\| \leqslant \|c\| \text{ impliziert. Mithin ist } \|y\| = \|c\|.$$

Im allgemeinen gibt es in einem unitären Raum noch andere stetige Linearformen. Ist E vollständig, so gilt

Satz 1.3 Ist E ein Hilbert-Raum, so gibt es zu jedem $c \in E^*$ genau ein $y \in E$ mit

$$c(x) = \langle y, x\rangle \qquad \text{für alle } x \in E \text{ (und } \|c\| = \|y\|). \tag{1.10}$$

Zum Beweis vgl. z.B. C o l l a t z [68], S. 83.

Durch die Abbildung $y \to c$ mit (1.10) wird also ein normtreuer Isomorphismus von E auf E* definiert (der insbesondere also in beiden Richtungen stetig ist).

3. Wir betrachten noch den wichtigen Spezialfall $E = \mathbf{R}^n$ mit der orthonormalen Basis $\{e_1, \ldots, e_n\}$, $e_j^i = \delta_{ij} =$ Kronecker-Symbol für $i, j = 1, \ldots, n$. Jede stetige Linearform c auf E ist dann gegeben durch

$$c(x) = \langle \hat{c}, x\rangle, \qquad x \in \mathbf{R}^n, \tag{1.11}$$

mit $\hat{c} = (c(e_1), \ldots, c(e_n))^T$. Legt man in $E = \mathbf{R}^n$ die euklidische Norm zugrunde, so gilt $\|c\| = \|\hat{c}\|_2 = \langle \hat{c}, \hat{c}\rangle^{1/2}$.

Für die weiteren Betrachtungen sei E wieder ein beliebiger normierter Vektorraum und E* der topologische Dualraum von E, versehen mit der Norm (1.9). Mit E** bezeichnen wir den topologischen Dualraum von E*. E** ist ein Banach-Raum mit der Norm

$$\|x^{**}\| = \sup_{\substack{\|x^*\| \leqslant 1 \\ x^* \in E^*}} x^{**}(x^*). \tag{1.12}$$

Ordnet man jedem $x \in E$ eine Linearform Φ_x auf E* zu durch

$$\Phi_x(x^*) = x^*(x), \qquad x^* \in E^*, \tag{1.13}$$

so folgt

$$|\Phi_x(x^*)| \leqslant \|x\| \cdot \|x^*\|, \qquad x^* \in E,$$

d.h. Φ_x ist stetig ($\Phi_x \in E^{**}$) und $\|\Phi_x\| \leqslant \|x\|$.

Satz 1.4 Zu jedem $x \neq \Theta_E$ gibt es ein $x^* \in E^*$ mit

$$x^*(x) = \|x\| \quad \text{und} \quad \|x^*\| = 1.$$

Zum Beweis vgl. z.B. K ö t h e [66], S. 199.

F o l g e r u n g. Für die durch (1.13) definierte stetige Linearform Φ_x auf E^* gilt sogar $\|\Phi_x\| = \|x\|$.

Da die Abbildung $x \to \Phi_x$, $x \in E$, linear ist, wird durch (1.13) also ein normtreuer Isomorphismus Φ von E in E^{**} definiert.

Im allgemeinen ist das Bild $\Phi(E)$ echt in E^{**} enthalten.

Ein normierter Vektorraum E heißt r e f l e x i v, wenn gilt $\Phi(E) = E^{**}$, d.h., wenn der durch (1.13) definierte normtreue Isomorphismus Φ eine Abbildung von E auf E^{**} ist. Da E^{**} ein Banachraum ist, ist notwendig auch E ein Banachraum, wenn E reflexiv ist.

Beispiele für reflexive Banachräume sind Hilbert-Räume und endlich-dimensionale normierte Vektorräume.

Nun sei E ein halbgeordneter normierter Vektorraum mit dem nichtleeren Ordnungskegel K. In E^* definieren wir dann eine Ordnungsrelation durch

$$x^* \geqslant \hat{x}^*, \quad x^*, \hat{x}^* \in E^* \Longleftrightarrow x^*(x) - \hat{x}^*(x) \geqslant 0 \quad \text{für alle } x \in K. \quad (1.14)$$

Aufgabe 1.3 Man weise die Eigenschaften (1.3) bis (1.6) nach.

Die durch (1.14) definierte Ordnungsrelation nennen wir die in E^* induzierte Ordnung. Der zugehörige Ordnungskegel ist gegeben durch

$$K^* = \{x^* \in E^* : x^*(x) \geqslant 0 \quad \text{für alle } x \in K\}.$$

K^* ist in E^* abgeschlossen (Beweis = Übung).

Ist $K = E$, so folgt $K^* = \{\Theta_{E^*}\}$, $\Theta_{E^*} = $ Nullabbildung, und ist $K = \{\Theta_E\}$, so folgt $K^* = E^*$.

B e i s p i e l. Für $K = K_r^n$ nach (1.7') ergibt sich

$$K^* = \{x \in \mathbf{R}^n : x_i \geqslant 0 \text{ für } i = 1, \ldots, r, \, x_i = 0 \text{ für } i = r + 1, \ldots, n\},$$

wenn man E^* mit $\mathbf{R}^n$ identifiziert (Beweis = Übung).

Satz 1.5 Sei E ein halbgeordneter normierter Vektorraum derart, daß der zugehörige Ordnungskegel K ein nichtleeres Inneres $\overset{\circ}{K}$ besitzt. Gilt dann für ein $x^* \in E^*$

$$x^* \geqslant \Theta_{E^*} \quad \text{und} \quad x^*(x_0) \leqslant 0 \quad \text{für ein } x_0 \in \overset{\circ}{K},$$

so folgt $x^* = \Theta_{E^*}$.

B e w e i s. Wir nehmen an, es gebe ein $x \in E$ mit $x^*(x) \neq 0$, und zwar o.B.d.A. $x^*(x) < 0$. Setzt man $x_\lambda = \lambda x + (1 - \lambda)x_0$, $\lambda \in [0, 1]$, so existiert ein $\lambda_0 \in (0, 1]$ mit $x_\lambda \in K$ für alle $\lambda \in [0, \lambda_0]$, was $x^*(x_\lambda) \geqslant 0$ für alle $\lambda \in [0, \lambda_0]$ impliziert. Andererseits ist aber nach Annahme $x^*(x_\lambda) < 0$ für alle $\lambda \in (0, \lambda_0]$, ein Widerspruch. Damit ist $x^*(x) = 0$ für alle $x \in E$, d.h. $x^* = \Theta_{E^*}$. ∎

1.3 Lineare Abbildungen

Seien E und F zwei normierte Vektorräume. Eine Abbildung $A : E \to F$ heißt l i n e a r, falls gilt

$$A(\lambda x + \mu y) = \lambda A(x) + \mu A(y) \qquad \text{für alle } x, y \in E \text{ und } \lambda, \mu \in \mathbf{R}.$$

Eine Abbildung $A : E \to F$ heißt s t e t i g, falls gilt

$$x_n \to x, \qquad x_n, x \in E \Rightarrow A(x_n) \to A(x).$$

Satz 1.6 Eine lineare Abbildung A von E in F ist genau dann stetig, wenn es eine Konstante $\alpha \geqslant 0$ gibt mit

$$\|A(x)\|_F \leqslant \alpha \|x\|_E \qquad \text{für alle } x \in E.$$

Zum Beweis vgl. z.B. K ö t h e [66], S. 131/32.

Durch die Definition

$$\|A\| = \sup_{\|x\|_E \leqslant 1} \|A(x)\|_F$$

wird der Vektorraum $L(E, F)$ der stetigen linearen Abbildungen von E in F zu einem normierten Vektorraum. Ist E* bzw. F* der topologische Dualraum von E bzw. F und ist $A \in L(E, F)$, so definiert A in natürlicher Weise eine Abbildung $A^* : F^* \to E^*$, wenn für jedes $y^* \in F^*$ das Bild $A^*(y^*)$ festgesetzt wird durch

$$A^*(y^*)\,(x) = y^*(A(x)) \quad \text{für alle } x \in E. \tag{1.15}$$

A* heißt zu A a d j u n g i e r t e A b b i l d u n g.

Offenbar gilt für alle $x \in E$, $y^*, z^* \in F^*$ und $\lambda, \mu \in \mathbf{R}$

$$\begin{aligned}
A^*(\lambda y^* + \mu z^*)\,(x) &= (\lambda y^* + \mu z^*)\,(A(x)) \\
&= \lambda y^*(A(x)) + \mu z^*(A(x)) = \lambda A^*(y^*)\,(x) + \mu A^*(z^*)\,(x) \\
&= (\lambda A^*(y^*) + \mu A^*(z^*))\,(x),
\end{aligned}$$

d.h. A* ist linear. Da A stetig ist, gibt es nach Satz 1.6 ein $\alpha \geqslant 0$ mit

$$\|A(x)\|_F \leqslant \alpha \|x\|_E \qquad \text{für alle } x \in E.$$

Daraus folgt für alle $x \in E$ und alle $y^* \in F^*$

$$\begin{aligned}
|A^*(y^*)\,(x)| &= |y^*(A(x))| \\
&\leqslant \|y^*\|_{F^*} \|A(x)\|_F \leqslant \|y^*\|_{F^*}\, \alpha \|x\|_E \\
&\Rightarrow \|A^*(y^*)\|_{E^*} \leqslant \alpha \|y^*\|_{F^*},
\end{aligned}$$

d.h. A* ist auch stetig, und es gilt $\|A^*\| \leqslant \alpha$ (was $\|A^*\| \leqslant \|A\|$ impliziert).

Beispiele 1. $E = \mathbf{R}^n$, $F = \mathbf{R}^m$. Ist A eine reelle m x n-Matrix, so wird durch

$$A(x) = Ax, \qquad x \in \mathbf{R}^n,$$

eine Abbildung $A \in L(E, F)$ definiert.

Identifiziert man E^* mit $\mathbf{R}^n$ und F^* mit $\mathbf{R}^m$, so ist die adjungierte Abbildung gegeben durch

$$A^*(y^*) = A^T y \qquad \text{für alle } y^* \in \mathbf{R}^m$$

(Beweis = Übung).

2. Seien E und F zwei Hilberträume und $A \in L(E, F)$.

Definiert man für jedes feste $y^* \in F^*$

$$h^*(x) = y^*(A(x)) \qquad \text{für alle } x \in E,$$

so ist $h^* \in E^*$, und nach dem Satz 1.3 gibt es genau ein Element $y \in F$ und genau ein Element $h \in E$ mit

$$\langle h, x \rangle_E = h^*(x) = y^*(A(x)) = \langle y, A(x) \rangle_F. \tag{1.16}$$

Da die Abbildungen $y \to y^*$, A und $h^* \to h$ stetig und linear sind, wird durch (1.16) eine stetige lineare Abbildung $A' : F \to E$, $y \to h$ definiert mit

$$A^*(y^*)\,(x) = y^*(A(x)) = \langle y, A(x) \rangle_F = \langle A'(y), x \rangle_E$$

für alle $x \in E$.

Seien E, F und G lineare Vektorräume. Das cartesische Produkt $E \times F$ ist dann ebenfalls ein linearer Vektorraum, wenn man die Addition und skalare Multiplikation komponentenweise erklärt.

Satz 1.7 Zu jeder linearen Abbildung $A : E \times F \to G$ gibt es genau eine lineare Abbildung $A_1 : E \to G$ und $A_2 : F \to G$ mit

$$A(x, y) = A_1(x) + A_2(y) \qquad \text{für alle } x \in E \text{ und } y \in F. \tag{1.17}$$

B e w e i s. Definiert man $A_1(x) = A(x, \Theta_F)$ für alle $x \in E$ und $A_2(y) = A(\Theta_E, y)$ für alle $y \in F$, so sind A_1 und A_2 lineare Abbildungen, und es gilt (1.17). Sind umgekehrt $A_1 : E \to G$ und $A_2 : F \to G$ zwei lineare Abbildungen mit (1.17), so folgt notwendig $A_1(x) = A(x, \Theta_F)$ für alle $x \in E$ und $A_2(y) = A(\Theta_E, y)$ für alle $y \in F$.   ∎

Z u s a t z. Sind E, F und G normierte Vektorräume, so wird $E \times F$ auch zu einem normierten Vektorraum, wenn man z.B. definiert

$$\|(x, y)\|_{E \times F} = \|x\|_E + \|y\|_F \qquad \text{für alle } x \in E, y \in F,$$

und A ist genau dann stetig, wenn A_1 und A_2 stetig sind. Speziell ist jedes $z^* \in (E \times F)^*$ eindeutig darstellbar in der Form

$$z^*(x, y) = x^*(x) + y^*(y) \qquad \text{für alle } (x, y) \in E \times F \tag{1.18}$$

mit $x^* \in E^*$ und $y^* \in F^*$.

2 Eigenschaften konvexer Kegel und Darstellung positiver Linearformen

2.1 Abgeschlossenheit konvexer Kegel

Zentral für die in Kapitel I entwickelte Dualitätstheorie linearer Optimierungsprobleme ist die Abgeschlossenheit gewisser konvexer Kegel in normierten Vektorräumen und deren geometrische Charakterisierung, mit der wir uns im folgenden befassen wollen.

Sei also E ein normierter Vektorraum und K ein konvexer Kegel in E (vgl. Abschn. 1.1). Dann ist sicher die abgeschlossene Hülle $\overline{K}$ von K ein abgeschlossener konvexer Kegel. Das wurde in Kapitel I benutzt, um für geeignet verallgemeinerte lineare Optimierungsprobleme weitreichende Existenz- und Dualitätsaussagen zu gewinnen.

Um nun h i n r e i c h e n d e B e d i n g u n g e n für die A b g e s c h l o s s e n - h e i t von K selber zu gewinnen, nehmen wir an, daß K von einer nichtleeren konvexen Menge Q in E (vgl. Abschn. 1.1) erzeugt, d.h. von der Gestalt

$$K = K(Q) = \{\lambda \cdot q : \lambda \geqslant 0, q \in Q\} \tag{2.1}$$

sei (Man mache sich klar, daß K(Q) ein konvexer Kegel ist).

Ist dann Q die konvexe Hülle (vgl. Abschn. 3.1) endlich vieler Punkte von E, so ist K(Q) abgeschlossen (zum Beweis vgl. z.B. H e s t e n e s [66], S. 15). Diese Aussage ist der Grund, weswegen man in der Theorie der gewöhnlichen linearen Optimierung auf topologische Voraussetzungen verzichten kann. Bei Optimierungsproblemen in normierten Vektorräumen (z.B. in Funktionenräumen) kommt man im allgemeinen jedoch nicht mit endlich erzeugten Kegeln K(Q) aus. Hier erweist sich der folgende Satz als nützlich.

Satz 2.1 Sei Q eine nichtleere kompakte konvexe Teilmenge von E mit $\Theta_E \notin Q$. Ferner sei K ein abgeschlossener konvexer Kegel in E derart, daß gilt

$$K(Q) \cap K = \{\Theta_E\}, \tag{2.2}$$

wobei K(Q) durch (2.1) gegeben ist. Dann ist

$$K(Q) - K = \{\lambda q - k : \lambda \geqslant 0, q \in Q, k \in K\} \tag{2.3}$$

ein nichtleerer abgeschlossener konvexer Kegel in E.

B e w e i s. Zunächst ist K(Q) − K ein nichtleerer konvexer Kegel in E (Beweis = Übung).

Zum Nachweis der Abgeschlossenheit von K(Q) − K betrachten wir ein $x \in \overline{K(Q) - K}$ = abgeschlossene Hülle von K(Q) − K. Dann gibt es Folgen $\{\lambda_i\}$, $\lambda_i \geqslant 0$, $\{q_i\}$, $q_i \in Q$ und $\{k_i\}$, $k_i \in K$, mit $x = \lim_{i \to \infty} \lambda_i q_i - k_i$.

Da Q kompakt ist, gibt es ein $q \in Q$ und eine Teilfolge von $\{q_i\}$, die wir wieder mit $\{q_i\}$ bezeichnen wollen, derart, daß gilt: $q = \lim_{i \to \infty} q_i$.

Fallunterscheidung: $\alpha)$ Die zugehörige Folge $\{\lambda_i\}$ ist beschränkt. Dann gibt es ein $\lambda \geqslant 0$ und eine Teilfolge, die wir wieder mit $\{\lambda_i\}$ bezeichnen, mit $\lambda = \lim_{i \to \infty} \lambda_i$.

Definiert man $x_i = \lambda_i q_i - k_i$, so existiert

$$k = \lim_{i \to \infty} k_i = - x + \lambda q,$$

und es gilt $k \in K$, da K abgeschlossen ist. Mithin ist

$$x = \lambda q - k \in K(Q) - K.$$

β) Die zugehörige Folge $\{\lambda_i\}$ ist nicht beschränkt. Dann gibt es eine Teilfolge, wiederum mit $\{\lambda_i\}$ bezeichnet, derart, daß gilt $\lim\limits_{i \to \infty} \lambda_i = + \infty$, und wir können annehmen, daß alle $\lambda_i > 0$ sind. Setzt man wieder $x_i = \lambda_i q_i - k_i$, so folgt

$$q_i = \frac{1}{\lambda_i}\, x_i + \frac{1}{\lambda_i}\, k_i \to q = \lim_{i \to \infty} \frac{1}{\lambda_i}\, k_i \quad \text{wegen} \quad \frac{1}{\lambda_i}\, x_i \to \Theta_E \ ,$$

woraus sich wegen der Abgeschlossenheit von K und $\dfrac{1}{\lambda_i} k_i \in K$ für alle i notwendig

$q \in K$ und somit wegen (2.2) $q = \Theta_E$ ergibt, ein Widerspruch gegen $\Theta_E \notin Q$. Damit kann der Fall β) nicht eintreten.   ∎

Ist E endlich-dimensional, so läßt sich der Satz 2.1 noch verschärfen zu

Satz 2.2 Seien K_1 und K_2 zwei nichtleere abgeschlossene konvexe Kegel in E (mit $\dim E < + \infty$) derart, daß gilt

$$K_1 \cap K_2 = \{\Theta_E\}. \tag{2.4}$$

Dann ist

$$K_1 - K_2 = \{k_1 - k_2 : k_1 \in K_1 \text{ und } k_2 \in K_2\} \tag{2.5}$$

ein nichtleerer abgeschlossener konvexer Kegel in E.

B e w e i s. Daß $K_1 - K_2$ ein konvexer Kegel ist, ist wieder leicht einzusehen. Zum Beweis der Abgeschlossenheit von $K_1 - K_2$ wird wieder ein Element $k \in \overline{K_1 - K_2} =$ abgeschlossene Hülle von $K_1 - K_2$ betrachtet und dazu zwei Folgen $\{k_i^1\}$, $k_i^1 \in K_1$, und $\{k_i^2\}$, $k_i^2 \in K_2$ mit $k = \lim\limits_{i \to \infty} k_i^1 - k_i^2$.

Je nachdem, ob die Folge $\{k_i^1\}$ beschränkt ist oder nicht, läßt sich jetzt der Beweis in Analogie zum Beweis von Satz 2.1 zu Ende führen (Übung).   ∎

2.2 Adjungierte Kegel

Sei E ein halbgeordneter normierter Vektorraum mit K als nichtleerem konvexen Ordnungskegel. Nach Abschn. 1.2 wird dann in E^* vermöge der Definition (1.14) eine Ordnungsrelation induziert, deren Ordnungskegel durch

$$K^* = \{x^* \in E^* : x^*(x) \geqslant 0 \text{ für alle } x \in K\} \tag{2.6}$$

gegeben ist und zu K a d j u n g i e r t e r   K e g e l genannt wird. Der folgende Satz spielt in der Dualitätstheorie linearer Optimierungsprobleme eine zentrale Rolle (vgl. dazu I Abschn. 4).

Satz 2.3 Sei K ein nichtleerer abgeschlossener konvexer Kegel in E und $x_0 \in E$ ein beliebiger Punkt. Dann gilt

$$x_0 \in K \Longleftrightarrow x^*(x_0) \geqslant 0 \qquad \text{für alle } x^* \in K^*. \tag{2.7}$$

B e w e i s. Die Implikation „$\Rightarrow$" ist eine direkte Folge der Definition (2.6) von K^*. Zum Beweis von „$\Leftarrow$" nehmen wir an, es sei $x_0 \notin K$. Dann gibt es nach dem Trennungssatz 2 in Abschn. 3.2 ein $x_0^* \in E^*$ mit

$$0 \leqslant \alpha = \sup_{x \in K} x_0^*(x) < x_0^*(x_0).$$

Wäre $x_0^*(x) > 0$ für ein $x \in K$, so wäre $\alpha = +\infty$, was nicht möglich ist. Daher ist $\alpha = 0$. Setzt man $x_1^* = -x_0^*$, so ist $x_1^*(x) \geqslant 0$ für alle $x \in K$, mithin $x_1^* \in K^*$. Es ist jedoch $x_1^*(x_0) < 0$, d.h. die rechte Aussage in (2.7) gilt nicht. Die Implikation „$\Leftarrow$" folgt daher durch Kontraposition. ∎

Aufgabe 2.1 Man beweise für zwei nichtleere konvexe Kegel K_1 und K_2 in E die Aussagen

$$K_1 \supseteq K_2 \quad \Rightarrow K_1^* \subseteq K_2^*, \tag{2.8}$$

$$(K_1 + K_2)^* = K_1^* \cap K_2^*, \tag{2.9}$$

$$(K_1 \cap K_2)^* \supseteq K_1^* + K_2^*. \tag{2.10}$$

Durch die Halbordnung (1.14) in E^* wird in E^{**} wiederum eine Halbordnung induziert, deren Ordnungskegel gegeben ist durch

$$K^{**} = \{x^{**} \in E^{**} : x^{**}(x^*) \geqslant 0 \text{ für alle } x^* \in K^*\}. \tag{2.11}$$

Bezeichnet man wieder mit Φ den kanonischen Isomorphismus von E in E^{**} (vgl. Abschn. 1.2), so folgt $\Phi(K) \subseteq K^{**}$. Für jedes $x \in K$ gilt nämlich

$$\Phi_x(x^*) = x^*(x) \geqslant 0 \qquad \text{für alle } x^* \in K^*, \quad \text{d.h. } \Phi_x \in K^{**}.$$

Aufgabe 2.2 Sei E reflexiv und halbgeordnet mit konvexem Ordnungskegel K. Man zeige unter Verwendung von Satz 2.3

$$K \text{ abgeschlossen} \Longleftrightarrow \Phi(K) = K^{**}. \tag{2.12}$$

B e m e r k u n g. Die Implikation „$\Rightarrow$" wurde implizit bei der doppelten Dualisierung eines linearen Optimierungsproblems in I Abschn. 4.1 benutzt.

Aufgabe 2.3 Sei E endlich-dimensional, und seien K_1 und K_2 zwei nichtleere abgeschlossene konvexe Kegel in E mit $K_1 \cap (-K_2) = \{\Theta_E\}$. Unter Verwendung von (2.9), (2.10), (2.12) und Satz 2.2 zeige man

$$\Phi(K_1 + K_2) = (K_1^* \cap K_2^*)^* = K_1^{**} + K_2^{**}. \tag{2.13}$$

Nun sei $E = \mathbf{R}^n$, versehen mit der euklidischen Norm $\|x\|_2 = \langle x, x\rangle^{1/2}$.

Nach Abschn. 1.2 gibt es zu jedem $x^* \in E^*$ genau ein $\hat{x}^* \in \mathbf{R}^n$ mit $x^*(x) = \langle \hat{x}^*, x\rangle$ für alle $x \in \mathbf{R}^n$, und die Abbildung $x^* \to \hat{x}^*$ ist ein normtreuer Isomorphismus von E^*

auf $\mathbf{R}^n$. Ist K ein nichtleerer konvexer Kegel in E und K* der durch (2.6) definierte zu K adjungierte Kegel, so wird K* bei der Abbildung $x^* \to \hat{x}^*$ umkehrbar eindeutig auf den Kegel

$$K^\circ = \{\hat{k}^* \in \mathbf{R}^n : \langle \hat{k}^*, k \rangle \geqslant 0 \text{ für alle } k \in K\} \tag{2.14}$$

in $\mathbf{R}^n$ abgebildet.

Der Kegel

$$- K^\circ = \{\hat{k}^* \in \mathbf{R}^n : \langle \hat{k}^*, k \rangle \leqslant 0 \text{ für alle } k \in K\}$$

wird als der zu K p o l a r e   K e g e l bezeichnet (vgl. Fig. IV 2.1).

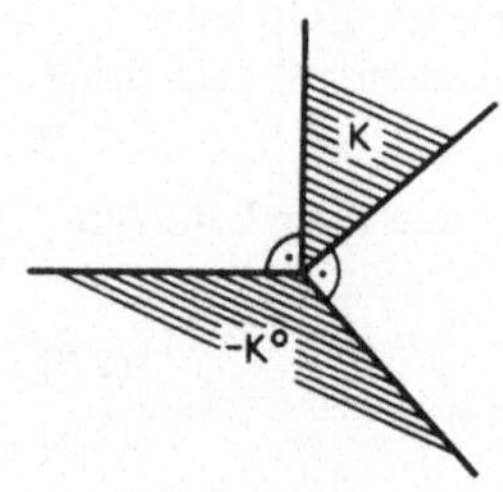

Fig. IV 2.1   Der polare Kegel
$-K^\circ$ von K (in der
Ebene)

Analog zu (2.8), (2.9), (2.10) gelten die Aussagen

$$K_1 \supseteq K_2 \quad \Rightarrow K_1^\circ \subseteq K_2^\circ, \tag{2.8'}$$

$$(K_1 + K_2)^\circ = K_1^\circ \cap K_2^\circ, \tag{2.9'}$$

$$(K_1 \cap K_2)^\circ \supseteq K_1^\circ + K_2^\circ, \tag{2.10'}$$

wenn K_1 und K_2 zwei nichtleere konvexe Kegel in $E = \mathbf{R}^n$ sind, und für jeden konvexen Kegel K in $\mathbf{R}^n$ gilt analog zu (2.12) die Aussage (Beweis = Übung)

$$K \text{ abgeschlossen} \Longleftrightarrow K = K^{\circ\circ}. \tag{2.12'}$$

2.3 Darstellung positiver Linearformen auf Vektorräumen stetiger Funktionen

Sei C(M) der Vektorraum der stetigen reellwertigen Funktionen auf einer kompakten Teilmenge M eines normierten Vektorraumes. $F = C(M)$ sei versehen mit der Maximum-Norm

$$\|g\|_\infty = \max_{t \in M} |g(t)|, \, g \in F,$$

und in natürlicher Weise halbgeordnet durch

$$f, g \in F, f \geqslant g \Longleftrightarrow f(t) \geqslant g(t) \qquad \text{für alle } t \in M. \tag{2.15}$$

Eine Linearform $L : F \to \mathbf{R}$ (vgl. Abschn. 1.2) heißt p o s i t i v, falls gilt

$$f \in F, f \geqslant \Theta_F (= \text{Nullfunktion}) \Rightarrow L(f) \geqslant 0.$$

Lemma 2.4 Jede positive Linearform L auf F = C(M) ist stetig, d.h. es gilt $L \geqslant \Theta_{F*}$ im Sinne der durch (1.14) definierten Halbordnung von F* = topologischer Dualraum von F.

B e w e i s. Sei $e \equiv 1$ auf M. Dann folgt für jedes $f \in F$

$$-\|f\|_\infty \, e \leqslant f \leqslant \|f\|_\infty \, e \Rightarrow -\|f\|_\infty \, L(e) \leqslant L(f) \leqslant \|f\|_\infty \, L(e),$$

d.h. $|L(f)| \leqslant L(e) \, \|f\|_\infty$. Nach Satz 1.2 ist L somit stetig. ∎

Überdies folgt für die Norm von L (vgl. (1.9)) (Beweis = Übung)

$$\|L\| = \sup_{\|f\|_\infty \leqslant 1} |L(f)| = L(e).$$

Weiterhin gibt es zu jeder positiven Linearform L auf F genau ein reguläres Borelmaß μ derart, daß für alle $f \in F$ gilt $L(f) = \int_M f(t)\,d\mu(t)$ (zum Beweis vgl. z.B. H a l m o s [51]).

Ist M ein endliches reelles Intervall [a, b] (a < b), so gibt es nach dem Satz von R i e s z (vgl. z.B. L j u s t e r n i k / S o b o l e w [68]) zu jeder positiven Linearform L auf F eine beschränkte, monoton nicht fallende Funktion g auf [a, b], so daß für jedes $f \in F$ der Wert L(f) gegeben ist durch das Riemann-Stieltjes-Integral $L(f) = \int_a^b f(t)\,dg(t)$.

Nun sei V ein endlich-dimensionaler linearer Teilraum von C(M), der aufgespannt werde von den Funktionen $v_1, \ldots, v_n \in C(M)$.
Eine Linearform $L : V \rightarrow \mathbf{R}$ heißt p o s i t i v, wenn gilt

$$v \in V, v \geqslant \Theta_F \Rightarrow L(v) \geqslant 0.$$

Das Ziel der folgenden Betrachtungen ist ein Darstellungssatz für positive Linearformen auf V. Dazu benötigen wir die folgende

V o r a u s s e t z u n g. Es gebe ein $\hat{v} \in V$ mit $\hat{v}(t) > 0$ für alle $t \in M$. (2.16)

Lemma 2.5 Unter der Voraussetzung (2.16) ist jede positive Linearform $L : V \rightarrow \mathbf{R}$ stetig.

B e w e i s. Setzt man $\hat{\rho} = \min_{t \in M} \hat{v}(t)$, so ist $\hat{\rho} > 0$, und für jedes $v \in V$ gilt

$$-\|v\|_\infty \, \frac{\hat{v}}{\hat{\rho}} \leqslant v \leqslant \|v\|_\infty \, \frac{\hat{v}}{\hat{\rho}} \Rightarrow -\|v\|_\infty \, \frac{L(\hat{v})}{\hat{\rho}} \leqslant L(v) \leqslant \|v\|_\infty \, \frac{L(\hat{v})}{\hat{\rho}},$$

d.h. $|L(v)| \leqslant \dfrac{L(\hat{v})}{\hat{\rho}} \, \|v\|_\infty$,

woraus nach Satz 1.2 wieder die Stetigkeit von L folgt. ∎

Zur Gewinnung des gesuchten Darstellungssatzes gehen wir aus von der Menge

$$C = \{(v_1(t), \ldots, v_n(t))^T : t \in M\} \subseteq \mathbf{R}^n,$$

die als stetiges Bild von M unter der Abbildung $t \rightarrow (v_1(t), \ldots, v_n(t))^T$ von M in $\mathbf{R}^n$ kompakt ist. Nach Satz 3.2 ist die konvexe Hülle Q = H(C) von C ebenfalls kompakt in $\mathbf{R}^n$, und nach Satz 2.1 ist der von Q erzeugte konvexe Kegel $K(Q) = \{\lambda q : \lambda \geq 0,$ $q \in Q\}$ abgeschlossen, da $\Theta_n \notin Q$ ist. Wäre nämlich $\Theta_{n+1} \in Q$, so gäbe es Zahlen

$$\lambda_1 \geq 0, \ldots, \lambda_m \geq 0 \qquad \text{mit } \sum_{i=1}^{m} \lambda_i = 1$$

und Punkte $t_1, \ldots, t_m \in M$ mit

$$\left. \begin{array}{l} \sum_{i=1}^{m} v_j(t_i)\lambda_i = 0, \\[2mm] j = 1, \ldots, n \end{array} \right\} \Rightarrow \sum_{i=1}^{m} v(t_i)\lambda_i = 0 \qquad \text{für alle } v \in V.$$

Wählt man $v = \hat{v}$ mit (2.16), so müssen notwendig alle $\lambda_i = 0$ sein, ein Widerspruch gegen $\sum_{i=1}^{m} \lambda_i = 1$. Damit ist $\Theta_n \notin Q$.

Nach Satz 2.3 und Abschn. 1.2, Beispiel 3 gilt die Äquivalenzaussage

$$h \in K(Q) \Longleftrightarrow \langle x, h \rangle = \sum_{j=1}^{n} x_j h_j \geq 0 \qquad \text{für alle } x \in \mathbf{R}^n \tag{2.17}$$

$$\text{mit } \langle x, k \rangle \geq 0 \text{ für alle } k \in K(Q).$$

Aufgabe 2.4 Man beweise die Äquivalenz

$$\langle x, k \rangle \geq 0 \text{ für alle } k \in K(Q) \Longleftrightarrow \langle x, c \rangle \geq 0 \text{ für alle } c \in C. \tag{2.18}$$

Aus (2.17) und (2.18) erhalten wir also

$$h \in K(Q) \Longleftrightarrow \{\langle x, c \rangle \geq 0 \text{ für alle } c \in C \Rightarrow \langle x, h \rangle \geq 0\}. \tag{2.19}$$

Nun sei $L : V \to \mathbf{R}$ eine positive Linearform; dann gilt die Implikation

$$\sum_{j=1}^{n} v_j(t)x_j \geq 0 \text{ für alle } t \in M \Rightarrow \sum_{j=1}^{n} L(v_j)x_j \geq 0. \tag{2.20}$$

Definiert man $h = (L(v_1), \ldots, L(v_n))^T$, so ist nach Definition von C die Aussage (2.20) gleichbedeutend mit der Implikation

$$\langle x, c \rangle \geq 0 \text{ für alle } c \in C \Rightarrow \langle x, h \rangle \geq 0,$$

und aus dieser folgt $h \in K(Q)$, d.h. es existieren Zahlen $\lambda_1 \geq 0, \ldots, \lambda_m \geq 0$ und Punkte $t_1, \ldots t_m \in M$ mit

$$\left. \begin{array}{l} L(v_j) = \sum_{i=1}^{m} \lambda_i v_j(t_i) \\[2mm] \text{für } j = 1, \ldots, n \end{array} \right\} \Rightarrow L(v) = \sum_{i=1}^{m} \lambda_i v(t_i) \qquad \text{für alle } v \in V.$$

Wählt man umgekehrt Punkte $t_1, \ldots, t_m \in M$ und Zahlen $\lambda_1 \geq 0, \ldots, \lambda_m \geq 0$ und definiert

$$L(v) = \sum_{i=1}^{m} \lambda_i v(t_i) \qquad \text{für alle } v \in V, \tag{2.21}$$

so ist $L : V \to \mathbf{R}$ eine positive Linearform. Insgesamt erhalten wir also als D a r s t e l -
l u n g s s a t z den

Satz 2.6 Jede positive Linearform L auf V ist unter der Annahme (2.16) darstellbar in
der Form (2.21), wobei $t_1, \ldots, t_m \in M$ verschiedene Punkte und $\lambda_1, \ldots, \lambda_m$ nicht-
negative Zahlen sind.

Hieraus ergibt sich die

F o l g e r u n g . Jedes $L \in V^*$ (= topologischer Dualraum von V) mit $L \geqslant \Theta_{V*}$ ist
unter der Annahme (2.16) darstellbar in der Form (2.21) mit verschiedenen Punkten
$t_1, \ldots, t_m \in M$ und nichtnegativen Zahlen $\lambda_1, \ldots, \lambda_m$.

2.4 Darstellung stetiger Linearformen auf Vektorräumen stetiger Funktionen

Wir legen wieder den Vektorraum C(M) der stetigen reellwertigen Funktionen auf einer
kompakten Teilmenge M eines normierten Vektorraumes zugrunde. F = C(M) sei wiederum mit der Maximum-Norm versehen und in natürlicher Weise durch (2.15) halbgeordnet.

Für die stetigen Linearformen auf F (vgl. Abschn. 1.2) gilt dann der folgende Z e r -
l e g u n g s s a t z (vgl. R o y d e n [71]).

Satz 2.7 Zu jedem $L \in F^*$ (= topologischer Dualraum von F) gibt es zwei positive
(und somit nach Lemma 2.4 stetige) Linearformen L^+ und L^- mit

$$L(f) = L^+(f) - L^-(f) \qquad \text{für alle } f \in F = C(M) \tag{2.22}$$

$$\text{und} \qquad \|L\| = \sup_{\|f\|_\infty \leqslant 1} |L(f)| = L^+(e) + L^-(e) \tag{2.23}$$

mit $e \equiv 1$.

Hat man umgekehrt zwei positive Linearformen L_1, L_2 auf F, so ist nach Lemma 2.4
durch $L = L_1 - L_2$ eine stetige Linearform auf F gegeben, und es gilt weiter

$$\|L\| \leqslant \|L_1\| + \|L_2\| = L_1(e) + L_2(e). \tag{2.24}$$

Die Darstellung (2.22) von L als Differenz zweier positiver Linearformen L^+ und L^-
auf F ist also in dem Sinne minimal, daß dabei $L^+(e) + L^-(e) = \|L^+\| + \|L^-\|$ minimal
ausfällt.

Durch einen Darstellungssatz für positive Linearformen auf F gewinnt man weiter so-
fort einen solchen für stetige Linearformen.

Ist z.B. M ein reelles Intervall, so läßt sich nach Abschn. 2.3 jede positive Linearform L
auf F als Riemann-Stieltjes-Integral darstellen, d.h., es gilt

$$L(f) = \int_a^b f(t)\, dg(t) \qquad \text{für alle } f \in F,$$

wobei g eine beschränkte monoton nicht fallende Funktion ist. Unter Anwendung von
Satz 2.7 ergibt sich hieraus der

Darstellungssatz von Riesz Zu jedem $L \in F^*$ gibt es zwei beschränkte, monoton nicht fallende Funktionen $g^+ = g^+(t)$ und $g^- = g^-(t)$ derart, daß gilt

$$L(f) = \int_a^b f(t)\,dg(t) \qquad \text{für alle } f \in F$$

mit $\qquad g(t) = g^+(t) - g^-(t), \qquad t \in [a, b],$

und es ist weiter

$$\|L\| = \sup_{\|f\| \leqslant 1} |L(f)| = \int_a^b dg^+(t) + \int_a^b dg^-(t)$$

$$= g^+(b) + g^-(b) - g^+(a) - g^-(a).$$

Es lassen sich aus Satz 2.7 aber auch Darstellungssätze für stetige Linearformen auf linearen Teilräumen von F aus solchen für positive Linearformen gewinnen, was besonders wichtig ist für endlich-dimensionale Teilräume von F. Hier gilt zunächst

Satz 2.8 Sei V ein r-dimensionaler linearer Teilraum von $F = C(M)$ und V^* der topologische Dualraum von V (vgl. Abschn. 1.2). Dann gibt es zu jedem $y^* \in V^*$, $y^* \neq \Theta_{V^*}$, verschiedene Punkte $t_1, \ldots, t_s \in M$ und Zahlen $y_1, \ldots, y_s \in \mathbf{R}$ mit

$$y^*(v) = \sum_{i=1}^s y_i v(t_i) \qquad \text{für alle } v \in V \tag{2.25}$$

und $\qquad \|y^*\|_V = \sup_{\substack{v \in V \\ \|v\| \leqslant 1}} |y^*(v)| = \sum_{i=1}^s |y_i| > 0. \tag{2.26}$

B e w e i s. Nach dem Satz von Hahn-Banach (vgl. z.B. K ö t h e [66]) gibt es zu jedem $y^* \in V^*$ eine normtreue Fortsetzung auf ganz F, d.h. ein $L \in F^*$ mit $L(v) = y^*(v)$ für alle $v \in V$ und $\|L\| = \|y^*\|_V$. Daraus folgt für jeden linearen Teilraum W von F, der V enthält, ebenfalls

$$\|L\| = \|L\|_W = \sup_{\substack{w \in W \\ \|w\| \leqslant 1}} |L(w)| \tag{2.27}$$

(Beweis = Übung). Sei insbesondere W der lineare Teilraum von F, der von V und $e \equiv 1$ aufgespannt wird. Nach Satz 2.7 gibt es dann zwei positive Linearformen L^+ und L^- auf F mit (2.22) und (2.23). Diese sind dann auch auf W positiv, und nach Satz 2.6 gibt es daher Punkte $t_1^k, \ldots, t_{s_k}^k \in M$, die für festes k untereinander verschieden sind, und Zahlen $\lambda_1^k > 0, \ldots, \lambda_{s_k}^k > 0$ für $k = +, -$ derart, daß gilt

$$L^k(w) = \sum_{i=1}^{s_k} \lambda_i^k w(t_i^k) \qquad \text{für alle } w \in W.$$

Mit (2.23) und (2.27) ergibt sich hieraus weiter

$$\sum_{i=1}^{s_+} \lambda_i^+ + \sum_{i=1}^{s_-} \lambda_i^- = L^+(e) + L^-(e) = \sup_{\substack{w \in W \\ \|w\| \leqslant 1}} \left| \sum_{i=1}^{s_+} \lambda_i^+ w(t_i^+) - \sum_{i=1}^{s_-} \lambda_i^- w(t_i^-) \right|. \tag{2.28}$$

Da die Einheitskugel $\{w \in W : \|w\| \leqslant 1\}$ kompakt ist, wird das Supremum auch für ein $\hat{w} \in W$, $\|\hat{w}\| \leqslant 1$ angenommen, was nur möglich ist, wenn gilt

$$\hat{w}(t_i^+) = 1 \quad \forall i = 1, \ldots, s_+ \quad \text{und} \quad \hat{w}(t_i^-) = -1 \quad \forall i = 1, \ldots, s_- .$$

Daraus folgt, daß alle t_i^k untereinander verschieden sind. Definiert man

$$t_i = t_i^+ \quad \text{und} \quad y_i = \lambda_i^+ \qquad \text{für } i = 1, \ldots, s_+$$

sowie $\quad t_{i+s_+} = t_i^- \quad$ und $\quad y_{i+s_+} = -\lambda_i^- \qquad$ für $i = 1, \ldots, s_-$,

so sind (2.25) und (2.26) für $s = s_+ + s_-$ erfüllt. ■

Die Aussage von Satz 2.8 läßt sich noch verschärfen zu dem

Korollar In Satz 2.8 ist $s \leqslant r$ wählbar.

B e w e i s. Sei $y^* \in V^*$ mit $y^* \neq \Theta_{V^*}$ vorgegeben. Dann gibt es eine Darstellung (2.25), die mit der Aussage

$$\sum_{i=1}^{s} v_j(t_i) y_i = y^*(v_j), \qquad j = 1, \ldots, r, \tag{2.29}$$

gleichbedeutend ist, wobei $v_1, \ldots, v_r$ eine Basis von V bezeichnet. Mit y^* sind die rechten Seiten von (2.29) fest vorgegeben, und dieses lineare Gleichungssystem hat eine nichttriviale Lösung $y_1, \ldots, y_s$. Wir nehmen o.B.d.A. an, daß alle $y_i \neq 0$ sind. Sind die Spaltenvektoren $(v_1(t_i), \ldots, v_r(t_i))^T$, $i = 1, \ldots, s$, linear unabhängig, so ist notwendig $s \leqslant r$ und nichts mehr zu zeigen. Andernfalls gibt es Zahlen $z_1, \ldots, z_s \in \mathbf{R}$, die nicht sämtlich verschwinden, derart, daß gilt

$$\sum_{i=1}^{s} v_j(t_i) z_i = 0, \qquad j = 1, \ldots, r.$$

Wir können weiterhin o.B.d.A. annehmen, daß es ein $z_i \neq 0$ gibt mit $y_i z_i < 0$. Wählt man dann

$$\lambda = \min_{z_i \neq 0} \left| \frac{y_i}{z_i} \right|,$$

so folgt

$$y_i > 0 \Rightarrow \begin{cases} y_i + \lambda z_i > 0 & \text{für } z_i \geqslant 0, \\[2mm] y_i + \lambda z_i = y_i - \lambda |z_i| \geqslant y_i - \dfrac{y_i}{|z_i|} |z_i| = 0 & \text{für } z_i < 0 \end{cases}$$

und

$$y_i < 0 \Rightarrow \begin{cases} y_i + \lambda z_i < 0 & \text{für } z_i \leqslant 0, \\[2mm] y_i + \lambda z_i = -|y_i| + \lambda z_i \leqslant -|y_i| + \dfrac{|y_i|}{z_i} z_i = 0 & \text{für } z_i > 0. \end{cases}$$

Weiterhin ist für mindestens ein $i = 1, \ldots, s$ ein $y_i + \lambda z_i = 0$, und die von Null verschiedenen $y_i^* = y_i + \lambda z_i$ bilden ebenfalls eine Lösung von (2.29) mit sgn $y_i^* = $ sgn y_i, die weniger als s von Null verschiedene Komponenten hat.

Dieser Prozeß kann unter Umständen fortgesetzt werden, und zwar so lange, wie die zugehörigen Spaltenvektoren $(v_1(t_i), \dots, v_r(t_i))^T$ linear abhängig sind. Er bricht nach endlich vielen Schritten ab mit einem Vektor $(y_{i_1}^*, \dots, y_{i_p}^*)$, mit $p \leq r$, dessen sämtliche Komponenten von Null verschieden sind und den folgenden Bedingungen genügen:

$$\text{sgn } y_{i_k}^* = \text{sgn } y_{i_k}, \qquad k = 1, \dots, p,$$

wobei die y_i die Bedingungen (2.25), (2.26) erfüllen, und

$$y^*(v) = \sum_{k=1}^{p} y_{i_k}^* \, v(t_{i_k}) \qquad \text{für alle } v \in V.$$

Da $\{v \in V : \|v\| \leq 1\}$ kompakt ist, wird das Supremum in (2.26) für ein $\hat{v} \in V$ mit $\|\hat{v}\| \leq 1$ angenommen, was nur möglich ist für

$$\hat{v}(t_i) = \text{sgn } y_i \qquad \text{für } i = 1, \dots, r,$$

was $\hat{v}(t_{i_k}) = \text{sgn } y_{i_k}^* \qquad \text{für } k = 1, \dots, p$

und somit

$$\|y^*\|_V = \sum_{k=1}^{p} |y_{i_k}^*|$$

impliziert.   ∎

3 Konvexe Mengen

3.1 Algebraische und topologische Eigenschaften

Ist E ein Vektorraum über **R**, so heißt eine Teilmenge C von E nach Abschn. 1.1 k o n - v e x, wenn gilt

$$x, y \in C, 0 \leq \lambda \leq 1 \quad \Rightarrow \quad \lambda x + (1 - \lambda)y \in C, \tag{3.1}$$

d.h., wenn mit je zwei Punkten x, y auch deren abgeschlossene Verbindungsstrecke

$$[x, y] = \{\lambda x + (1 - \lambda)y : 0 \leq \lambda \leq 1\} \tag{3.2}$$

zu C gehört.

Beispiele 1. Die leere Menge ist konvex.

2. Für je zwei Punkte $x, y \in E$ sind $[x, y]$ und für $x \neq y$ die offene Verbindungsstrecke

$$]x, y[\, = \{\lambda x + (1 - \lambda)y : 0 < \lambda < 1\}$$

von x und y konvex.

3. Ist E ein normierter Vektorraum, $x \in E$ und $\rho > 0$, so ist die offene bzw. abgeschlossene Kugel

$$\overset{\circ}{K}(x, \rho) = \{y \in E : \|y - x\| < \rho\}$$

$$\text{bzw.} \quad K(x, \rho) = \{y \in E : \|y - x\| \leqslant \rho\}$$

(3.3)

um x vom Radius ρ konvex.

4. Ist $x^* : E \to \mathbf{R}$ eine nichttriviale Linearform auf dem Vektorraum E (vgl. Abschn. 1.2) und $\alpha \in \mathbf{R}$, so ist die sog. Hyperebene

$$H = \{x \in E : x^*(x) = \alpha\}$$

konvex und allgemeiner jede lineare Mannigfaltigkeit in E (vgl. Abschn. 3.2) sowie die durch H definierten sog. Halbräume

$$R^+ = \{x \in E : x^*(x) \geqslant \alpha\} \quad \text{und} \quad R^- = \{x \in E : x^*(x) \leqslant \alpha\}.$$

Sei A eine nichtleere Teilmenge von E, und H(A) sei die Menge aller Elemente $x \in E$, die sich darstellen lassen in der Form

$$x = \sum_{i \in I} \lambda_i a_i, \qquad \lambda_i \geqslant 0,\ a_i \in A \text{ für alle } i \in I,\ \sum_{i \in I} \lambda_i = 1$$

(3.4)

mit einer passenden, von x abhängenden endlichen Indexmenge I.

Jedes solche $x \in H(A)$ heißt **K o n v e x k o m b i n a t i o n** von Elementen aus A.

B e h a u p t u n g. H(A) ist die kleinste konvexe Obermenge von A (und heißt daher auch die **k o n v e x e H ü l l e** von A).

B e w e i s. Offenbar gilt $A \subseteq H(A)$. Weiterhin ist H(A) konvex (Beweis = Übung), und H(A) ist offenbar in jeder konvexen Obermenge von A enthalten, was den Beweis vollendet. ∎

Damit ist eine Teilmenge A eines linearen Vektorraumes genau dann konvex, wenn gilt $A = H(A)$, was mit der folgenden Implikation gleichbedeutend ist:

$$m \in \mathbf{N} \quad a_i \in A, \quad \lambda_i \geqslant 0, \quad i = 1, \ldots, m, \quad \sum_{i=1}^{m} \lambda_i = 1 \Rightarrow \sum_{i=1}^{m} \lambda_i a_i \in A.$$

(3.5)

Aufgabe 3.1. a) Man zeige durch vollständige Induktion direkt, daß A genau dann konvex ist, wenn (3.5) gilt.

b) Man zeige, daß jeder Durchschnitt beliebig vieler konvexer Mengen konvex ist.

c) Man zeige: 1. Sind A und B konvex und $\lambda, \mu \in \mathbf{R}$, so ist auch die Menge $\lambda A + \mu B = \{\lambda x + \mu y : x \in A, y \in B\}$ konvex.

2. Ist A konvex und $\lambda, \mu \geqslant 0$, so gilt

$$(\lambda + \mu)A = \lambda A + \mu A \quad \text{mit } \rho A = \{\rho x : x \in A\}.$$

Satz 3.1 Die abgeschlossene Hülle $\overline{A}$ einer konvexen Teilmenge A eines normierten Vektorraumes E ist ebenfalls konvex.

Aufgabe 3.2 Man beweise diesen Satz.

Die konvexe Hülle H(A) einer abgeschlossenen Teilmenge eines normierten Vektorraumes E ist im allgemeinen nicht abgeschlossen, wie das folgende Gegenbeispiel zeigt: $E = \mathbf{R}^2$ versehen mit irgendeiner Norm.

$$A = \{\Theta_2\} \cup \{(x_1, x_2) : x_1 x_2 \geq 1\}$$

ist abgeschlossen,

$$H(A) = \{\Theta_2\} \cup \{(x_1, x_2) : x_1 > 0, x_2 > 0\}$$

ist nicht abgeschlossen (vgl. Fig. IV 3.1).

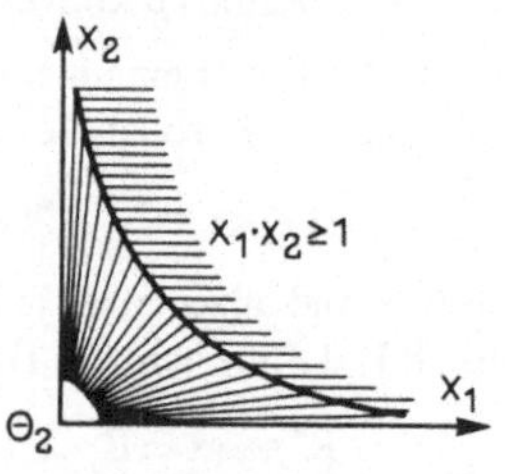

Fig. IV 3.1 Beispiel einer nicht-
abgeschlossenen konvexen
Hülle einer abgeschlossenen
Menge

Ist E endlich-dimensional, so gilt der

Satz von Carathéodory Ist dim $E \leq n$ und A eine nichtleere Teilmenge von E, so ist jedes Element aus der konvexen Hülle H(A) darstellbar als Konvexkombination (3.4) von höchstens $n + 1$ Elementen aus A.

Zum Beweis vgl. z.B. C o l l a t z / K r a b s [73].

Eine wichtige Folgerung aus dem Satz von Carathéodory ist

Satz 3.2 Sei E ein endlich-dimensionaler normierter Vektorraum über $\mathbf{R}$ und A eine nichtleere kompakte Teilmenge von E. Dann ist die konvexe Hülle H(A) von A ebenfalls kompakt.

Zum Beweis vgl. ebenfalls C o l l a t z / K r a b s [73].

In unendlich-dimensionalen Räumen würde nach einem Satz von Mazur nur folgen, daß H(A) relativ kompakt ist (d.h. $\overline{H(A)}$ ist kompakt), wenn A kompakt ist (vgl. dazu z.B. C o l l a t z [68]).

Satz 3.3 Sei A eine konvexe Teilmenge eines normierten Vektorraumes. Für jedes $x_0 \in \overset{\circ}{A} =$ Inneres von A und $x \in \overline{A}$ mit $x \neq x_0$ gilt dann

$$]x_0, x[= \{\lambda x + (1 - \lambda) x_0 : 0 < \lambda < 1\} \subseteq \overset{\circ}{A}. \tag{3.6}$$

Zum Beweis vgl. z.B. V a l e n t i n e [68].

Als unmittelbare Folgerung aus Satz 3.3 ergibt sich

Satz 3.4 Ist A eine konvexe Teilmenge eines normierten Vektorraumes, so ist das Innere $\overset{\circ}{A}$ von A ebenfalls konvex.

Korollar Die konvexe Hülle einer offenen Teilmenge eines normierten Vektorraumes ist ebenfalls offen.

Aufgabe 3.3 Man beweise dieses Korollar.

3.2 Trennungssätze

Sei X ein normierter Vektorraum über $\mathbf{R}$. Eine Teilmenge A von X heißt l i n e a r e
M a n n i g f a l t i g k e i t, wenn gilt

$$x, y \in A, \lambda \in \mathbf{R} \quad \Rightarrow \quad \lambda x + (1 - \lambda)y \in A.$$

Ist $x^* : X \to \mathbf{R}$ eine nichttriviale Linearform und $\alpha \in \mathbf{R}$, so ist

$$H = \{x \in X : x^*(x) = \alpha\} \tag{3.7}$$

eine lineare Mannigfaltigkeit und heißt H y p e r e b e n e.

Es läßt sich zeigen, daß jede Hyperebene eine maximale lineare Mannigfaltigkeit ist,
d.h., es gilt

$$A = \text{lin. Mannigf.,} \ A \supseteq H \quad \Rightarrow \quad A = H \quad \text{oder} \quad A = X.$$

Weiterhin ist eine Hyperebene H der Form (3.7) abgeschlossen, wenn x^* stetig ist
(Beweis = Übung). Beide Aussagen lassen sich auch umkehren, d.h. eine lineare Mannigfaltigkeit H in X ist genau dann maximal und abgeschlossen, wenn sie von der Form
(3.7) ist mit $x^* \in X^* =$ topologischer Dualraum von X und $x^* \neq \Theta_{X^*}$.

Definition Zwei Teilmengen A und B werden durch eine Hyperebene H der Form (3.7)
getrennt, wenn gilt

$$x^*(x) \leqslant \alpha \leqslant x^*(y) \qquad \text{für alle } x \in A \text{ und } y \in B. \tag{3.8}$$

Trennungssatz 1 Seien A und B zwei nichtleere konvexe Teilmengen mit leerem
Durchschnitt. Sei ferner das Innere $\overset{\circ}{B}$ von B nichtleer. Dann gibt es eine abgeschlossene
Hyperebene H der Form (3.7) (d.h. mit $x^* \in X^*$), die A und B trennt, d.h., es gilt (3.8),
und weiterhin ist

$$\alpha < x^*(y) \qquad \text{für alle } y \in \overset{\circ}{B}.$$

Zum Beweis vgl. z.B. K ö t h e [66].

Trennungssatz 2 Sei A eine nichtleere konvexe abgeschlossene Teilmenge von X und
$x_0 \in X$ ein Punkt mit $x_0 \notin A$. Dann gibt es eine abgeschlossene Hyperebene H der Form
(3.7), die x_0 und A „strikt trennt", d.h., es gilt

$$\sup_{x \in A} \ x^*(x) < x^*(x_0).$$

Zum Beweis vgl. ebenfalls K ö t h e [66].

3.3 Schwache Konvergenz

Bei der Minimierung konvexer Funktionale (vgl. II Abschn. 2.1) spielt der Begriff der
schwachen Konvergenz im Zusammenhang mit Existenzaussagen eine wichtige Rolle.
Sei E ein normierter Vektorraum und E^* der topologische Dualraum von E (vgl. Abschn.
1.2).

Definition Eine Folge $\{x_k\}$, $x_k \in E$, heißt **s c h w a c h   k o n v e r g e n t** gegen ein $x \in E$, in Zeichen $x_k \rightharpoonup x$, wenn für alle $x^* \in E^*$ gilt $\lim_{k \to \infty} x^*(x_k) = x^*(x)$. x heißt **s c h w a c h e r   L i m e s** der Folge $\{x_k\}$.

E i g e n s c h a f t e n : a) Jede schwach konvergente Folge hat genau einen schwachen Limes.

b) Seien Folgen $\{x_k\}$, $x_k \in E$, $\{y_k\}$, $y_k \in E$, $\{\lambda_k\}$, $\lambda_k \in \mathbf{R}$, $\{\mu_k\}$, $\mu_k \in \mathbf{R}$, Punkte $x, y \in E$ und Zahlen $\lambda, \mu \in \mathbf{R}$ vorgegeben. Dann gilt

$$
\begin{aligned}
x_k \rightharpoonup x, \ y_k \rightharpoonup y, \\
\lambda_k \to \lambda, \mu_k \to \mu
\end{aligned}
\ \Rightarrow \ \lambda_k x_k + \mu_k y_k \rightharpoonup \lambda x + \mu y.
$$

c) Jede Teilfolge einer schwach konvergenten Folge konvergiert schwach gegen denselben Limes (Beweis von a) bis c) = Übung).

Lemma 3.5 Jede konvergente Folge in einem normierten Vektorraum E konvergiert schwach gegen denselben Limes. (Beweis = Übung).

Die Umkehrung von Lemma 3.5 ist im allgemeinen falsch, wie das folgende **G e g e n - b e i s p i e l** zeigt:

Sei $E = \ell_2 = $ Vektorraum aller reellen Zahlenfolgen $x = \{x^i\}$ mit $\sum_{i=1}^{\infty} |x^i|^2 < + \infty$ und elementweiser Addition und skalarer Multiplikation. ℓ_2 ist bekanntlich ein Hilbert-

Raum mit dem Skalarprodukt $\langle x, y \rangle = \sum_{i=1}^{\infty} x^i y^i$ (und der Norm $\|x\| = (\sum_{i=1}^{\infty} |x^i|^2)^{1/2}$).

Nach Satz 1.3 gibt es zu jedem $x^* \in E^* = \ell_2^*$ genau ein $x \in E$ mit $x^*(y) = \langle x, y \rangle$ für alle $y \in \ell_2$. Nun definieren wir in ℓ_2 eine Folge

$$e_k = \{\delta_k^i\} \qquad \text{mit } \delta_k^i = 0 \text{ für } i \neq k \text{ und } \delta_k^k = 1.$$

Dann ist $\|e_k\| = 1$ für alle k, d.h. sicher nicht $e_k \to \Theta_E$. Andererseits gilt für jedes $x \in \ell_2$ wegen $\langle x, e_k \rangle = x^k$, daß $\lim_{k \to \infty} \langle x, e_k \rangle = \lim_{k \to \infty} x^k = 0$ ist, was für jedes $x^* \in E^*$ $\lim_{k \to \infty} x^*(e_k)$ = 0 und somit $e_k \rightharpoonup \Theta_E$ impliziert. Es gilt jedoch

Lemma 3.6 Ist E ein endlich-dimensionaler normierter Vektorraum, so ist eine Folge in E genau dann schwach konvergent, wenn sie konvergent ist (Beweis = Übung).

Definition Eine Teilmenge A eines normierten Vektorraumes heißt **s c h w a c h f o l g e n a b g e s c h l o s s e n**, wenn gilt

$$x_k \rightharpoonup x, \qquad x_k \in A \Rightarrow x \in A.$$

Nach Lemma 3.5 ist eine schwach folgenabgeschlossene Teilmenge eines normierten Vektorraumes auch abgeschlossen. Die Umkehrung ist im allgemeinen falsch. Es gilt jedoch

Satz 3.7 Eine konvexe Teilmenge A eines normierten Vektorraumes E ist genau dann abgeschlossen, wenn sie schwach folgenabgeschlossen ist.

B e w e i s. Daß aus der schwachen Folgenabgeschlossenheit die Abgeschlossenheit folgt (sogar ohne Konvexität), haben wir bereits bemerkt.

Nun sei A abgeschlossen und konvex und $\{x_k\}$ eine Folge in A mit $x_k \rightharpoonup x$. Wäre $x \notin A$, so gäbe es nach dem Trennungssatz 2 in Abschn. 3.2 ein $x^* \in E^*$ mit

$$x^*(x_k) \leqslant \sup_{y \in A} x^*(y) < x^*(x) \qquad \text{für alle k,}$$

ein Widerspruch gegen $\lim_{k \to \infty} x^*(x_k) = x^*(x)$. Mithin ist $x \in A$. ∎

Definition Eine Teilmenge A eines normierten Vektorraumes heißt s c h w a c h f o l g e n k o m p a k t, wenn jede Folge in A eine schwach konvergente Teilfolge enthält, deren Limes zu A gehört. Gehört der Limes nicht zu A, so heißt A r e l a t i v s c h w a c h f o l g e n k o m p a k t.

Jede schwach folgenkompakte Teilmenge A eines normierten Vektorraumes ist schwach folgenabgeschlossen (Beweis = Übung). Ist A eine kompakte Teilmenge eines normierten Vektorraumes, so enthält jede Folge in A eine konvergente und nach Lemma 3.5 dann auch schwach konvergente Teilfolge, deren Limes ebenfalls zu A gehört. Damit erhalten wir

Satz 3.8 Eine kompakte Teilmenge eines normierten Vektorraumes ist auch schwach folgenkompakt.

Für Anwendungen wichtig (vgl. II Abschn. 2.1 und 2.3) ist

Satz 3.9 Jede beschränkte Teilmenge eines reflexiven Banachraumes (vgl. Abschn. 1.2) ist relativ schwach folgenkompakt.

Dabei heißt eine Teilmenge B eines normierten Vektorraumes E beschränkt, falls eine Zahl $b > 0$ existiert mit $\|x\| \leqslant b$ für alle $x \in B$.

Zum Beweis von Satz 3.9 vgl. z.B. G o l d s t e i n [66], S. 140.

Aus Satz 3.7 und Satz 3.9 ergibt sich

Satz 3.10 Jede abgeschlossene, konvexe und beschränkte Teilmenge eines reflexiven Banachraumes (z.B. eines Hilbertraumes) ist schwach folgenkompakt.

Aufgabe 3.4 Man zeige, daß in einem endlich-dimensionalen normierten Vektorraum eine Teilmenge genau dann abgeschlossen bzw. kompakt ist, wenn sie schwach folgenabgeschlossen bzw. schwach folgenkompakt ist, so daß in Satz 3.8 auch die Umkehrung gilt.

Daraus ergibt sich die Gültigkeit von Satz 3.10 und die Umkehrung ohne die Forderung der Konvexität, da bekanntlich in endlich-dimensionalen Vektorräumen Teilmengen genau dann kompakt sind, wenn sie abgeschlossen und beschränkt sind.

Literaturverzeichnis

Die Zahlen in eckigen Klammern geben die Endziffern des Erscheinungsjahres der betreffenden Arbeit an.

A b a d i e , J. [67]: On the Kuhn-Tucker theorem. In: Nonlinear Programming (ed. by J. Abadie) Amsterdam 1967, pp. 21–36

A r n d t , D. [74]: Approximation des Extremalwertes bei einem Randkontrollproblem der Wärmeleitung. Bonner Math. Schr. (i. Vorbereitung)

A r r o w , K.; H u r w i c z , L.; U z a w a , H. [61]: Constraint qualifications in maximization problems. Naval Res. Logist. Quart. 8 (1961) 171–191

B a r r o d a l e , J.; Y o u n g , A. [70]: Computational experience in solving linear operator equations using the Chebychev norm. In: Numerical Approximation to Functions and Data (ed. by J. G. Hayes) London 1970, pp. 115–142

B a z a r a a , M. S.; G o o d e , J. J. [73]: Necessary optimality criteria in mathematical programming in normed linear spaces. J. Optim. Th. Appl. 11 (1973) 235–244

B a z a r a a , M. S.; G o o d e , J. J.; N a s h e d , M. Z. [74]: On the cones of tangents with applications to mathematical programming. J. Optim. Th. Appl. 13 (1974) 389–426

B e n - I s r a e l , A.; C h a r n e s , A. [68]: On the intersection of cones and subspaces. Bull. Amer. Math. Soc. 74 (1968), 541–544

B e n - I s r a e l , A.; C h a r n e s , A.; K o r t a n e k , K. [69]: Duality and asymptotic solvability over cones. Bull. Amer. Math. Soc. 75 (1969) 318–324

B r a t t o n , D. [55]: The duality theorem in linear programming. Cowles Commission Discussion Paper: Mathematics No 427, Jan 6, 1955

B r e c k n e r , W.; K o l u m b a n , J. [68a] : Théorèmes de caractérisation des éléments de la meilleure approximation. C. R. Acad. Sci. Paris 266 (1968) 206–208

B r e c k n e r , W.; K o l u m b a n , J. [68b]: Über die Charakterisierung von Minimallösungen in linearen normierten Räumen. Matematica (Cluj) 10 (1968) 33–46

B r ø n d s t e d , A. [64]: Conjugate convex functions in topological vector spaces. Mat. Fys. Medd. Dankse Vid. Selsk. 34 : 2 (1964)

B r o s o w s k i , B. [69a]: Einige Bemerkungen zum verallgemeinerten Kolmogoroffschen Kriterium. In: Funktionalanalytische Methoden der Numerischen Mathematik (Hrsg. L. Collatz, H. Unger) Basel–Stuttgart 1969. = Internationale Schriftenreihe zur Numerischen Mathematik, Bd. 12, 25–24

B r o s o w s k i , B. [69b]: Nichtlineare Approximation in normierten Vektorräumen. In: Abstract Spaces and Approximation (ed. by P. L. Butzer, B. Sz.-Nagy) Basel–Stuttgart 1969. = Internationale Schriftenreihe zur Numerischen Mathematik, Bd. 10, 140–159

B r o s o w s k i , B.; W e g m a n n , R. [69]: Charakterisierung bester Approximationen in normierten Vektorräumen. J. Appr. Theory 3 (1970) 369–397

B u t k o v s k i y , A. G. [69]: Theory of optimal control of distributed parameter systems. New York—London—Amsterdam 1969

C a n n o n , M. D.; C u l l u m , C. D.; P o l a k , E. [66]: Constrained minimization problems in finite dimensional spaces. SIAM J. Control **4** (1966) 528—547

C a n n o n , M. D.; C u l l u m , C. D.; P o l a k , E. [70]: Theory of optimal control and mathematical programming. New York 1970

C a r r o l l , M. P.; M c L a u g h l i n , H. W. [73]: L_1 Approximation of vector valued functions. J. Appr. Theory **7** (1973) 122—131

C h a r n e s , A.; C o o p e r , W. W.; K o r t a n e k , K. [63]: Duality in semi-infinite programs and some works of Haar and Carathéodory. Managem. Sci. **9** (1963) 209—228

C h a r n e s , A.; C o o p e r , W. W.; K o r t a n e k , K. [65]: Semi-infinite programs which have no duality gap. Managem. Sci. **12** (1965) 113—121

C h e n e y , E. W. [66]: Introduction to approximation theory. New York 1966

C h o q u e t , G. [63]: Sur la meilleure approximation dans les espaces vectoriels normés. Rev. Roumaine Math. Pures Appl. **8** (1963) 1—2

C o d d i n g t o n , E. A.; L e v i n s o n , N. [55]: Theory of ordinary differential equations. New York—Toronto—London 1955

C o l l a t z , L. [68]: Funktionalanalysis und Numerische Mathematik. Nachdr. der 1. Aufl. Berlin—Heidelberg—New York 1968. = Grundlehren der mathematischen Wissenschaften, Bd. 120

C o l l a t z , L.; K r a b s , W. [73]: Approximationstheorie. Stuttgart 1973

C o l l a t z , L.; W e t t e r l i n g , W. [71]: Optimierungsaufgaben. 2. Aufl. Berlin—Heidelberg—New York 1971. = Heidelberger Taschenbücher, Bd. 15

D e m ' y a n o v , V. F.; M a l o z e m o v , V. N. [71]: On the theory of non-linear minimax problems. Russ. Math. Surveys **26**, No. 3 (1971) 57—115

D e u t s c h , F. R.; M a s e r i c k , P. H. [67]: Applications of the Hahn Banach theorem in approximation theory. SIAM Rev. **9** (1967) 516—530

D i e t e r , U. [66]: Optimierungsaufgaben in topologischen Vektorräumen. I: Dualitätstheorie. Z. Wahrscheinlichkeitstheorie verw. Gebiete **5** (1966), 89—117

D u b o v i t s k i i , A. J.; M i l j u t i n , A. A. [63]: Extremum problems with constraints. Soviet Math. Dokl. **4** (1963) 452—455

D u b o v i t s k i i , A. J.; M i l j u t i n , A. A. [65]: Extremum problems in the presence of restrictions. USSR Comp. Math. and Math. Physics **5**, No. 3 (1965) 1—80

D u f f i n , R. J. [56]: Infinite programs. In: Kuhn-Tucker, Linear inequalities and related systems. Princeton, N. J. 1956, pp. 157—171

D u f f i n , R. J.; K a r l o v i t z , L. A. [65]: An infinite linear program with a duality gap. Managem. Sci. **12** (1965) 122—134.

E l s t e r , K.-H.; G ö t z , R. [69]: Über die „Constraint Qualification" und damit verwandte Bedingungen. Wiss. Z. TH Ilmenau **15** (1969) 27—35

E v a n s , J. [69]: A note on constraint qualifications. Rep. 6917, Center for Mathematical Studies in Business and Economics. Graduate School of Business. Chicago 1969.

F a n , Ky [70] und [69]: Asymptotic cones and duality of linear relations. In: Inequalities II (Ed. Shisha) London 1970, pp. 179–186; J. Approx. Theory 2 (1969) 152–159

F a r k a s , J. [02]: Über die Theorie der einfachen Ungleichungen. J. Reine Angew. Math. 124 (1902) 1–24

F e n c h e l , W. [49]: On conjugate convex functions. Canad. J. Math. 1 (1949) 73–77

F e n c h e l , W. [53]: Convex cones, sets and functions. Princeton, N. J. 1953

F r i e d m a n , A. [64]: Partial differential equations of parabolic type. Englewood Cliffs, N. J. 1964

G a r k a v i , A. L. [64]: Über ein Kriterium für ein Element bester Approximation (Russ.) Sibirski Mat. Ž. 5 (1964) 472–476

G i r s a n o v , J. V. [72]: Lectures on Mathematical Theory of Extremum Problems. Berlin–Heidelberg–New York 1972. = Lecture Notes in Economics and Mathematical Systems No. 67.

G i t t l e m a n , A. [71]: A general multiplier rule. J. Optim. Th. Appl. 7 (1971), 29–38

G l a s h o f f , K.; G u s t a f s o n , S.-Å. [74]: On the numerical treatment of a parabolic boundary value control problem. Erscheint demnächst in: J. Optim. Th. Appl.

G l a s h o f f , K.; K r a b s , W. [74]: Dualität und Bang-Bang-Prinzip bei einem parabolischen Rand-Kontrollproblem. Bonner Math. Schr. (i. Vorbereitung)

G ö p f e r t , A. [73]: Mathematische Optimierung in allgemeinen Vektorräumen. Leipzig 1973

G o l d s t e i n , A. A. [66]: Constructive real analysis. New York–Evanston–London 1966

G o l's t e i n , E. G. [67]: Dual problems of convex and fractionally-convex programming in functional spaces. Soviet Math. Dokl. 8 (1967) 212–216

G o u l d , F. J.; T o l l e , J. W. [71]: A necessary and sufficient qualification for constrained optimization. SIAM J. Appl. Math. 20 (1971) 164–172

G u i g n a r d , M. [69]: Generalized Kuhn-Tucker conditions for mathematical programming problems in a Banach space. SIAM J. Control 7 (1969) 232–241

G u i n n , T.; L a n d e s m a n , E. M.; M i k a m i , E. Y. [69]: A Lagrange multiplier rule in Hilbert space. J. Optim. Th. Appl. 4 (1969) 386–393

G u s t a f s o n , S.-Å. [70]: On the computational solution of a class of generalized moment problems. SIAM J. Numer. Anal. 7 (1970) 343–357

G u s t a f s o n , S.-Å. [72]: Nonlinear systems in semi-infinite programming. In: Series in Numerical Optimization and Pollution Abatement. Technical Report No. 2, 1972.

G u s t a f s o n , S.-Å.; K o r t a n e k , K. O. [73a]: Mathematical models for air pollution control: Numerical determination of optimizing abatement policies. In: Models for Environmental Pollution Control (Ed. R. A. Deininger), Ann Arbor 1973, pp. 251–265

G u s t a f s o n , S.-Å.; K o r t a n e k , K. O. [73b]: Mathematical models for optimizing air pollution abatement policies: Numerical treatment. Proceedings of the Bilateral U.S.-Czechoslovakia Environmental Protection Seminar, 1973.

Gustafson, S.-Å.; Kortanek, K. O.; Rom, W. [70]: Non-Chebyshevian moment problems. SIAM J. Numer. Anal. 7 (1970) 335–342

Haar, A. [24]: Über lineare Ungleichungen. Acta Math. (Szeged) 2 (1924) 1–14

Halkin, H. [66a]: An abstract framework for the theory of process optimization. Bull. Amer. Math. Soc. 72 (1966) 677–678

Halkin, H. [66b]: A maximum principle of the Pontryagin type for systems described by nonlinear difference equations. SIAM J. Control 4 (1966) 90–111

Halkin, H. [67]: Nonlinear nonconvex programming in an infinite dimensional space. In: Mathematical Theory of Control (ed. by A. V. Balakrishnan) New York–London 1967, pp. 10–25

Halkin, H. [70]: A satisfactory treatment of equalitiy and operator constraints in the Dubovitskii-Miljutin optimization formalism. J. Optim. Th. Appl. 6 (1970) 138–149

Halkin, H.; Neustadt, L. W. [66]: General necessary conditions for optimization problems. Proc. Nat. Acad. Sci. 56 (1966) 1066–1071

Halmos, P. R. [51]: Measure Theory. New York 1951

Hart, J. F. et al. [68]: Computer Approximations. New York–London–Sydney 1968

Hastings, C., Jr. [55]: Approximations for digital computers. Princeton, N. J. 1955

Havinson, S. J. [67]: Approximation by elements of convex sets. Soviet Math. Dokl. 8 (1967) 98–101

Hestenes, M. R. [66]: Calculus of variations and optimal control theory. New York–London–Sydney 1966

Hoffmann, K.-H. [71]: Nichtlineare Optimierung. Habil.Schrift. München 1971

Hoffmann, K.-H.; Kolumban, J. [74]: Verallgemeinerte Differenzierbarkeitsbegriffe und ihre Anwendung in der Optimierungstheorie. Computing 12 (1974) 17–41

Holmes, R. B. [72]: A course on optimization and best approximation. Berlin–Heidelberg–New York 1972. = Lecture Notes in Mathematics No. 257.

Hurwicz, L. [58]: Programming in linear spaces. In: K. J. Arrow, L. Hurwicz, and H. Uzawa (editors): Studies in linear and nonlinear programming. Stanford, Calif. 1958, pp. 38–102

Ioffe, A. D.; Tikhomirov, V. M. [68]: Duality of convex functions and extremum problems. Russ. Math. Surveys 23, No. 6 (1968) 53–124

John, F. [48]: Extremum problems with inequalities as subsidiary conditions. In: Studies and Essays, Courant Anniversary Volume. New York 1948, pp. 187–204

Joly, J. L.; Laurent, P. J. [71]: Stability and duality in convex minimization problems. R. I. R. O. 2 (1971) 3–42

Kallina, C.; Williams, A. C. [71]: Linear programming in reflexive spaces. SIAM Rev. 13 (1971) 350–376

K a n t o r o w i t s c h, L. W.; K r y l o w, W. I. [56]: Näherungsmethoden der höheren Analysis. Berlin 1956

K a n t o r o w i t s c h, L. W.; A k i l o v, G. P. [64]: Funktionalanalysis in normierten Räumen. Berlin 1964

K a r l i n, S. [59]: Mathematical methods and theory in games, programming, and economics. 2 vols. Reading, Mass. 1959

K l e e, V. [65]: Remarks on nearest points in normed linear spaces. Proc. of a Colloqu. on Convexity. Copenhagen 1965, pp. 168—176

K l e e, V. L. [69]: Separation and support properties of convex sets — a survey. In: A. V. Balakrishnan (ed.): Control Theory and the Calculus of Variations. New York—London 1969, pp. 235—303

K ö t h e, G. [66]: Topologische lineare Räume I. 2. Aufl. Berlin—Heidelberg—New York 1966

K o l m o g o r o f f, A. N. [48]: Eine Bemerkung zu den Polynomen von P. L. Tschebyscheff, die von einer gegebenen Funktion am wenigsten abweichen (russ.). Usp. Mat. Nauk 3 (1948) 216—221

K o r t a n e k, K. O. [69]: Compound asymptotic duality classification schemes. Management Sciences Rep. 185. School of Urban and Public Affairs. Carnegie Mellow Univ. Pittsburgh, Pa. 1969

K r a b s, W. [68]: Lineare Optimierung in halbgeordneten Vektorräumen. Num. Math. 11 (1968) 220—231

K r a b s, W. [71]: Zur Dualitätstheorie bei linearen Optimierungsproblemen in halbgeordneten Vektorräumen. Math. Z. 121 (1971) 320—328

K r a b s, W. [73]: Nonlinear optimization and approximation. J. Appr. Theory 9 (1973) 316—326

K r a b s, W. [74a]: Zur Berechnung des Extremalwertes bei einem parabolischen Rand-Kontrollproblem. Beiträge zur Numerischen Mathematik (i. Vorbereitung)

K r a b s, W. [74b]: Lower bounds for the extreme value of a parabolic control problem. In: Proceedings of An International Symposium on Dynamical Systems (to appear)

K r a b s, W.; W e c k, N. [74]: Über ein Kontrollproblem in der Wärmeleitung. In: Numerische Methoden bei Optimierungsaufgaben, Bd. 2 (Hrsg. L. Collatz, W. Wetterling) Basel—Stuttgart 1974. = Internationale Schriftenreihe zur Numerischen Mathematik, Bd. 23, 85—100

K r e t s c h m e r, K. S. [61]: Programs in paired spaces. Canadian J. Math. 13 (1961) 221—238

K u h n, H.; T u c k e r, A. [51]: Nonlinear programming. In: Proc. Second Berkeley Symposium on Mathematical Statistics and Probability (J. Neymann, ed.). Berkeley, Calif. 1951, pp. 481—492

L a u r e n t, P.-J. [67]: Théorèmes de caractérisation en approximation convexe. Communications au „Colloque sur la théorie de l'approximation des fonctions". Cluj (Roumanie) 15—20 sept. 1967. Matematica 10 (1968) 95—111

L a u r e n t , P.-J. [72]: Approximation et optimisation. Paris 1972.

L e m p i o , F. [71a]: Separation und Optimierung in linearen Räumen. Dissertation. Hamburg 1971.

L e m p i o , F. [71b]: Lineare Optimierung in unendlich-dimensionalen Vektorräumen. Computing 8 (1971) 284–290

L e m p i o , F. [71c]: Differenzierbare Optimierung mit unendlich vielen Nebenbedingungen. In: Operations Research-Verfahren XIII (1971) 265–273

L e m p i o , F. [72a]: Eine Verallgemeinerung des Satzes von Fritz John. In: Operations Research-Verfahren XVIII (1972), 239–247

L e m p i o , F. [72b]: Tangentialmannigfaltigkeiten und infinite Optimierung. Habilitationsschrift. Hamburg 1972

L e m p i o , F. [73]: Positive Lösungen unendlicher Gleichungs- und Ungleichungssysteme und Lagrange-Multiplikatoren für infinite differenzierbare Optimierungsprobleme. Z. angew. Math. Mech. 53 (1973) 61–62

L e m p i o , F. [74]: Anwendungen der Lagrangeschen Multiplikatorenregel auf Approximations-, Variations- und Steuerungsprobleme. In: Numerische Methoden bei Differentialgleichungen und mit funktional-analytischen Hilfsmitteln (Hrsg. J. Albrecht, L. Collatz) Basel–Stuttgart 1974. = Internationale Schriftenreihe zur Numerischen Mathematik, Bd. 19, 147–157

L j u s t e r n i k , L. A.; S o b o l e w , W. J. [68]: Elemente der Funktionalanalysis. Berlin 1968

L o b r y , C. [67]: Etude géometrique des problems d'optimisation en présence de contrainte. Thèse. Grenoble 1967

L u e n b e r g e r , D. G. [69]: Optimization by vector space methods. New York–London–Sydney–Toronto 1969

M a n g a s a r i a n , O.; F r o m o v i t z , S. [67]: The Fritz John necessary optimality conditions in the presence of equality and inequality constraints. J. Math. Anal. Appl. 17 (1967) 37–47

M a n g a s a r i a n , O. [69]: Nonlinear programming. New York 1968

M e i n a r d u s , G. [64]: Approximation von Funktionen und ihre numerische Behandlung. Berlin–Heidelberg–New York 1964. = Springer Tracts in Natural Philosophy No. 4

M e i n a r d u s , G.; S c h w e d t , D. [64]: Nicht-lineare Approximationen. Arch. Rat. Mech. Anal. 17 (1964) 297–326

M i k h l i n , S. G.; S m o l i t s k i y , K. L. [67]: Approximate methods for solution of differential and integral equations. New York–London–Amsterdam 1967

M o r e a u , J.-J. [62]: Fonctions convexes en dualité. Faculté des Sciences de Montpellier Seminaire de Math. 1962

M o s c o , U. [71]: On the continuity of the Young-Fenchel transform. J. Math. Anal. Appl. 35 (1971) 518–535

N a g a h i s a , Y.; S a k a w a , Y. [69]: Nonlinear programming in Banach spaces. J. Optim. Th. Appl. **4** (1969) 182–190

N e u s t a d t , L. W. [66, 67]: An abstract variational theory with applications to a broad class of optimization problems. I General theory; II Applications. SIAM J. Control **4** (1966) 505–527; **5** (1967), 90–137.

N e u s t a d t , L. W. [69]: A general theory of extremals. J. Computer and System Sciences **3** (1969) 57–92.

N e u s t a d t , L. W. [70]: Sufficiency conditions and a duality theory for mathematical programming problems in arbitrary linear spaces. In: Nonlinear Programming (ed. by J. B. Rosen, O. L. Mangasarian and K. Ritter) New York–London 1970, pp. 323–348

N i k o l s k i , W. N. [61]: Verallgemeinerung eines Satzes von A. N. Kolmogoroff auf Banach-Räume. In: Untersuchungen moderner Probleme der konstruktiven Funktionentheorie. (Hrsg. V. J. Smirnov) (Russ.) Moskau 1961, pp. 335–337

N i k o l s k i , W. N. [65]: Ein charakteristisches Kriterium für die am wenigsten abweichenden Elemente aus konvexen Mengen. In: Untersuchungen moderner Probleme der konstruktiven Funktionentheorie. (Russ.) Aserbeidschan, Baku 1965, pp. 80–84

N o r r i s , D. O. [67]: Lagrangian saddle points and optimal control. SIAM J. Control **5** (1967) 594–599

P e t e r s o n , D. W. [73]: A review of constraint qualifications in finite-dimensional spaces. SIAM Review **15** (1973) 639–654

P e t r o w s k i , J. G. [54]: Lectures on partial differential equations. New York–London 1954

P r o t t e r , M. H.: W e i n b e r g e r , H. F. [67]: Maximum Principles in Differential Equations. Englewood Cliffs, N. J. 1967.

P s c h e n i t s c h n y , B. N. [72]: Notwendige Optimalitätsbedingungen. München–Wien 1972

R a f f i n , C. [68]: Programmes linéaire d'appui d'un programme convexe, application aux conditions d'optimalité et a la dualité. Rev. Française Informat. Recherche Operationelle **2**, No. 13 (1968) 27–60

R i t t e r , K. [67]: Duality for nonlinear programming in a Banach space. SIAM J. Appl. Math. **15** (1967) 294–302

R o c k a f e l l a r , R. T. [67]: Duality and stability in extremum problems involving convex functions. Pacific J. Math. **21** (1967) 167–187

R o c k a f e l l a r , R. T. [69]: Convex Analysis. Princeton, N. J. 1969

R o y d e n , H. L. [71]: Real analysis. New York 1971

R u b i n o v , A. M. [66]: Necessary conditions for an extreme value and their use in the study of certain equations. Soviet Math. Dokl. **7** No. 4 (1966) 978–980

R u b i n s h t e i n , G. Sh. [70]: Duality in mathematical programming and some problems of convex analysis. Russ. Math. Surveys **25**, No. 5 (1970) 171–200

R u s s e l l , D. L. [66]: The Kuhn-Tucker conditions in Banach Space with an application to control theory. J. Math. Anal. Appl. **15** (1966) 200–212

S a n d e r , H.-J. [73]: Dualität bei Optimierungsaufgaben. München–Wien 1973

S c h e c h t e r, M. [72]: Duality in continuous linear programming. J. Math. Anal. Appl. 37 (1972) 130–141

S c h e c h t e r, M. [73]: Linear programs in topological vector spaces. J. Math. Anal. Appl. (to appear)

S i n g e r, J. [62]: Choquet spaces and best approximation. Math. Ann. 148 (1962) 330–340

S i o n, M. [58]: On general minimax theorems. Pac. J. Math. 8 (1958) 171–176

S l a t e r, M. L. [50]: Lagrange multipliers revisited: A contribution to nonlinear programming. Cowles Commission Discussion Paper, Math. 403, November 1950

S t i e f e l, E. [65]: Einführung in die Numerische Mathematik. 3. Aufl. Stuttgart 1965

S t o e r, J. [63]: Duality in nonlinear programming and the minimax theorem. Num. Math. 5 (1963) 371–379

S t o e r, J. [64]: Über einen Dualitätssatz der nichtlinearen Programmierung. Num. Math. 6 (1964) 55–58

S t o e r, J.; W i t z g a l l, Chr. [70]: Convexity and Optimization in Finite Dimensions I. Berlin–Heidelberg–New York 1970. = Die Grundlehren der mathematischen Wissenschaften, Bd. 163.

S u c h o w i t z k i, S. J.; A w d e j e w a, L. J. [69]: Lineare und konvexe Programmierung. München–Wien 1969

U z a w a, H. [58]: The Kuhn-Tucker Theorem in concave programming. In: Studies in linear and non-linear programming (ed. by Arrow, K. J.; Hurwicz, L.; Uzawa, H.), Stanford Calif. 1958, pp. 33–37

V a l e n t i n e, F. A. [68]: Konvexe Mengen. Mannheim 1968

V a n   S l y k e, R. M.; W e t s, R. J.-B. [68]: A duality theory for abstract mathematical programs with applications to optimal control theory. J. Math. Anal. Appl. 22 (1968) 679–706

V a r a i y a, P. P. [67]: Nonlinear programming in Banach space. SIAM J. Appl. Math. 15 (1967) 284–293

V o n   N e u m a n n, J. [28]: Zur Theorie der Gesellschaftsspiele. Math. Ann. 100 (1928) 295–320

V e r s h i k, A. M. [70]: Some remarks on the infinite-dimensional problems of linear programming. Russ. Math. Surveys 25 No. 5 (1970) 117–124

W e c k, N. [74]: Über Existenz, Eindeutigkeit und das „Bang-Bang-Prinzip“ bei Kontrollproblemen aus der Wärmeleitung. Bonner Math. Schr. (i. Vorbereitung)

Y a v i n, Y. [71]: Lower bounds on the cost functional for a class of distributed systems. In: Proceedings of the IFAC Symposium on The Control of Distributed Parameter Systems, vol. I. Banff, Canada 1971

Y a v i n, Y. [73]: Lower bounds on the cost functional for systems governed by partial differential equations. J. Optim. Th. Appl. 11 (1973) 605–612

Y e g o r o v, J. V. [63]: Some problems in the theory of optimal control. USSR Comp. Math. 3 (1963) 1209–1232

Namen- und Sachverzeichnis

Teubner Studienbücher Fortsetzung

Informatik

Ehrig et al.: **Universal Theory of Automata**
240 Seiten. DM 22,80

Giloi: **Principles of Continuous System Simulation**
Analog, Digital and Hybrid Simulation in a Computer Science Perspective.
172 Seiten. DM 25,80 (LAMM)

Hotz: **Informatik: Rechenanlagen**
Struktur und Entwurf. 136 Seiten. DM 15,80 (LAMM)

Kandzia/Langmaack: **Informatik: Programmierung**
234 Seiten. DM 19,80 (LAMM)

Maurer: **Datenstrukturen und Programmierverfahren**
222 Seiten. DM 25,80 (LAMM)

Schnorr: **Rekursive Funktionen und ihre Komplexität**
191 Seiten. DM 24,80 (LAMM)

Wirth: **Systematisches Programmieren**
Eine Einführung. 2. Aufl. 160 Seiten. DM 16,80 (LAMM)

Mechanik

Becker: **Technische Strömungslehre**
Eine Einführung in die Grundlagen und technischen Anwendungen
der Strömungsmechanik. 3. Aufl. 144 Seiten. DM 12,80

Becker/Piltz: **Übungen zur Technischen Strömungslehre**
120 Seiten. DM 11,80

Becker/Bürger: **Kontinuumsmechanik**
Eine Einführung in die Grundlagen und einfache Anwendungen
228 Seiten. DM 29,– (LAMM)

Magnus: **Schwingungen**
Eine Einführung in die theoretische Behandlung von Schwingungs-
problemen. 2. Aufl. 251 Seiten. DM 18,80 (LAMM)

Magnus/Müller: **Grundlagen der Technischen Mechanik**
300 Seiten. DM 25,80 (LAMM)

Müller/Magnus: **Übungen zur Technischen Mechanik**
292 Seiten. DM 25,80 (LAMM)

Wieghardt: **Theoretische Strömungslehre**
Eine Einführung. 2. Aufl. 237 Seiten. DM 24,– (LAMM)

Preisänderungen vorbehalten